Online-Marketing mit Google

W0413389

PRO

BUSINESS

Guido Pelzer, Mirko Düssel

Online-Marketing mit Google

Mit SEO und SEA werden Sie gefunden

PEARSON

München • Harlow • Amsterdam • Madrid • Boston
San Francisco • Don Mills • Mexico City • Sydney
a part of Pearson plc worldwide

Bibliografische Information der Deutschen Nationalbibliothek
Die Deutsche Nationalbibliothek verzeichnet diese Publikation in der Deutschen Nationalbibliografie; detaillierte bibliografische Daten sind im Internet über http://dnb.dnb.de abrufbar.

Die Informationen in diesem Produkt werden ohne Rücksicht auf einen eventuellen Patentschutz veröffentlicht. Warennamen werden ohne Gewährleistung der freien Verwendbarkeit benutzt.
Bei der Zusammenstellung von Texten und Abbildungen wurde mit größter Sorgfalt vorgegangen. Trotzdem können Fehler nicht vollständig ausgeschlossen werden.
Verlag, Herausgeber und Autoren können für fehlerhafte Angaben und deren Folgen weder eine juristische Verantwortung noch irgendeine Haftung übernehmen.
Für Verbesserungsvorschläge und Hinweise auf Fehler sind Verlag und Herausgeber dankbar.

Alle Rechte vorbehalten, auch die der fotomechanischen Wiedergabe und der Speicherung in elektronischen Medien. Die gewerbliche Nutzung der in diesem Produkt gezeigten Modelle und Arbeiten ist nicht zulässig.

Fast alle Hardware- und Softwarebezeichnungen und weitere Stichworte und sonstige Angaben, die in diesem Buch verwendet werden, sind als eingetragene Marken geschützt.
Da es nicht möglich ist, in allen Fällen zeitnah zu ermitteln, ob ein Markenschutz besteht, wird das ®-Symbol in diesem Buch nicht verwendet.

10 9 8 7 6 5 4 3 2 1

15 14 13

ISBN 978-3-8273-3184-7

© 2013 by Pearson Deutschland GmbH
Martin-Kollar-Straße 10–12, D-81829 München/Germany
Alle Rechte vorbehalten
www.pearson.de
A part of Pearson plc worldwide

Einbandgestaltung: Marco Lindenbeck, webwo GmbH, m.lindenbeck@webwo.de
Lektorat: Boris Karnikowski, bkarnikowski@pearson.de, Brigitte Hamerski, Willich
Herstellung: Martha Kürzl-Harrison, mkuerzl@pearson.de
Korrektorat: Friederike Daenecke, Zülpich
Satz: mediaService, Siegen (www.mediaservice.tv)
Druck und Verarbeitung: GraphyCems, Villatuerta
Printed in Spain

Übersicht

Inhaltsverzeichnis

Warum ein Buch über Google Online-Marketing?

Das Thema Online-Marketing ist mittlerweile in jeder Branche und jedem Unternehmen ein wichtiger Baustein des Marketings. Für viele Marketingverantwortliche ist der Bereich Online-Marketing jedoch ein Buch mit sieben Siegeln.

Viele Begrifflichkeiten sind nicht klar und eindeutig definiert. Die Themen Suchmaschinenmarketing, Suchmaschinenoptimierung (SEO), Suchmaschinenwerbung (SEA), Displaywerbung und auch Social Media Marketing werden oft synonym und unterschiedlich verwendet oder gedanklich vermischt.

Zudem ist Suchmaschinenoptimierung für viele Marketingverantwortliche, die aus dem klassischen Marketing kommen, ein eher geheimnisumwittertes Thema. Dies hat damit zu tun, dass viele SEO-Dienstleister dieses Geheimnisvolle nähren und fördern. Bei SEO denken viele in erster Linie an Programmierung und verschieben die Aufgaben daher in die IT-Abteilung. Manche denken beim Thema SEO auch an geheime Tricks und mysteriösen Voodoo-Zauber – aber nicht an Marketing!

Letztlich sind und bleiben alle absatzgerichteten Aktivitäten, auch wenn sie das Internet nutzen, „Marketing“. Daher haben wir in diesem Buch die Grundlagen des Marketings an den Anfang gestellt und im Rahmen eines Crashkurses eingehend beleuchtet, um anschließend ihre Umsetzung ins Online-Marketing mit Google zu beschreiben.

Auf der anderen Seite haben viele Suchmaschinenoptimierer das Thema Marketing gar nicht auf dem Schirm. Als klassisches Beispiel ist ein CEO zu nennen, der auf einer Suchmaschinenmarketing-Konferenz von den Top-Platzierungen seiner Seite berichtete, aber gleichzeitig nicht verstehen konnte, dass er über diese Webseite trotz guter Platzierungen bei Google kaum Produkte online verkaufte. Nach einer kurzen Analyse in einer „Website-Klinik“ wurde dann die Schwachstellen im Zusammenspiel von Marketing und SEO festgestellt. So wurden z.B. folgende Defizite ermittelt:

- Die gewünschte Zielgruppe passte nicht zu den Suchbegriffen mit den Top-Rankings
- Die Vorteile wurden nicht kommuniziert
- Es gab kein Call-to-action

Oft wird bei der Betrachtung eines Online-Marketing-Projektes das klassische Offline-Marketing vergessen. In diesem Zusammenhang ist interessant, dass Google sowohl bei der Qualitätsbeurteilung der AdWords-Werbekampagnen als auch bei der Suchmaschinenoptimierung immer stärker Marketing-Aspekte in den Vordergrund stellt. Hier sind vor allem zu nennen:

- Leichte Navigierbarkeit einer Webseite
- Einfache und klare Struktur einer Webseite
- Vertrauen des Besuchers in einen Online-Auftritt
- Aufbau eines Empfehlungsmarketings
- Bevorzugung von Qualität und Expertenwissen (Webseiteninhalt) vor Quantität

Google legt großen Wert auf die „Nutzererfahrung" (User Experience) und versucht, diese in Form von Besuchszeit, Absprungrate und Kundenzufriedenheit zu messen. Hierbei helfen den Webseitenbetreibern dann nicht mehr Programmierkenntnisse, sondern es geht um Marketing-Kenntnisse. Was interessiert den Besucher einer Website wirklich? Wie sind seine Nutzererwartungen anzusprechen und zu befriedigen?

Es entsteht fast der Eindruck, dass Google die Webseitenbesitzer mit Hilfe von Tools und Anweisungen für Webadministratoren immer stärker auf Verbesserungen aufmerksam macht, damit das Online-Geschäft insgesamt schneller und einfacher von statten gehen und so der Bereich E-Commerce gestärkt wird. Mehr Geschäft im Internet ist gleichermaßen für die beteiligten Unternehmen wie für Google von Interesse.

Für Anregungen und Fragen rund um das Buch und Online-Marketing mit Google stehen wir Ihnen gerne zur Verfügung. Viel Spaß beim Lesen!

Guido Pelzer
kontakt@p3consult.de

Mirko Düssel
info@duessel.com

Kapitel 1

Crashkurs: Grundlagen des Marketings

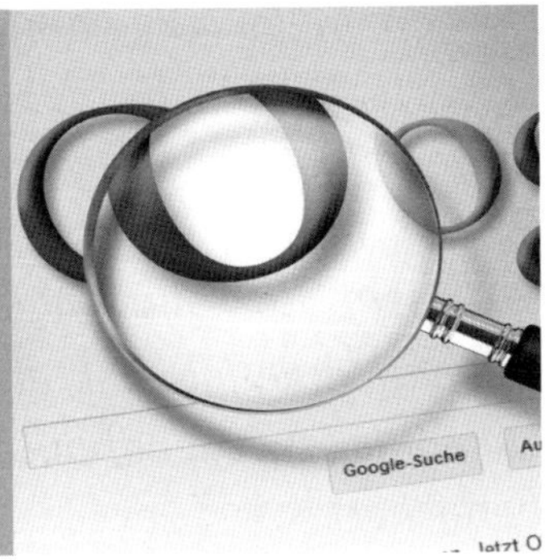

Wenn Sie in Google das Suchwort „Online-Marketing" eingeben, erhalten Sie mehr als 1.000.000 Treffer. Doch was verbirgt sich hinter Online-Marketing? Ist jetzt alles anders? Hat das klassische Marketing – wir nennen es in diesem Buch „Offline-Marketing" – ausgedient?

Weit gefehlt, auch wenn viele selbst ernannte Online-Marketing-Experten gerne diesen Eindruck erwecken möchten.

In einer Zeit, in der es der größte Engpass ist, neue Kunden zu gewinnen und bestehende Kunden zu halten, liefert Marketing nach wie vor Ansätze, um diesen Engpass aufzulösen. Da Marketing auf Dauer nur funktionieren kann, wenn alle Bereiche im Unternehmen an einem Strang ziehen, ist es unverzichtbar, dass alle verantwortlichen Mitarbeiter im Unternehmen – und nicht nur die Mitarbeiter in den kundennahen Bereichen (Marketing, Vertrieb, Kundendienst) – die wesentlichen Grundlagen des Marketings verstehen und anwenden.

Diese Grundlagen des Offline-Marketings gelten auch für das Online-Marketing. In diesem ersten Kapitel zeigen wir die wesentlichen Aspekte des modernen Marketings auf. Danach werden Sie konkret erfahren, wie Sie zeitgemäßes Marketing-

Denken in Ihr Online-Marketing umsetzen. Sie werden die wesentlichen Instrumente des Online-Marketings und ihre Anwendung kennenlernen. Da Google ohne Frage der wichtigste Partner für erfolgreiches Online-Marketing ist, werden wir uns in diesem Buch auf Google konzentrieren.

Offline-Marketing hat also keineswegs ausgedient. Es wird zukünftig (zwingend) durch das Online-Marketing ergänzt und bereichert.

1.1 Die Bedeutung des Marketings

Wenn Sie gefragt werden, was Sie beruflich machen, und mit „im Marketing tätig" antworten, schaut Ihr Gegenüber Sie unter Umständen nur fragend an und weiß nicht so recht, was er darunter verstehen soll. Das liegt daran, dass Marketing sehr viele Facetten und Aufgabengebiete umfasst. Dazu gehören anspruchsvolle strategische Planungen genauso wie taktische Aufgaben, die effektiv umgesetzt werden. Beides erfordert, wenn es erfolgreich sein soll, Engagement und Kreativität.

Wir wollen Sie in die grundlegenden Denkweisen des Marketings einführen und Sie dazu anregen, sich stärker mit den konkreten Techniken und Werkzeugen auseinanderzusetzen. Sie erhalten Antworten auf die Fragen:

- Was ist Marketing?
- Welche Rolle spielt das Marketing im Unternehmen?
- Welche grundlegenden Trends im Marketing sind erkennbar?
- Wie gestaltet sich der Marketing-Prozess?
- Was sind Märkte und Zielgruppen, Qualität und Produkte?
- Was sind Kunden, und was erwarten sie?

Wenn wir uns über Marketing unterhalten, geht dies nicht, ohne einige wichtige Grundbegriffe zu klären. Diese werden von verschiedenen Autoren teilweise sehr unterschiedlich verstanden. Ein Kennzeichen des Marketings ist seine Vielfalt. Es gibt, wie in anderen Disziplinen auch, unterschiedliche Lehrmeinungen. Das ist gut so. Der Wettbewerb der Ideen führt zu einer ständigen Weiterentwicklung des Marketings.

Damit das Thema überschaubar bleibt, wird im weiteren Verlauf des Buches auf die Darstellung unterschiedlicher Sichtweisen und Interpretationen weitgehend verzichtet. Maßgebend für die Auswahl der dargestellten Zusammenhänge sind praktische Relevanz und didaktische Notwendigkeit. Für die weitere Vertiefung und Diskussion der Inhalte bietet sich die im Literaturverzeichnis genannte weiterführende Literatur an.

Zunehmende Globalisierung und damit einhergehend mehr Wettbewerber, austauschbare Produkte und gleichzeitig anspruchsvollere Kunden haben dazu geführt, dass sich das Marketing in den letzten Jahren für viele Unternehmen zum Engpassfaktor Nummer 1 entwickelt hat.

Exkurs

Die Zeiten, in denen verkauft wurde, was produziert wurde, sind vorbei. Heute kommt es darauf an, das zu produzieren, was sich verkaufen lässt.

Wenn Marketing im ganzen Unternehmen gelebt wird, sorgt das für einen durchgängigen Prozess mit dem Ziel der Kundenzufriedenheit und Kundentreue – was die Basis für eine dem Wettbewerb überlegene Leistung ist. Entscheidend für wirksames Marketing ist, dass jeder im Unternehmen Folgendes erkennt und sich ständig vor Augen führt: „Meine Existenzberechtigung und -sicherung ist einzig und allein der zufriedene Kunde." Nur so gelingt es Ihnen, Kunden dauerhaft zu binden und damit den eigenen Arbeitsplatz und die Existenz des Unternehmens zu sichern. Die Rolle des Marketings ist hierbei zweigeteilt:

- Marketing ist eine Funktion im Unternehmen.
- Marketing ist eine Denkhaltung, die jeden betrifft.

Formal ist Marketing zunächst eine Funktion im Unternehmen. So wie es *Produktion*, *Arbeitsvorbereitung*, *Forschung & Entwicklung* oder *Beschaffung* gibt, gibt es auch eine Organisationseinheit *Marketing* (manchmal ist sie der Werbeabteilung oder dem Vertrieb/Verkauf untergeordnet). In dieser Rolle ist Marketing organisatorisch eingebunden wie andere Funktionen auch.

Die einzelnen Aufgabenbereiche des Marketings finden sich mehr oder weniger in den organisatorischen Einheiten wieder. Es gibt Abteilungen oder Gruppen, die sich mit Werbung, mit Öffentlichkeitsarbeit, mit Verkaufsförderung, Direktmarketing, dem persönlichen Verkauf oder Vertrieb sowie dem Online-Marketing beschäftigen.

Darüber hinaus muss im Unternehmen festgelegt werden, welche Ansprechpartner für bestimmte Fragestellungen verantwortlich sind:

- Welche Produkte werden in welchen Märkten angeboten?
- Welche Kunden wollen wir?

- Wie definiert sich unsere Qualität?
- Welche Neuprodukte müssen entwickelt werden?
- Welches Produktprogramm oder Sortiment bieten wir an?
- Welche Markenstrategie wird verfolgt?
- Welcher Distributionskanäle bedienen wir uns?
- Zu welchen Preisen bieten wir unsere Produkte und Dienstleistungen an?
- Welcher Kommunikationsmittel (offline und online) bedienen wir uns?

Die Verantwortung für die Planung, Umsetzung und Kontrolle der aufgeworfenen Fragen liegt bei der Marketing-Abteilung und der Unternehmensleitung. Die Zuständigkeiten für diese Fragen müssen im Unternehmen eindeutig geklärt sein.

Abbildung 1.1: *Marketing als Konzept*

Außerdem ist Marketing eine Denkhaltung, die jeden betrifft. In diesem Sinne ist Marketing Chefsache und jedermanns Sache zugleich. Marketing im Unternehmen einfach zu delegieren, reicht nicht aus. Damit jeder Mitarbeiter seinen Beitrag leisten kann, muss Marketing von der Führung vorgelebt werden.

Exkurs

Marketing ist so grundlegend, dass man es nicht als separate betriebliche Funktion sehen darf. Marketing umfasst das gesamte Unternehmen, und zwar vom Endergebnis her betrachtet, d. h. vom Standpunkt des Kunden.

1.1.1 Definition: Was ist Marketing?

Es gibt zahlreiche Definitionen für Marketing, die alle dem einen oder anderen Aspekt des Marketings gerecht werden. Für die erste Orientierung werden nachfolgend einige wichtige Aspekte genannt. Anschließend werden Sie eine Definition für Ihre Praxis erhalten und erfahren, wie *Qualität*, *Kunde* und *Produkt* aus Marketing-Sicht zu verstehen sind.

„Marketing ist der Prozess im Wirtschafts- und Sozialgefüge, durch den Einzelpersonen und Gruppen ihre Bedürfnisse und Wünsche befriedigen, indem sie Produkte und andere Dinge von Wert erzeugen, anbieten und miteinander austauschen." (Kotler/Bliemel 2005)

Die American Marketing Association sagt erweitert:

„Marketing ist der Planungs- und Durchführungsprozess der Konzipierung, Preisfindung, Förderung und Verbreitung von Ideen, Waren und Dienstleistungen, um Austauschprozesse zur Zufriedenstellung individueller und organisationeller Ziele herbeizuführen

Marketing dient der Bedürfnisbefriedigung der am Austauschprozess beteiligten Gruppen (Kundenbedürfnisse und Unternehmensziele).

Grundsätzlich gibt es Austauschprozesse auf den unterschiedlichsten Ebenen:

- **Kommerzielle Transaktionen:** Verkäufer–Käufer: Waren, Dienstleistungen gegen Geld
- **Lohnleistungstransaktionen:** Arbeitgeber–Arbeitnehmer: Produktive Leistungen gegen Lohn und Nebenleistungen
- **Öffentlich-private-Transaktionen:** Polizei–Bürger: Sicherheit und Schutz gegen Steuern und Abgaben
- **Religiöse Transaktionen:** Kirche–Mitglied: Gottesdienst u. a. gegen Beiträge (Kirchensteuer) und Mitwirkung
- **Karitative Transaktionen:** Spender–Wohltätigkeitsorganisation: Selbstwertgefühl gegen Geld, zeitlichen Einsatz

Um diese Austauschprozesse zu verstehen, werden über aktuelle und zukünftige Entwicklungen in den Märkten Daten erhoben und systematisch ausgewertet, Strategien entwickelt, Ziele festgelegt sowie deren Umsetzung kontrolliert.

Aus der Praxis heraus lassen sich weitere Definitionen identifizieren, die alle ihre Berechtigung haben:

- Marketing ist der Prozess, Kunden zu finden, zu gewinnen und zu binden.
- Marketing heißt: „Bedürfnisse Gewinn bringend befriedigen (BGB)."
- Marketing ist die Identifikation von Nachfrage, das Schaffen eines Nutzenangebotes und die Kommunikation eines Nutzenversprechens (Produktnutzen) mit dem Ziel, die Kundenerwartungen gewinnbringend zu befriedigen.
- Marketing ist die Kunst, zum richtigen Zeitpunkt den richtigen Zielgruppen die richtigen Produkte und Dienstleistungen über den richtigen Vertriebsweg in der richtigen Menge zum richtigen Preis zur Verfügung zu stellen.
- Marketing ist der Führungsprozess, der alle Funktionen zur Planung, Steuerung, Umsetzung und Kontrolle der absatzgerichteten Maßnahmen, insbesondere der Marktforschung, Produkt-, Preis-, Distributions- und Kommunikationspolitik eines Unternehmens auf bestimmte Ziele koordiniert.

Zusammengefasst: Marketing ist die Fähigkeit, Märkte zu schaffen, zu erobern und zu beherrschen.

1.1.2 Marketing in der Praxis

In der Praxis arbeiten wir mit der folgenden erweiterten Definition, die den wesentlichen Aspekten des Marketings am ehesten gerecht wird und die oben genannten Sichtweisen implizit integriert.

Exkurs

Marketing ist die ganzheitliche Ausrichtung einer Person, einer Idee, eines Projekts, einer Organisation oder eines Unternehmens auf den Markt.[1]

Die Analyse der Definition erlaubt interessante Einsichten.

1. Vgl. Düssel, Mirko: Handbuch Marketingpraxis, Cornelsen 2006

Der Begriff *ganzheitliche Ausrichtung* deutet an, dass einzelne Aspekte des Marketings niemals separat betrachtet werden dürfen. Marketing-Entscheidungen sind immer im Systemzusammenhang zu sehen. Einfache Ursache-Wirkungs-Beziehungen greifen nicht, weil sie möglicherweise Einflussfaktoren vernachlässigen, die auf den ersten Blick nicht erkennbar sind.

Die Zusammenhänge und Wirkungen des Marketings sind nur zu verstehen, wenn es gelingt, Marketing als System zu begreifen. Ein System ist dabei ein dynamisches Ganzes, das bestimmte Eigenschaften und Verhaltensweisen besitzt. Es besteht aus Teilen, die so miteinander verknüpft sind, dass kein Teil unabhängig von den anderen Teilen ist. Das Verhalten des Ganzen wird vom Zusammenwirken aller Teile beeinflusst.

Bei der Betrachtung des Marketing-Systems als Ganzes gilt, dass die Veränderung eines Teils des Systems auf alle anderen Teile (mehr oder weniger stark) wirkt. Es ist also nicht möglich, ein Marketing-Element (z.B. den Preis) zu verändern, ohne Rückkopplungen bei allen anderen Elementen (Absatz, Image, Außendienstmitarbeiter, Kundenzufriedenheit etc.) zu akzeptieren.

Merksätze zur systemischen Sichtweise

- Systeme sind dynamische Ganzheiten.
- Systeme bestehen aus Teilen, die miteinander verknüpft sind und aufeinander wirken.
- Das Verhalten eines Systems entsteht aus dem Zusammenwirken seiner Teile.
- Die Eigenschaften eines Systems sind nicht bloß die Summe der Eigenschaften seiner Teile.
- Was wir als System und was wir als Teil betrachten, hängt von unserer Wahrnehmung ab. Durch bewusstes Wechseln der Betrachtungsebene können wir ein System analysieren oder in ein größeres Ganzes integrieren.
- Die Grenzen eines Systems gegenüber seiner Umwelt sind nicht etwas Gegebenes, sondern werden gedanklich konstruiert.
- Systeme sind offen gegenüber ihrer Umwelt und stehen mit dieser in Wechselwirkung.
- Offenheit zur Aufnahme und Abgabe von Energie und Information ist zum Überleben eines Systems notwendig.

- Systeme sind nie vollständig autonom, sondern müssen sich ihrer Umwelt anpassen.
- Das Verhalten eines Systems kann nur verstanden werden, wenn es gedanklich in Verbindung mit seiner Umwelt, als Teil eines umfassenden Systems, gesehen wird.
- Zweckgerichtete soziale Systeme (z.B. Unternehmen) sind dazu da, in der Gesellschaft bestimmte soziale Funktionen zu erfüllen. Sie hängen damit als Teil eines umfassenden Systems in ihrer Existenz davon ab, dass ihre Leistung durch ihre Umwelt (z.B. Kunden) akzeptiert wird.

Ein System kann und muss sich an seine Umwelt anpassen, damit es überlebt. Diese Entwicklungsprozesse sind Lernprozesse. Für die Überlebensfähigkeit von Systemen (z.B. Unternehmen) ist es nicht nur entscheidend, ob sie lernen, sondern auch, ob sie schnell genug lernen (lernende Organisation). Hierzu ist aktives Wissensmanagement erforderlich.

Für den Praktiker bedeutet dies, bei Marketing-Entscheidungen immer wieder zu fragen: Was ist mein System? Welche Teile sind zu berücksichtigen? Wie beeinflussen sich die Teile, und wie verhält sich das Ganze? Abbildung 1.2 veranschaulicht die Komplexität von Marketing-Prozessen. Analytisch sind folglich immer nur Teilaspekte zu verstehen. Bei Marketing-Entscheidungen verbleibt immer eine Restunsicherheit, vor allem dann, wenn es sich um neue oder veränderte Situationen handelt und intuitives Erfahrungswissen allein nicht mehr ausreicht.

Der einzige Ausweg:

1. Mut zur Entscheidung
2. Konsequenz bei der Umsetzung
3. Bereitschaft, Fehler zu machen
4. Fähigkeit, schnell aus ihnen zu lernen
5. Durchhalten!

Lesetipp

Eine hervorragende, leicht nachvollziehbare und immer noch aktuelle Lektüre für den Einstieg in die Systemtheorie ist:

Hans Ulrich und Gilbert Probst, *Anleitung zum ganzheitlichen Denken und Handeln*, Haupt 1988

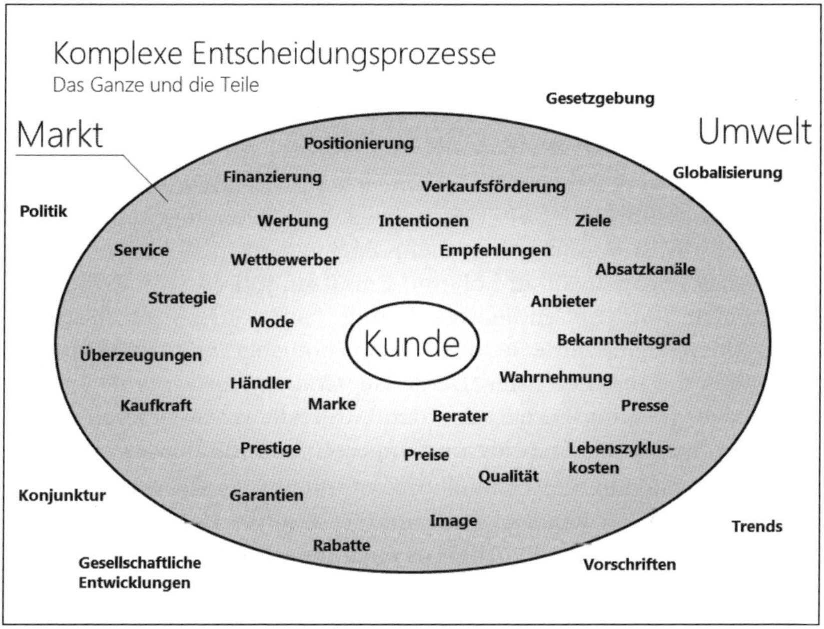

Abbildung 1.2: *Komplexität im Marketing*

Die nachfolgenden Exkurse verdeutlichen den systemischen Zusammenhang im Marketing an zwei Beispielen.

Beispiel: Motivationsprobleme bei einem Möbelhersteller

Bei einem Hersteller von Büromöbeln stagnierten die Umsätze. Diese Entwicklung war nicht primär auf konjunkturelle Entwicklungen zurückzuführen. Die Geschäftsleitung beschloss daher nach ausgiebiger Diskussion, für den Außendienst eine variable Entlohnung einzuführen, um durch diesen zusätzlichen Leistungsanreiz die Motivation und damit den Umsatz zu fördern. Bisher hatte der Außendienst lediglich ein (gutes) Fix-Gehalt. Aus Gründen der Besitzstandswahrung sollte dieser variable Anteil der Entlohnung zusätzlich gezahlt werden.

Nach sechs Monaten zeigte sich keine Wirkung. Der Umsatz war sogar leicht abnehmend. Nach sorgfältiger Analyse stellte sich heraus, dass es nicht, wie zunächst befürchtet, daran lag, dass der Außendienst schon „satt“ war. Im Gegenteil, die Herren waren engagierter denn je. Die Ursache lag im Innendienst. Die Mitarbeiter des Innendienstes hatten die „Schnauze voll“.

Sie empfanden die erneute Bevorzugung des Außendienstes als Affront gegen den Innendienst und waren nicht mehr bereit, bei Bedarf für den Außendienst die Eisen aus dem Feuer zu holen. Neben den ohnehin wesentlich höheren Grundgehältern sollte der Außendienst nun zusätzlich auch noch eine Provision erhalten!

Was war passiert? Das Denken in einfachen Ursache-Wirkungs-Ketten hatte dazu geführt, dass die Geschäftsleitung davon ausging, dass der zusätzliche Leistungsanreiz zu mehr Engagement des Außendienstes und dieses Engagement zu höheren Umsätzen führen würde. Was das Engagement des Außendienstes betraf, hatte die Geschäftsleitung recht. Übersehen wurde jedoch ein wesentlicher Einflussfaktor: die Motivation des Innendienstes. Dessen Motivation wurde nämlich durch genau den Leistungsanreiz, der den Außendienst motivieren sollte, gebremst, weil er als einseitig und ungerecht empfunden wurde.

Als dieser systemische Zusammenhang erkannt wurde, konnte leicht Abhilfe geschaffen werden. Ein Punktesystem wurde eingeführt, bei dem sowohl der Außendienstler als auch der zugehörige Innendienstmitarbeiter für 1.000 € Umsatz einer bestimmten Produktgruppe jeweils die gleichen Punkte bekamen. Innerhalb der Firma wurde wieder an einem Strang gezogen. Der Umsatz stabilisierte sich nicht nur innerhalb kurzer Zeit, sondern stieg.

Die Prämie für einen Punkt konnte dabei individuell festgelegt werden, ohne Probleme der oben genannten Art zu verursachen. Ferner war es möglich, die Umsetzung der Vertriebsziele besser zu steuern, da je nach strategischem Schwerpunkt unterschiedliche Punkte für unterschiedliche Produktgruppen vergeben wurden. Für besondere Ziele, wie z.B. die Neukundengewinnung oder das sorgfältige Pflegen der Vertriebsdatenbank, konnten durch Vergabe von weiteren Punkten zusätzlich wirksame Anreize geschaffen werden.

Beispiel: Produktneueinführung – Distributionsprobleme führen zu Fehlschlag

Vor einigen Jahren, als dBase noch Marktführer im Datenbankbereich war, sollte in Deutschland eine neue Datenbank eingeführt werden, die dBase haushoch überlegen war. Die Überlegenheit der neuen Software bestätigten neben den internen Leistungsvergleichen mehrere Programmtests in einschlägigen Fachzeitschriften.

Die Einführung wurde marketing-technisch (nahezu) perfekt geplant. Die Händler, über die zur damaligen Zeit der Vertrieb primär lief, wurden im Vorfeld ausführlich informiert und mit Werbemitteln sowie Vorführversionen versorgt. Der Endverbraucherpreis lag etwa bei 40 % des Preises von dBase. Die flächendeckend durchgeführte ganzseitige Anzeigenwerbung hob den wesentlich günstigeren Preis, die spürbar bessere Performance (Geschwindigkeit) und die leichtere Bedienbarkeit klar hervor. Alles perfekt! Irrtum. Die Einführung wurde ein kostspieliger Flop. Selbst nach vier Monaten waren keine signifikanten Verkäufe in Sicht.

Was war passiert? Trotz der generalstabsmäßig geplanten und durchgeführten Aktion, wurde ein wesentlicher Einflussfaktor übersehen. Den Händlern war zwar die neue Datenbank bestens bekannt, aber eine Marge von etwa 130 € bei dem Verkauf einer dBase war wesentlich attraktiver als der Verkauf der neuen Datenbank mit einer Marge von etwa 70 €. Der Werbedruck hatte die Nachfrage nach der neuen Datenbank zwar gefördert, aber genau dieser Werbedruck hat es dem Handel auch leichtgemacht, mehr dBase zu verkaufen. Im Handel hat sich etwa Folgendes zugetragen: Kam ein potenzieller Käufer zu seinem Händler und fragte nach der neuen Datenbank, war es für den Verkäufer ein Leichtes, seinen Kunden davon zu überzeugen, dBase, den Marktführer, zu kaufen.

Zusammengefasst lässt sich sagen: Der Händler verkauft lieber ein wesentlich teureres Produkt, bei dem er zwar nur 30 % Rabatt bekommt, aber seine absolute Marge deutlich höher ist, als ein Produkt, bei dem er zwar 40 % Rabatt bekommt, seine absolute Marge aber niedriger ist. Dies geschieht auch dann, wenn es für den Endverbraucher möglicherweise nur das zweitbeste Produkt ist. Für die neue Datenbank kam erschwerend hinzu, dass Händler lieber etwas verkaufen, das sie schon gut kennen, als etwas Neues.

1.1.3 Fazit

Der erfolgreiche Marketing-Manager unterscheidet sich von seinem weniger erfolgreichen Kollegen dadurch, dass es ihm gelingt, die relevanten Systeme (Ganzheiten) und Teile (Einflussfaktoren) zu erkennen und ihre Wirkungen besser einzuschätzen.

Neben intuitivem Erfahrungswissen ist hier kreative Logik gefragt. Ein Mitarbeiter im Marketing muss daher hohe Anforderungen erfüllen. (siehe Tabelle 1.1).

Fähigkeiten	Anforderungen an die Marketing-Kompetenz	Anforderungen an die Vertriebskompetenz
Denkhorizont	mittel-langfristig	kurz-mittelfristig
Analytische Fähigkeiten	ausgeprägt, abstrakt	konkret
Handlungsorientierung	das Machbare erkennen	das Machbare umsetzen
Kommunikation	theoretisch, abstrakt auf Zielgruppen bezogen, dissoziierte Kommunikation	pragmatisch, konkret auf Einzelpersonen bezogen, assoziierte Kommunikation
Fachkompetenz (Marketing)	ausgeprägt, in die Tiefe gehend	fundierter Überblick, vertriebsbezogenes Spezialwissen
Motivation	langfristig, abstrakt (indirekte Erfolge)	kurzfristig, konkret (direkte Erfolge)

Tabelle 1.1: *Anforderungen an Marketing-Mitarbeiter*

Mit „Person" bzw. „Organisation" in der Marketing-Definition aus Abschnitt »Marketing in der Praxis« auf Seite 20. haben wir angedeutet, dass Marketing nicht nur auf kommerzielle Unternehmen anwendbar ist. Vielmehr lassen sich die Mechanismen des Marketings auch auf nichtkommerzielle Organisationen anwenden. Erfolgreiche Beispiele mit gemeinnützigen Vereinen, Parteien, Kommunen, Spendenorganisationen, Verbänden der freien Wohlfahrtspflege, Projekte mit Krankenhäusern und den Kirchen belegen, dass Marketing universell anwendbar ist.

Immer dann, wenn etwas von Wert (Produkte, Ideen, Dienstleistungen) einem Empfänger (Kunde, Mitglied, Spender, Patient, Gläubiger) vermittelt werden soll, helfen die Methoden des Marketings, Anbieter und Nachfrager zusammenzuführen und eine Wertetransaktion zu ermöglichen.

Der Begriff „Markt" in der Marketing-Definition steht nicht nur für den Ort des Zusammentreffens von Angebot und Nachfrage, wie oft zu lesen ist. Der Markt umfasst alle am Transaktionsprozess beteiligten Personen, Institutionen und Einflüsse.

Dies sind neben Anbieter und Nachfrager (Kunde) auch Handel, Wettbewerb und das sonstige relevante Umfeld. Unter „relevantem Umfeld" sind diejenigen Einflüsse subsumiert, die den Transaktionsprozess zwischen Anbieter und Nachfrage beeinflussen.

1.2 Der Kunde, das unbekannte Wesen

Was ist die Basis für jeden Austauschprozess? Das Empfinden eines Mangels, verbunden mit dem Wunsch, diesen Mangel zu beseitigen – also ein *Bedürfnis*. So einfach lässt sich die Grundlage unseres gesamten wirtschaftlichen Handelns erklären.

1.2.1 Bedürfnisse und Nachfrage

Schwierig wird alles erst dadurch, dass wir viele Bedürfnisse haben. Und diese Bedürfnisse können nicht alle gleichzeitig befriedigt werden, widersprechen sich manchmal, sind uns nur zum Teil bewusst oder werden von uns unterdrückt oder verleugnet.

Außerdem fehlen uns oft die Mittel, um alle Bedürfnisse zu befriedigen. Hier setzt Marketing an. Entgegen landläufiger Meinung kann Marketing keine Bedürfnisse erzeugen. Aber Marketing kann sehr wohl auf sie aufmerksam machen und dazu beitragen, dass Prioritäten verändert werden.

Marketing versucht, latente Bedürfnisse zu entdecken oder dort anzusetzen, wo noch keine hundertprozentige Zufriedenheit (*Befriedigung*) beim Kunden erreicht ist. Diese Bedürfnisse gilt es gezielt anzusprechen und die nötige *Aktivierung* beim potenziellen Käufer zu erreichen, damit dieser handelt.

Exkurs

Aktivierung ist ein Zustand der Erregung, eine „innere Spannung", der Prozess der Inbetriebnahme von Denk- und/oder Körperfunktionen.

Wird der Wunsch nach Befriedigung des Bedürfnisses groß genug und ist die nötige Kaufkraft vorhanden, entsteht Nachfrage. *Kaufkraft* steht hierbei für die Fähigkeit, aufgrund eines entsprechenden Besitzes an Zahlungsmitteln Produkte zu erwerben.

Vereinfacht lässt sich dies so zusammenfassen:

Exkurs

Nachfrage = Bedürfnis + Kaufkraft

Da dem Bedarf öffentlicher Haushalte und den Bedürfnissen privater und gewerblicher Verbraucher in der Regel eine begrenzte Kaufkraft gegenübersteht, sind Kaufentscheidungen immer auch Entscheidungen für die Befriedigung ausgewählter Bedürfnisse. Der Marketer konkurriert also nicht nur mit anderen Anbietern, er konkurriert zu allererst mit den anderen Bedürfnissen seiner potenziellen Käufer.

Ein Broker, der einem Kunden Optionsscheine anbietet, schafft mit Sicherheit kein Bedürfnis nach Optionsscheinen. Er spricht ein Bedürfnis nach Geld und Gewinn an und versucht, sein Produkt als besonders attraktiv herauszustellen. Er schafft Nachfrage dadurch, dass er gezielt ein vorhandenes Bedürfnis anspricht, um den potenziellen Käufer dazu zu bewegen, für sein Produkt Kaufkraft zur Verfügung zu stellen.

1.2.2 Produkt, Qualität und Kundenzufriedenheit

Letztendlich läuft Marketing darauf hinaus, dass Produkte angeboten werden, die die Nachfrage befriedigen. Häufig wird unter *Produkt* lediglich eine Ware oder ein Gut verstanden. In der Praxis greift dies zu kurz. Viele Leistungen werden heute als Kombination von Ware (z.B. PC) und Service (z.B. Vor-Ort-Garantie für drei Jahre) angeboten. Austauschprozesse können auch ausschließlich mit immateriellen Dingen, wie Lizenzen, Rechten oder Ideen (Konzepten), gestaltet werden. Hier gibt es weder Ware noch Dienstleistung. Es scheint daher angebracht, den Begriff „Produkt" in einem erweiterten Sinne zu definieren.

Exkurs

Ein Produkt ist alles, was angeboten wird und für jemand anderen einen Wert besitzt.

Ist eine der beiden Anforderungen nicht gegeben, ist ein Austauschprozess nicht möglich. Sie haben dann kein Produkt. Unerheblich ist hierbei, ob es sich um Waren, Rohstoffe, Dienstleistungen, Ideen oder andere Dinge handelt.

Implizit steckt in dieser Definition, dass ein Produkt als solches nur dann eine Existenzberechtigung hat, wenn es einen Nutzen bietet. Dieser Nutzen wird ausschließlich durch die subjektive Sicht des Kunden bewertet.

Wenn der Kunde bewertet, was Nutzen stiftet, ergibt sich zwangsläufig, dass er auch bestimmt, was *Qualität* ist. So etwas wie objektive Qualität lässt sich demnach in der Praxis nicht beobachten. Wie wäre es sonst zu erklären, dass Marktführer oft nicht diejenigen sind, die die beste objektiv messbare Qualität anbieten.

Ursache für dieses Phänomen ist eine irrige Annahme vieler Menschen. Ein ungeschriebenes Gesetzt der Wirtschaft besagt: „Das beste Produkt, die beste Dienstleistung wird sich im Markt durchsetzen." Dieser Glaubenssatz ist so fest verankert, dass man fast von einem Axiom sprechen kann – also einem Grundsatz, der keines Beweises bedarf. Das heißt: Niemand bezweifelt, dass es wirklich so ist.

Es ist daher nicht verwunderlich, dass „Qualität" zu einem der schillerndsten Begriffe des Managements geworden ist. Kein Managementkonzept hat in den letzten Jahren einen so starken Zuspruch erfahren wie das *Total Quality Management*. DIN ISO 9000 und andere Qualitätsnormen in Verbindung mit der Zertifizierung erfreuen sich immer noch großer Beliebtheit.

Aber führen diese mit großem Engagement betriebenen Konzepte wirklich zu mehr Qualität? Jein. Das redliche Bestreben um mehr Qualität verbessert zwar den messbaren Teil der Qualität; viele der Unternehmen mit (objektiver) Spitzenqualität sind aber nicht Marktführer. Wie ist das zu erklären?

Der Kunde entscheidet nicht danach, was irgendwelche Normen als Qualität definieren. Nach DIN ISO 9000 legen sogar die Unternehmen selbst fest, was Qualität ist. Es wäre durchaus denkbar, die Produktion von Holzfernsehern mit Zementmattscheibe zu zertifizieren, auch wenn der Kundennutzen gegen null geht. Die Normen regeln primär die Prozessqualität, also wie etwas entwickelt und produziert wird, nicht aber, ob es den Kunden wirklich einen größeren Nutzen bietet. So hat die Zertifizierung bei vielen Unternehmen zu mehr Bürokratie, aber leider nicht zu mehr Markterfolg geführt.

Trotz dieser kritischen Worte ist nichts gegen das Bemühen um mehr Qualität zu sagen. Im Gegenteil, das ständige Bemühen um Qualitätsverbesserung ist die einzige Gewähr für den Erhalt der Wettbewerbsfähigkeit. Qualität wird nur zu oft introvertiert aus Sicht des Anbieters gesehen.

Am Markt entscheidet der Kunde auf Basis von subjektiven Zuschreibungen. Hier ist eine klare Positionierung (unverwechselbare Identität im Bewusstsein des Kunden) und ihre konsequente Umsetzung, aber weniger die Qualität des Angebots allein entscheidend.

Qualität muss also der Positionierung folgen. Darüber, was die Qualität einer Leistung ist, entscheidet einzig der Kunde – aus seiner Sicht. Qualität richtig verstanden heißt aus der Marketing-Perspektive daher:

Exkurs

Qualität ist die hundertprozentige Erfüllung der Kundenerwartungen.

Erwartungen sind dabei veränderbar, und das ist die Aufgabe des Marketings.

Schlussfolgerungen

1. Wenn Sie Ihrem Kunden mehr versprechen, als Sie halten, führt dies früher oder später zum Verlust des Kunden. Spätestens dann, wenn der Kunde merkt, dass ein Wettbewerber das hält, was Sie versprechen, ist er weg.
2. Wenn Sie Dinge anbieten, die für den Kunden keinen Nutzen haben, oder Dinge, die Ihr Kunde nicht zu schätzen weiß, betreiben Sie Verschwendung eigener Ressourcen und verlieren auf Dauer Ihre Wettbewerbsfähigkeit. Möglicherweise haben Sie auch Kostenprobleme, weil der Kunde nicht bereit ist, für Leistungen zu zahlen, die ihm keinen Nutzen versprechen.
3. Wenn der Kunde mehr erwartet, als Sie leisten, haben Sie nur die Möglichkeit, seine Erwartungen vorsichtig zu modifizieren oder Ihre Leistung zu verbessern.
4. Wenn Sie dem Kunden mehr bieten können, als er bisher erwartet hat oder von Wettbewerbern erhält, verdeutlichen Sie ihm, dass Sie seinen Nutzen vergrößern. Wenn er Ihnen glaubt, haben Sie einen neuen Kunden.

In die Bewertung des Nutzens fließt hiernach die Höhe des Preises unbewusst mit ein. Qualitätsmängel bei niedrigpreisigen Produkten empfindet der Verbraucher als weniger schwerwiegend als bei hochpreisigen Produkten.

Exkurs

Kundenzufriedenheit entsteht immer dann, wenn es gelingt, die Kundenerwartungen zu erfüllen.

Im Rahmen der weiteren Betrachtungen wird dieses Konzept nun verfeinert.

1.2.3 Kennen Sie Ihre Kunden?

Heute wird viel über Kundenorientierung gesprochen. Aber kennen Sie Ihre Kunden wirklich? Wissen Sie genau, was Ihre Kunden wünschen? Wissen Sie es vielleicht sogar besser, als Ihre Kunden es selbst wissen? Kennen Sie die wahren Erwartungen Ihrer Kunden?

Überprüfen Sie gründlich, ob Ihre Produkte und Leistungen noch auf der „Höhe der Zeit" sind, und Sie werden herausfinden, wo Sie Handlungsbedarf haben. Erfahren Sie, was es wirklich heißt, seine Kunden zu kennen.

Der Begriff *Kunde* kann sehr unterschiedlich gesehen werden. Unsere folgenden Ausführungen basieren auf dieser Definition:

Exkurs

Ein Kunde ist jeder direkte oder indirekte Empfänger einer Leistung.*

* = Auch potenzielle Kunden werden vereinfachend oft als „Kunde" bezeichnet.

Es spielt hierbei grundsätzlich keine Rolle, ob es sich um eine Ware, ein Gut, ein Werk, eine Idee oder eine Dienstleistung handelt, einen internen oder externen Kunden, einen mittelbaren oder einen unmittelbaren Kunden (z.B. Endverbraucher, Händler).

Beispiel 1 (Software)

Sie sind als Produktmanager für die Vermarktung einer Workflow-Software (Software für Ablauforganisation) verantwortlich. Wer ist Ihr Kunde? Der Anwender, der mit der Software arbeitet. Der Einkäufer, der die Preisverhandlung führt und für die Bestellung verantwortlich ist. Der Mitarbeiter im Benutzerservice, der für den reibungslosen Einsatz und die Wartung der Software sorgt. Der Leiter Controlling, der die Analysen nutzt. Die Geschäftsleitung, für die die Anschaffung eine strategische Zukunftsentscheidung ist. Und falls Sie mit Vertriebspartnern arbeiten, auch diese usw.

Beispiel 2 (Dienstleistung)

Sie sind Trainer und führen in großen Unternehmen Seminare durch. Neben den Teilnehmern sind Ihre Ansprechpartner in der Weiterbildungsabteilung zu finden, und deren Vorgesetzter ist höchstwahrscheinlich ein weiterer Kunde. Möglicherweise gibt es einen Ausschuss oder eine Arbeitsgruppe, die Einfluss auf das Weiterbildungsprogramm hat. Der nächste Kunde: die Geschäftsleitung. Bei umfangreichen Bildungsprogrammen sind Sie auf deren Goodwill angewiesen. Noch mehr Kunden: die Vorgesetzten der Teilnehmer. Sie müssen ihre Mitarbeiter freistellen und den Lerntransfer möglichst unterstützen usw.

Beispiel 3 (Berufliches Umfeld)

Sie wollen Ihre internen Kunden im Unternehmen analysieren. Da wäre zunächst Ihr direkter Vorgesetzter. Allerdings sollten Sie auch dessen Vorgesetzten auf Ihre Liste schreiben, denn dort wird über Sie berichtet, und Ihre Ergebnisse leisten einen Beitrag für den Erfolg Ihres direkten Vorgesetzten. Ihre Mitarbeiter sind ebenso Kunden (Führungsleistung) wie die Kollegen, die Ihre Ergebnisse erhalten. Ihre Ansprechpartner in Personalabteilung und Personalentwicklung sind Kunden, denn sie haben Einfluss auf Ihren weiteren Werdegang usw.

1.3 Ethik und Marketing

Kritik am Marketing-Konzept wird immer wieder laut (z.B. bei Kotler). Marketing sei zu einseitig auf wirtschaftliche Interessen der Anbieter angelegt, ohne Rücksicht auf Verbraucher, Umwelt und Gesellschaft zu nehmen.

Einige Beispiele: Drückermethoden (Zeitschriften, Versicherungen), unsichere Produkte und schlechte Qualität (Haushaltsgeräte, PC, Software, Auto), geplante Alterung (weiße Ware, d. h. Haushaltsgroßgeräte wie Waschmaschine, Trockner, Kühlschränke etc., Traktoren) und schlechte Bedienung (Einzelhandel).

Weiterhin wird vom „schlechten Einfluss“ des Marketings auf Wirtschaft und Gesellschaft gesprochen. Hier wird dem Marketing vorgeworfen, es würde „falsche“ Wünsche und Begierden wecken, materialistische Einstellungen fördern, wenig gesellschaftsverträgliche

Produkte herstellen, kulturelle Wertvorstellungen zerstören und zu stark politisch Einfluss nehmen.

Auch wenn die Vorwürfe in Teilen berechtigt sein sollten, sind sie nicht primär dem Marketing anzulasten. Marketing ist das Werkzeug. Die Verantwortung für die Folgen unternehmerischen Handelns tragen zuerst die Unternehmer, Eigentümer und Führungskräfte, aber – und nicht zuletzt – auch die Mitarbeiter. Kein Mensch käme auf die Idee, den Hersteller von Messern (Werkzeug) für Verbrechen (Handlung) verantwortlich zu machen, die mit diesen Gegenständen verübt werden.

Unabhängig von der „Schuldfrage" darf bezweifelt werden, ob Marketing gesellschaftliche Entwicklungen wirklich verursacht. Wir denken, dass es das nicht tut. Marketing greift unbefriedigte Bedürfnisse und unerfüllte Wünsche von Verbrauchern auf und bietet Problemlösungen an. Wenn wir in einer freiheitlichen Gesellschaft leben und dem mündigen Bürger das Wort geben, dann darf mit Recht auch ein mündiger Verbraucher, der frei in seiner Entscheidung ist, erwartet werden. Nur in Ausnahmesituationen, wenn die freie Entscheidung des Verbrauchers nicht mehr sichergestellt ist (Monopole, Kartelle) oder Dritte (auch die Umwelt) zu Schaden kommen könnten, besteht Handlungsbedarf.

Unternehmen erkennen zunehmend diesen Zusammenhang und richten ihr Marketing-Verständnis entsprechend aus.

Kotler[2] hat als Erster sieben ethische Grundsätze für ein modernes und zeitgemäßes Marketing postuliert, die in Gänze und nicht nur teilweise zu erfüllen sind:

1. **Freiheit von Käufern und Anbietern**
   Nur die freie Entscheidung von Anbietern und Nachfragern sichert auf Dauer einen hohen Lebensstandard. Jeder kann besser für sich selbst entscheiden, als dies irgendein Ausschuss oder eine Planungskommission tun kann. Nur wer selbst entscheidet, hat auch die volle Verantwortung.
2. **Abwenden potenziell möglicher Schädigungen**
   Marketing als Austauschprozess zwischen zwei Parteien sollte weitgehend frei erfolgen. Sind aber Anbieter, Käufer oder Dritte gefährdet, ist ein Eingreifen notwendig. Die Generalfrage ist: Wann ist der drohende Schaden so groß, dass ein Eingreifen gerechtfertigt ist?

---

2. Kotler, Philip/Bliemel, Friedhelm: Marketing-Management: 12. Auflage, Pearson Studium, 2007

3. **Erfüllen der Grundbedürfnisse aller**
   Eine der größten Herausforderungen im Marketing ist die Befriedigung der Grundbedürfnisse aller Mitglieder einer Marktwirtschaft. Es reicht nicht aus, lediglich die Grundbedürfnisse einiger Privilegierter zu befriedigen. Eine Marktwirtschaft würde hierbei auf Dauer ihre Existenzfähigkeit gefährden. Die Entwicklungen der letzten Jahre lassen hoffen und zeigen recht deutlich, dass enger werdende Märkte und zunehmender Wettbewerbsdruck dazu geführt haben, die Grundbedürfnisse aller Gesellschaftsschichten aufzugreifen und anzusprechen.
4. **Grundsatz wirtschaftlicher Effizienz**
   Nur echter Wettbewerb und informierte Kunden sind Garant für hohe Qualität und niedrige Preise. Der Wettstreit zwischen konkurrierenden Anbietern sorgt für ständige Verbesserung und Vermeidung von Verschwendung. Umwelt und Ressourcen werden geschont, der Verbraucher hat eine ständige Nutzenverbesserung.
5. **Offenheit für Innovation**
   Die Notwendigkeit, im Wettbewerb zu bestehen, zwingt die Anbieter zu echter Innovation und Differenzierung. Wenn mehrere Konkurrenten um die Gunst des Käufers buhlen, setzt sich derjenige durch, der den größten Nutzen bietet und dies glaubhaft vermittelt.
6. **Verbraucherschulung und -information**
   Nicht nur bei erklärungsbedürftigen Produkten sorgen Anbieter für zufriedene – weil gut informierte – Kunden. Auch Verbraucherverbände, der Staat, Medien und andere Verbraucherschutzeinrichtungen (Verbraucherzentrale, Stiftung Warentest, ADAC) spielen eine wichtige Rolle bei Information und Aufklärung.
7. **Verbraucherschutz**
   Bei allem Bemühen der Unternehmen wäre es zu kurz gedacht, vollständig auf Selbstregulierung zu vertrauen. Bei Nahrungsmitteln, Medikamenten, Spielzeugen, elektrischen Geräten, Textilien, Fahrzeugen, Bauwerken, Banken, Versicherungen, Ärzten und anderen für den Verbraucher „sensiblen" Bereichen sollten der Staat oder andere unabhängige Stellen für Sicherheitsstandards sorgen.

Das Einhalten der zitierten ethischen Grundsätze ist nicht Selbstzweck. Viele Beispiele der Vergangenheit haben gezeigt, dass Verstöße gegen diesen Kodex vom Verbraucher nicht toleriert werden.

Kunden akzeptieren es einfach nicht, ...

- wenn eine große Ölgesellschaft eine ausgemusterte, verseuchte Bohrplattform im Meer versenken will, und boykottieren die Tankstellen dieser Gesellschaft.
- wenn Instabilitäten in einer (möglicherweise nie eintretenden) Extremsituation die Sicherheit und Fahrstabilität des Kleinwagens eines deutschen Automobilherstellers gefährden. (Schwerwiegende Image-Schäden und Stornierungen von Bestellungen konnten nur durch aufwendige technische Verbesserungen und eine exzellente Krisen-PR vermieden werden.)
- wenn der Vorstandsvorsitzende einer Großbank einen 25-Millionen-Euro-Schaden als „Peanuts" bezeichnet, und reagieren mit Verunsicherung und Distanzierung.

Einseitige Konzentration der Unternehmen auf Gewinnmaximierung führt früher oder später in eine Sackgasse. Der einzige Weg zu zufriedenen und treuen Kunden führt über akzeptierte Leistungen und Preise. Es gilt, Probleme und Bedürfnisse aktueller und potenzieller Kunden in den Mittelpunkt aller Betrachtungen zu stellen und Kundenzufriedenheit als direkte Zielkomponente zu verstehen. Dass das Marketing diesen Aspekt, insbesondere bis in die 1970er-Jahre, möglicherweise vernachlässigt hat und zu sehr auf Umsatz, Gewinn und Marktanteil fokussiert war, muss eingeräumt werden.

Auf Dauer erfolgreich werden nur Unternehmen sein – und das belegt die Praxis –, denen es gelingt, über lange Zeiträume Kundennähe und Kundenzufriedenheit sicherzustellen.

1.4 Das strategische Dreieck

Die ausschließliche Ausrichtung des Marketings auf den Kunden würde einen wesentlichen Faktor vernachlässigen: den Wettbewerb. In Zeiten des zunehmenden Konkurrenzdrucks und einer immer globalisierteren Wirtschaft reicht diese einseitige Sicht nicht.

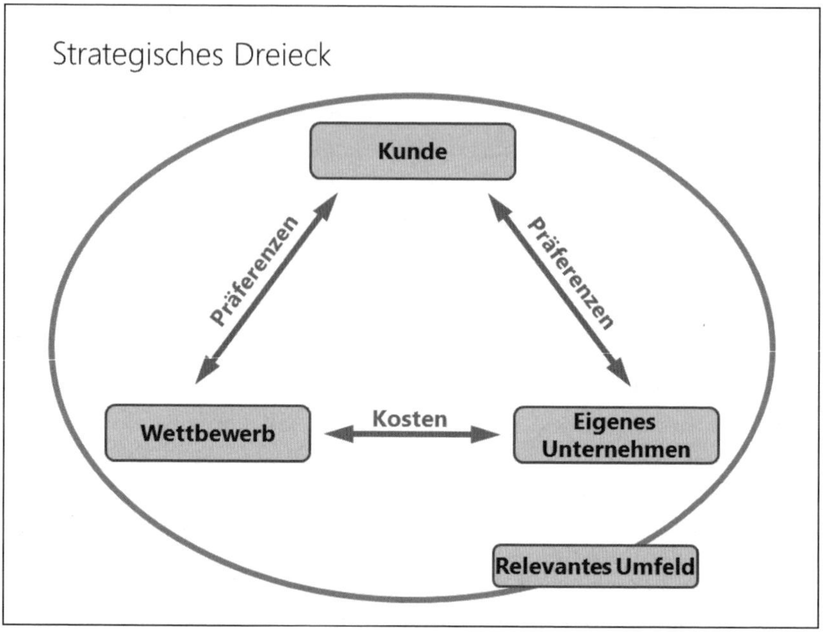

Abbildung 1.3: *Das strategische Dreieck*

Kenichi Ohmae schlägt vor, grundsätzlich alle Marktbetrachtungen am sogenannten strategischen Dreieck auszurichten. Es ist zu einseitig, nur die Kundenbedürfnisse im Auge zu behalten. Wenn wir unser Bestes geben, reicht dies aus, um den Kunden von unserem Angebot zu überzeugen? Gelingt es uns, den Wettbewerb zu schlagen? Selbst die eingangs erwähnte Qualitätseuphorie allein hat viele Firmen nicht nach vorne gebracht. Der Grund: Sie haben den Wettbewerb vernachlässigt, der ihnen vielerorts einen Strich durch die Rechnung gemacht hat.

1.4.1 Präferenzen: Es kann nur einen geben

Der Wettstreit um den Kunden ist immer ein Wettstreit um Präferenzen (Bevorzugungen). Es geht nicht um Bekanntheit, Image oder anderes. Es geht um Präferenzen. Was nutzen ein herausragendes Ansehen und ein großer Bekanntheitsgrad, wenn der Kunde – aus welchen Gründen auch immer – letztlich beim Konkurrenten kauft? Marketing ist also immer ein Spiel auf Sieg und nicht auf Platz. Der Zweite, bei den Olympischen Spielen immerhin noch Silbermedaillen*gewinner*, ist im Marketing bereits der erste Verlierer. Der Kampf um den Kunden ist also ein Kampf um Präferenzen!

Beispiel: Präferenz, nicht Image, entscheidet über Markterfolg

Bei der Analyse der Image-Werte eines deutschen Automobilherstellers wird festgestellt, dass dieser in mehreren Dimensionen vorne liegt. Die Verkaufsstatistik ordnet demselben Hersteller jedoch nur einen Platz im Mittelfeld zu.

Offensichtlich ist es nicht gelungen, das positive Image in eine Kaufhandlung zu überführen. Es gelang nicht, echte Präferenzen zugunsten der eigenen Automarke aufzubauen. Präferenz heißt in diesem Zusammenhang: Bevorzugung bei der Kaufentscheidung.

Eine wichtige Rolle spielen neben dem Image auch die Kaufkraft, bewusste und unbewusste Kundenerwartungen sowie die verschiedenen Entscheidungsbeeinflusser (z.B. Familie, Einkaufsabteilung, Unternehmensstrategie). Image und Bekanntheitsgrad sind also Hilfsmittel oder Voraussetzungen für echte Präferenzen, nicht Selbstzweck.

Um Präferenzen aufzubauen, müssen Sie Ihren heutigen und zukünftigen Kunden einen größeren Nutzen bieten und dies glaubwürdiger vermitteln als der Wettbewerb. Natürlich ist ein hoher Bekanntheitsgrad in der relevanten Zielgruppe von Vorteil, natürlich ist es hilfreich, wenn Image und Einstellungen Ihre Botschaft verstärken, aber Image und Bekanntheitsgrad sind nutzlos, wenn die Botschaft, die beim Kunden ankommen soll, nicht zu Präferenzen (Kaufentscheidungen) führt.

Exkurs

Image und Bekanntheitsgrad sind nicht Selbstzweck, sondern Hilfsmittel, um Präferenzen aufzubauen.

Bei der Bildung von Präferenzen ist die Wahrnehmung der Kunden subjektiv. Marketing ist so betrachtet immer ein Wettstreit um Wahrnehmungen – die Wahrnehmung der Kunden. Nietzsche soll einmal sinngemäß gesagt haben: „Wahrheit ist hinreichend genau angepasster Irrtum." In diesem Sinne ist Wahrheit im Marketing die Sicht des Kunden. Wir müssen lernen, dies anzuerkennen, und dann lernen, gezielt die Wahrheit der Kunden zu erkennen, zu verstehen und im Sinne der Marketing-Ziele zu beeinflussen.

Wichtige Schritte auf dem Weg zu einem tiefen Verständnis der Kunden:

1. Nehmen Sie die Perspektive des Kunden ein,
2. akzeptieren Sie seine Sicht, und
3. kommunizieren Sie in seiner Sprache mit ihm.

1.4.2 Kosten: Nicht alles, aber doch entscheidend

Auf der einen Seite der Wettbewerbsfähigkeit steht die Frage: „Gelingt es, eindeutige Präferenzen zu unseren Gunsten aufzubauen?“ Auf der anderen Seite steht die Frage: „Haben wir tatsächlich die günstigsten Kosten im Vergleich zum Wettbewerb?“ Beide Fragen sind bedeutend und gleichrangig!

Selbst wenn die Präferenzen der Kunden zugunsten eines Anbieters geprägt sind, muss dieser dennoch auf eine wettbewerbsfähige Kostenstruktur achten. Gelingt es nicht, die niedrigsten Kosten im Verhältnis zu der erbrachten Leistung zu realisieren, sind Wettbewerbsvorteile auf mittlere Sicht gefährdet und die Fähigkeit, auf Dauer einen größeren Nutzen zu bieten, fraglich.

Wie kommt das? Nehmen wir an, Sie verkaufen ein Produkt zu einem bestimmten Preis. Ihr Wettbewerber verkauft ein ähnliches Produkt, sagen wir – der Einfachheit halber – zum gleichen Preis. Ihre Kosten sind aber 10 % höher als die Ihres Wettbewerbers. Dann bedeutet das, dass Sie bei angenommener gleicher Verkaufsmenge 10 % weniger Gewinn gemacht haben.

Wenn Ihr Wettbewerber nun einen Gewinn von 20 %, Sie einen Gewinn von 10 % erzielen, bedeutet das, dass Ihr Konkurrent bei jedem Produkt doppelt so viel Rendite erwirtschaftet wie Sie. Es ist also nur eine Frage der Zeit, bis Ihr Wettbewerber Ihnen überlegen ist. (Es wird unterstellt, dass der größere Gewinn nicht zur Gänze abgeschöpft, sondern in den Aufbau von Wettbewerbsvorteilen investiert wird.)

Exkurs

Schlussfolgerung: Selbst der Marktführer muss, unabhängig von der Strategie, immer möglichst effizient und kostengünstig arbeiten, um seine Wettbewerbsfähigkeit auf Dauer zu erhalten.

Erst recht gilt dies für die Nachfolger!

1.5 Umsetzung – der Marketing-Prozess

Wie funktioniert Marketing? Wie gestaltet sich der Marketing-Prozess? Im Marketing hat sich in den letzten 50 Jahren ein grundlegender Wandel vollzogen. Ausgehend von den 1950er-Jahren, als es darum ging, möglichst viele Waren erst einmal zu produzieren (Produktionsorientierung), über die 1960er-Jahre, als der Verkauf zunehmend zum größten Engpass wurde (Verkaufsorientierung), hat sich der Marketing-Prozess grundlegend gewandelt (Marketing-Orientierung). Das Überangebot an Produkten hat die Märkte von Verkäufermärkten zu Käufermärkten verändert. (Verkäufermarkt: Der Verkäufer bestimmt überwiegend das Marktgeschehen; Käufermarkt: Der Käufer bestimmt überwiegend das Marktgeschehen.)

Beim *traditionellen Marketing-Ansatz* (siehe Abbildung 1.4 oben) geht es darum, dafür zu sorgen, dass durch den geschickten Einsatz der Marketing-Instrumente Preis (*Price*), Distribution (*Place*) und Kommunikation (*Promotion*) die hergestellten Produkte abgesetzt werden. Das Ziel: möglichst viel Umsatz und dadurch hoher Gewinn. Aus diesem Verständnis heraus stammt der noch gelegentlich anzutreffende Begriff *Absatzwirtschaft*. Marketing nach diesem – nicht mehr zeitgemäßem – Verständnis reduziert sich auf die Aufgabe, die erzeugten Produkte und Dienstleistungen lediglich abzuverkaufen.

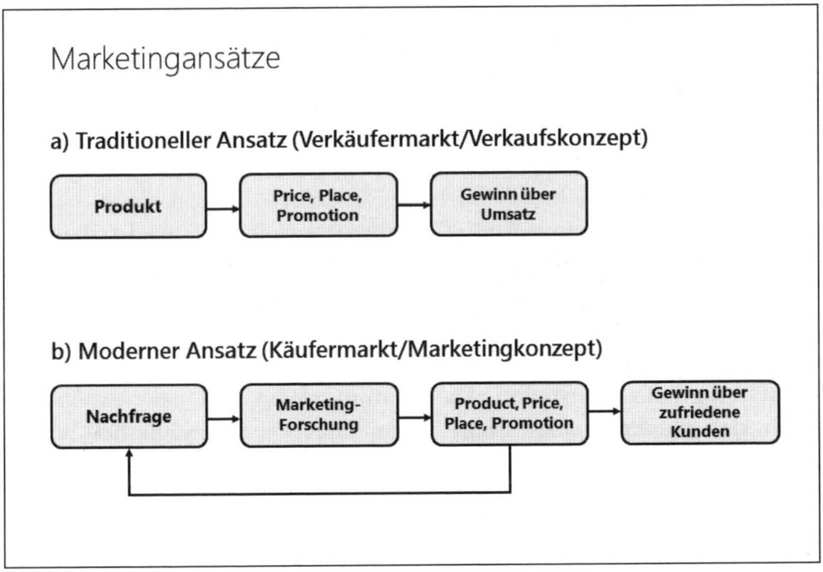

Abbildung 1.4: *Marketing gestern und heute*

Dieser Ansatz, der leider auch heute noch anzutreffen ist, stammt aus der Zeit, als es noch überwiegend Verkäufermärkte gab: Wenige Anbieter standen vielen Nachfragern gegenüber. Produkte besaßen sehr oft Alleinstellung, es gab noch regional beherrschte Märkte, und Produkte waren nur begrenzt austauschbar.

In den letzten Jahren haben sich nahezu alle Märkte zu Käufermärkten entwickelt: Der Wettbewerb wird härter, die Globalisierung greift um sich, die Märkte werden transparenter, die Produkte austauschbarer, die Kunden – nicht zuletzt wegen der besseren Versorgung – anspruchsvoller.

Der *moderne Marketing-Ansatz*, als Antwort auf diese Veränderungen, geht davon aus, dass vor der Entwicklung und Herstellung von Produkten erst Überlegungen zur Nachfrage anzustellen sind. Bevor ich also darüber nachdenke, wie ich meine Produkte besser vermarkten kann, stelle ich mir folgende Fragen:

- Wonach besteht überhaupt Nachfrage?
- Wer ist mein potenzieller Kunde?
- Welche genauen Bedürfnisse hat er?
- Wie groß ist die Kaufkraft?

Erst dann folgen Überlegungen wie:

- Wie müssen die Produkte für meine Zielgruppe aussehen? (Product)
- Welche Preise kann ich verlangen? (Price)
- Über welche Absatzkanäle erreiche ich meine Kunden am besten? (Place)
- Wie sieht die geeignete Kommunikation mit meinen Kunden aus? (Promotion)

Der moderne Marketing-Ansatz setzt voraus, dass zunächst (potenzielle) Nachfrage vorhanden ist. Aufgabe der Marktforschung ist es, diese Nachfrage zu analysieren, um anschließend mithilfe der vier Marketing-Instrumente *Product*, *Price*, *Place* (Distribution) und *Promotion* (Kommunikation) Produkte anzubieten, die den Nachfrager vollständig zufriedenstellen. Das dominierende Ziel ist zwar immer noch der Gewinn, aber nicht mehr über einen möglichst hohen Umsatz, sondern über zufriedene Kunden.

Dahinter steht die Erkenntnis, dass es um ein Vielfaches leichter ist, vorhandene Kunden weiter zu beliefern, als ständig neue Kunden zu gewinnen. Dies gilt besonders in etablierten Märkten, wo Neukundengewinnung fast immer bedeutet, dass neue Kunden erst mit großem Aufwand der Konkurrenz abgeworben werden müssen.

Marketing nach dem modernen oder besser zeitgemäßen Denken stellt den Kunden wirklich in den Mittelpunkt aller Handlungen des Unternehmens. Bei Unternehmen, die sich dieses Denken zu eigen gemacht haben, spreche ich gerne von „kundenzentrierten Unternehmen“, da sie sich nicht nur am Kunden orientieren, sondern ihr ganzes Denken und Handeln daran ausrichten.

Exkurs

Kundenzentrierte Unternehmen stellen bei ihren Entscheidungen die Bedürfnisse ihrer Kunden in den Mittelpunkt.

Das moderne Marketing-Konzept setzt diesen Ansatz konsequent um. Marketing vollzieht sich danach in drei Schritten:

1. Positionierung im Markt
2. Leistungserstellung
3. Marktkommunikation

Der in Abbildung 1.5 dargestellte Marketing-Prozess ist in der Praxis keine lineare Abfolge von aufeinanderfolgenden Schritten. Er ist vielmehr ein permanenter Prozess, bei dem alle drei Schritte über den gesamten Produktlebenszyklus immer wieder durchlaufen werden. Lediglich der Grad der Ausgestaltung der einzelnen Schritte verändert sich im Laufe der Zeit.

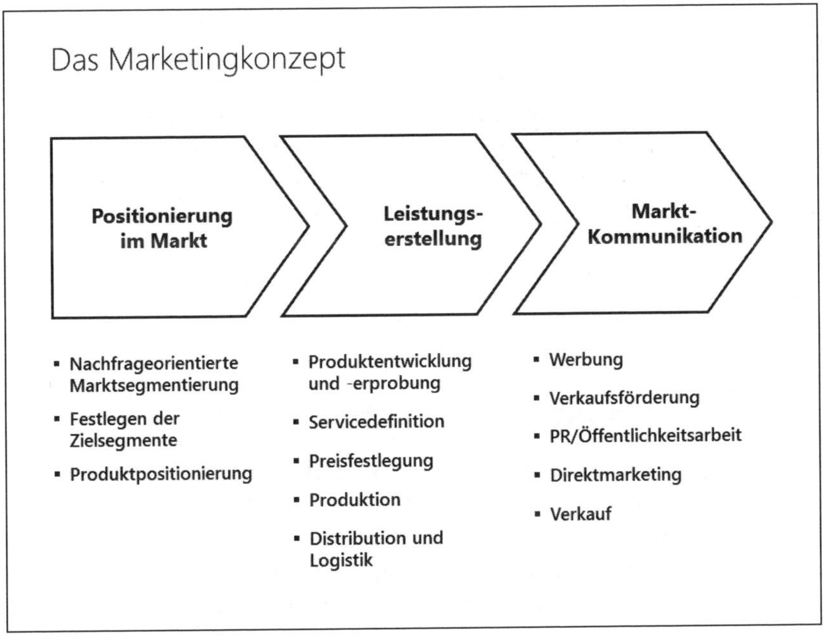

Abbildung 1.5: *Elemente des Marketing-Konzeptes*

- **Positionierung im Markt**

  Der Markt wird in Abhängigkeit vom Nachfrageverhalten der Verbraucher in unterschiedliche Marktsegmente (Teilmärkte) aufgeteilt. Unter Berücksichtigung der eigenen Stärken und Schwächen sowie der Chancen und Risiken, die sich aus dem relevanten Umfeld ergeben, werden die attraktivsten Marktsegmente ermittelt. Anschließend wird die Auswahl für das zu bearbeitende Zielsegment bzw. die zu bearbeitenden Zielsegmente getroffen und eine geeignete Positionierung entwickelt.

  Das Ziel der Positionierung ist die Alleinstellung des angebotenen Produktes im Bewusstsein des Käufers und gleichzeitig die eindeutige Abgrenzung von Wettbewerbsprodukten.

- **Leistungserstellung**

  Ist der positionierende Anspruch formuliert, gilt es, das zugehörige Produkt- und Servicekonzept zu entwickeln und zu erproben. Der Preis und die Konditionen sind festzulegen. Die geeigneten Absatzkanäle sind auszuwählen, und das Produkt ist herzustellen.

  Das Ziel der Leistungserstellung ist die Bereitstellung eines Angebotes, das der Positionierung möglichst exakt entspricht und die Erwartungen der Kunden erfüllt.

- **Marktkommunikation**

  Wenn das zielgruppengerechte Produkt zu einem akzeptablen Preis verfügbar ist, ist es die Aufgabe von Werbung, Verkaufsförderung, PR, Direktmarketing und des persönlichen Verkaufs, auf das Angebot aufmerksam zu machen, das durch die Positionierung vorgegebene Image zu erzeugen und den Wunsch, es zu erwerben, beim potenziellen Käufer zu wecken.

  Das Ziel der Marktkommunikation ist die Vermittlung des Kundennutzens, das Aufbauen von Präferenzen und die Aktivierung des Kunden bis zum Kauf.

1.6 Märkte und Zielgruppen

Unabhängig davon, welche Abläufe wir im Marketing betrachten, spielt sich alles auf einem Markt ab. Der Markt liefert die Rahmenbedingungen für die Austauschprozesse zwischen Anbieter und Kunden. Seinen Markt zu kennen ist die Voraussetzung für Markterfolg. Tolle Produkte allein genügen nicht. Es kommt entscheidend darauf an, die Zusammenhänge im eigenen Markt zu erkennen, zu verstehen und Veränderungen rechtzeitig vorwegzunehmen. Nur so ist es möglich, die eigenen Maßnahmen optimal auf die Marktbedingungen abzustimmen.

1.6.1 Marktteilnehmer und Einflussfaktoren

Wenn Sie sich den Markt als komplexes System vorstellen, ergibt sich eine Vielzahl von Marktteilnehmern, die es zu beachten gilt:

- **Relevante Marktteilnehmer**
  - Anbieter
  - Kunden
  - Absatzmittler und Absatzhelfer
  - Wettbewerber
  - Lieferanten
- Meinungsbeeinflusser

Darüber hinaus sind bei Marketing-Entscheidungen zahlreiche Rahmenbedingungen des Umfeldes auf ihre Relevanz für das eigene Handeln zu prüfen:

- **Relevante Umfeldeinflüsse**
  - *Gesamtwirtschaftliche Entwicklungen*
    Bruttosozialprodukt, Einkommensentwicklung, Lebenshaltungskosten, Kapitalmarktzins, Auftragseingänge der Industrie, Arbeitslosenquote, privater/öffentlicher Verbrauch
  - *Demografische Entwicklungen*
    Bevölkerungswachstum, Altersstruktur, Struktur der Erwerbstätigen, regionale Gliederung, Bildungsstand, Haushaltsgröße und -zahl, Ausländerstruktur
  - *Rechtliche Entwicklungen*
    Europäische Union, Gesetze und Verordnungen, Reglementierungen, Ausweichmöglichkeiten, Wettbewerbsrecht
  - *Politische Entwicklungen*
    politische Stabilität, Rechtssicherheit, Steuergesetze, Sozialgesetzgebung, Umwelt-, Struktur- und Verkehrspolitik, Einwanderungspolitik
  - *Ökologische Entwicklungen*
    gesetzliche Einflussfaktoren, regionale Einflussfaktoren, betriebliche Einflussfaktoren, Öffentlichkeit
  - *Soziokulturelle Entwicklungen*
    Wertewandel; Veränderungen bei Freizeitverhalten, kulturellen Normen, Anspruchsniveau der Arbeitnehmer, Arbeitseinstellung

- *Technologische Entwicklungen*
  technische Entwicklungen bei Produkten und Verfahren

Die genannten Umfeldeinflüsse sind regelmäßig zu analysieren, und ihre Auswirkungen sind bezogen auf den eigenen Markt zu interpretieren.

Zwei zentralen Begriffen des Marketings begegnen wir immer wieder: *Markt* und *Zielgruppe*.

Die folgenden Ausführungen schaffen Klarheit. Der Markt ist gewissermaßen die Bühne des Marketings. Hier treffen sich Anbieter, Nachfrager und Meinungsbeeinflusser. Hier wird über das Wohl und Wehe des Anbieters und seiner Konkurrenten entschieden. Hier stellt sich heraus, wer das (zumindest aus Sicht des Kunden) bessere Produkt hat. Wenn der Markt der Bühne entspricht, dann entspricht die Zielgruppe dem Publikum, um dessen Gunst geworben wird.

1.6.2 Der relevante Markt

Für erfolgreiches Marketing ist es von entscheidender Bedeutung, den relevanten Markt richtig zu definieren. Diese Marktdefinition ist die *Grundlage für alle weiteren Marketing-Überlegungen*. Neben einzuhaltenden Abgrenzungskriterien (eindeutig, erreichbar, wirtschaftlich) gibt es kein standardisiertes Verfahren zur Definition des relevanten Marktes. Es ist die Aufgabe der Unternehmensleitung, unter Berücksichtigung der genannten Kriterien im Verlauf eines Entscheidungsfindungsprozesses zu einer sinnvollen Definition des relevanten Marktes zu gelangen.

Was der relevante Markt ist, kann aus verschiedenen Perspektiven definiert werden, und diese Perspektive kann bei Herstellern im gleichen Markt durchaus sehr unterschiedlich sein. Nehmen wir z.B. den Schuhmarkt. Sie könnten ihn in Märkte für Damen-, Herren- und Freizeitschuhe aufteilen. Sie könnten weiter gehen und den Markt der Freizeitschuhe in Berg- und Wanderschuhe, Sportschuhe und (echte) Freizeitschuhe unterteilen. Ferner könnten Sie den Markt für Sportschuhe in Fußball-, Tennis- und Laufschuhe splitten. Sie sehen, Märkte werden unterschiedlich breit und eng aufgeteilt. *Wie* breit oder eng der jeweilige Markt sinnvollerweise aufgeteilt wird, das entscheidet jedes Unternehmen selbst.

Wird der Markt zu eng definiert, werden potenzielle Wachstumsquellen nicht erkannt, oder, was schlimmer wäre, der Markt ist zu klein, um den erforderlichen Ertrag zu erzielen. Wird der Markt zu breit definiert, übernimmt man sich leicht; die eingesetzten Mittel verpuffen wirkungslos, oder man verzettelt sich auf zu vielen Schauplätzen.

Für ein Unternehmen ist also zunächst bedeutsam, seinen Markt zu kennen und zu definieren.

Exkurs

Der relevante Markt ist derjenige Markt, auf dem ein Unternehmen seine Aktivitäten plant und durchführt. Er umfasst die Gesamtheit der Anbieter sowie die tatsächlichen und potenziellen Abnehmer eines Produktes.

Kriterien für die Bestimmung des relevanten Marktes (Marktabgrenzung) können sein:

- produktorientierte Abgrenzung
- marktstrukturorientierte Abgrenzung
- anbieterorientierte Abgrenzung
- kundenbezogene Abgrenzung
- absatzmittler- und absatzhelferbezogene Abgrenzung (absatzkanalorientierte Abgrenzung)

In den folgenden Auflistungen definieren wir diese Abgrenzungen genauer.

Produktorientierte Abgrenzung

Darunter fassen wir alle Anbieter und Nachfrager von Produkten,

- die zur gleichen Güterart gehören (z.B. alle Hersteller von Kopiergeräten).
- die die gleiche Funktion erfüllen (z.B. elektrische Rasierapparate, Rasierklingen, Rasiermesser).
- die das gleiche Problem lösen (z.B. Empfang von Fernsehprogrammen über Antenne, Satellit oder Breitbandkabelanschluss).
- die das gleiche Bedürfnis ansprechen (z.B. Schnellimbiss oder Restaurant, um den Hunger zu stillen).
- die ein Unternehmen bei seiner Marketing-Planung berücksichtigen muss, weil sie Einfluss auf seinen Absatz haben.
- die vom Verwender als subjektiv austauschbar angesehen werden (z.B. Charter- oder Linienmaschine bei Urlaubsreise).

Marktstrukturorientierte Abgrenzung

Bei der Bestimmung des relevanten Marktes ist zu berücksichtigen,

- ob es sich um wachsende, schrumpfende oder stagnierende Märkte handelt,
- ob die Märkte gesättigt oder ungesättigt sind,
- ob es viele oder wenige Anbieter gibt,
- ob es viele oder wenige Nachfrager gibt und
- ob der Wettbewerb stark oder schwach ausgeprägt ist.

Anbieterorientierte Abgrenzung

Aus Anbietersicht lässt sich ein Markt anhand folgender Merkmale unterscheiden:

- geografisch (international, national, regional, lokal)
- Bedürfniskomplexe (Nahrungsmittelmarkt, Wohnungsmarkt, Anlagen- und Maschinenbau)
- Käufergruppen (private Haushalte, Handelsunternehmen, öffentliche Verwaltungen, verarbeitende Industrie)
- Anzahl der Marktteilnehmer (Monopol, Oligopol, Polypol)
- Marktstruktur bei industriellen Anbietern (Rohstoffmarkt, Halbzeuge- oder Halbfabrikatemarkt, Maschinenmarkt)
- Leistungsarten (Konsumgüter-, Investitionsgüter- oder Dienstleistungsmarkt)

Kundenbezogene Abgrenzung

- demografisch, nach Alter, Haushaltsgröße, Einkommensgruppe etc. (z.B. Teenagermarkt, Seniorenmarkt, Singlehaushalte)
- Kaufhäufigkeit (Einmal-, Mehrfach- bzw. Stammkunden)
- Bedeutung des Kunden (z.B. A-, B- oder C-Kunden, Neukunden, Großkunden, Firmenkunden)
- Nutzungsverhalten (Intensivverwender, Gelegenheitsnutzer)

Absatzmittler- und absatzhelferbezogene Abgrenzung (absatzkanalorientierte Abgrenzung)

- Absatzmittler (z.B. Großhandel, Einzelhandel, Direktverkauf)
- Absatzhelfer (z.B. Handelsvertreter, Makler, Kommissionäre)

1.6.3 Marktkennziffern

Um die *Größe* eines Marktes und mögliche Potenziale für das Wachstum zu beurteilen, gibt es einige Kennzahlen. Grundsätzlich ist bei allen Kennziffern zu unterscheiden, ob es sich um Absatz- oder Umsatzkennziffern handelt.

Der *Absatz* wird in Stückzahlen, Gewichten (kg, t), Flächen (m^2) oder anderen Mengeneinheiten angegeben. Der *Umsatz* wird in Währungseinheiten (EUR, USD) angegeben.

Wichtige *Marktkennziffern* sind:

- *Marktkapazität*
  theoretisch mögliche Nachfrage nach einer Leistung (= Bedürfnis)
- *Marktpotenzial*
  tatsächliche Nachfrage nach einer Leistung (= Bedarf)
- *Marktvolumen*
  Summe der bereits tatsächlich verkauften Leistungen (= Bestand)
- *Marktanteil*
  Anteil des Herstellers am Marktvolumen
- *Sättigungsgrad (%)*
  Quotient aus Marktvolumen und Marktpotenzial
- *Neubedarf*
  Anteil am noch nicht erschlossenen Marktpotenzial
- *Ersatzbedarf*
  Anteil des Marktvolumens, das ersetzt wird

Neben den genannten Marktkennziffern, die sich, wie der Name schon sagt, auf den gesamten Markt beziehen, werden die Kennziffern auch entsprechend auf das eigene Unternehmen heruntergebrochen.

Hier spricht man dann von *Absatzkennziffern*:

- *Absatzpotenzial*
  tatsächliche Nachfrage nach einer Leistung eines bestimmten Unternehmens
- *Absatzvolumen*
  Summe der bereits tatsächlich verkauften Leistungen eines bestimmten Unternehmens

Sie sollten die Markt- und Absatzkennzahlen regelmäßig ermitteln, um Anhaltspunkte für die zukünftige Entwicklung zu erhalten.

Praxistipp

In vielen Branchen sind keine konkreten Zahlen von Statistikämtern, Marktforschungsunternehmen oder Verbänden vorhanden. Hier hilft nur eins: qualifiziert abschätzen. (Es sei denn, Sie sind in der Lage, die Daten selbst zu erheben.) Sie stellen anhand einer sorgfältigen Situationsanalyse Schätzungen an und versuchen, Indizien für Ihre Thesen zu finden. Im Laufe der Zeit erhalten Sie so durchaus aussagefähige Informationen.

1.6.4 Die richtige Zielgruppe

Produkte werden nicht für abstrakte Märkte entwickelt und angeboten. Produkte sind für Menschen mit Bedürfnissen, Wünschen, Erwartungen und einer bestimmten Kaufkraft gedacht.

In der Vergangenheit – teilweise leider auch noch heute – entwickelte man ein Produkt und schaltete dann das Marketing ein, um es auf dem Markt anzubieten. Nun lautete die Herausforderung, Interessenten zu finden, die dieses Produkt kaufen. Gelang dies: Glück gehabt. Von planvollem Vorgehen kann keine Rede sein (traditioneller Marketing-Ansatz).

Die Grundannahme des Zielgruppenansatzes geht davon aus, dass Menschen – auch Menschen in Organisationen (Business-to-Business) – unterschiedliche Bedürfnisse und Wünsche haben. Ideal wäre es, jedem einzelnen Kunden genau seine Wünsche zu erfüllen. Da dies meist weder organisatorisch zu leisten noch betriebswirtschaftlich sinnvoll ist, sind wir gezwungen, potenzielle Kunden mit relativ gleichartigen Bedürfnissen und Wünschen zu Zielgruppen zusammenzufassen.

Die Allgegenwärtigkeit des Zielgruppendenkens erzwingt geradezu die konsequente Ausrichtung aller Aktivitäten und Maßnahmen im Marketing auf die jeweilige Zielgruppe. Man kann sich nicht oft genug fragen: Wer ist der Adressat einer Aktion, der Empfänger einer Leistung oder Botschaft, der Leser eines Textes, der Betrachter eines Bildes, der Nutzer eines bestimmten Mediums, der Verwender eines Produkts?

Exkurs

Eine *Zielgruppe* ist die Gesamtheit aller tatsächlichen und potenziellen Personen oder Personengruppen, die mit einer bestimmten Marketing-Aktivität angesprochen werden.

Die Grundlage für die Zielgruppenbestimmung sind jeweils relevante Merkmale der Mitglieder einer Zielgruppe:

- demografische Merkmale (z.B. Alter, Geschlecht, Bildung, Haushaltsgröße, Einkommen)
- verhaltensorientierte Merkmale (z.B. Verwendungssituation, Kaufverhalten)
- psychologische Merkmale (z.B. innovationsfreudig, sicherheitsorientiert)
- medienorientierte Merkmale (Nutzer bestimmter Medien)
- persönliche Präferenzen

Das Hauptproblem bei der Zielgruppendefinition ist die zeitliche Instabilität (Dynamik). Es ist daher erforderlich, permanent die zugrunde gelegten Zielgruppendefinitionen auf weitere Gültigkeit zu überprüfen.

Je genauer die Zielgruppe beschrieben werden kann, desto besser können ihre Bedürfnisse, Wünsche und Erwartungen ermittelt und prognostiziert werden (Prägnanzprinzip).

An sinnvolle Zielgruppendefinitionen werden folgende Anforderungen gestellt:

- Eine Zielgruppe muss wirtschaftlich interessant sein.
- Eine Zielgruppe muss die richtige Größe haben (zu groß: Zielgruppe kann nicht adäquat bearbeitet werden; zu klein: Zielgruppe lohnt sich auf Dauer nicht).
- Eine Zielgruppe muss hinreichend genau eingegrenzt sein, damit die verfügbaren Mittel zielgerichtet und konzentriert eingesetzt werden können und die Gefahr der Verzettelung vermieden wird. (Wer es allen recht machen will, macht es keinem recht.)
- Eine Zielgruppe muss im Zusammenwirken mit anderen Zielgruppen gesehen werden. Eine Kernzielgruppe sollte möglichst andere Zielgruppen nicht ausschließen. (Zum Beispiel wurde mit einem kostengünstigen Sportwagen ursprünglich primär ein jüngeres, männliches Publikum anvisiert. Nach der Markteinführung zeigte sich, dass Frauen aller Altersklassen diesen handlichen Sportwagen favorisierten.)
- Eine Zielgruppe sollte für sich genommen möglichst homogen sein, d. h., die Mitglieder sollten untereinander möglichst gleichartige Bedürfnisstrukturen haben und ein ähnliches Kaufverhalten zeigen.

- Eine Zielgruppe sollte im Verhältnis zu anderen Zielgruppen möglichst heterogen sein, d. h., die unterschiedlichen Zielgruppen sollten sich möglichst deutlich in ihren Bedürfnisstrukturen und ihrem Kaufverhalten unterscheiden.
- Eine Zielgruppe sollte möglichst ähnliche Nutzenerwartungen und Anspruchshaltungen an das Produkt haben.
- Eine Zielgruppe sollte die Möglichkeit erkennen lassen, ihr weitere Produkte anzubieten.

Im Hinblick auf den Anforderungskatalog für eine sinnvolle Zielgruppendefinition stellen wir in der Praxis bedauerlicherweise immer wieder Defizite fest. Nicht nur, dass einzelne Anforderungen nicht ausreichend bedacht worden sind – oft existieren überhaupt keine schriftlich fixierten Zielgruppendefinitionen. Wie und vor allem auf wen werden dann die einzelnen Marketing-Maßnahmen ausgerichtet?

Praxistipp

Nur schriftlich formulierte und im Unternehmen kommunizierte Zielgruppendefinitionen sorgen für Klarheit und Fokus bei der Marktbearbeitung. Überprüfen Sie immer wieder (mindestens jährlich), ob Sie noch die richtigen Zielgruppen bearbeiten. Prüfen Sie hierbei auch, ob Sie den einzelnen Zielgruppen die richtige Priorität bei der Bearbeitung geben.

1.7 Analyse und Strategie

In der Marketing-Praxis bedeutet handeln, Entscheidungen zu treffen. Sie werden jedoch feststellen, dass es in einer Situation mit mehreren Variablen oft eine Vielzahl an Lösungen für ein beliebiges Problem gibt. Eine Entscheidung ist also immer eine Auswahl aus Möglichkeiten. Mit der Wahl einer Alternative entfallen gleichzeitig andere Optionen. Entscheidung bedeutet daher Verzicht und damit einhergehend Risiko. Die Aufgabe der Marketing-Forschung ist es, die Wahrscheinlichkeit der Zielerreichung zu erhöhen und bessere Entscheidungen zu treffen.

Eines dürfen Sie allerdings nicht vergessen: Ein letzter Rest Unsicherheit lässt sich auch durch die beste Marktforschung der Welt nicht ausschließen. So sind erfolgreiche Unternehmen nicht nur für den systematischen Einsatz ihrer Marketing-Forschung bekannt. Sie besitzen gleichzeitig die Fähigkeit, Irrtümer frühzeitig zu erkennen und ihnen schnell gegenzusteuern.

1.7.1 Marketing-Forschung – Vorsprung durch Information

Unternehmerisch handeln, heißt – wie gesagt – Entscheidungen zu treffen. Unternehmerische Entscheidungsprozesse, insbesondere im Marketing, bedeuten Entscheidungsfindung unter größter Unsicherheit, da viele Informationen nicht oder nur unvollständig vorliegen. Diese Unsicherheit durch aussagekräftige Daten und Informationen (etwas) zu reduzieren, ist die Aufgabe der Marketing-Forschung. Die Begriffe *Marketing-Forschung*, *Marktforschung* und *Marktinformationsbeschaffung* werden in diesem Buch (obwohl einige Autoren sie im Detail unterscheiden), wie in der Marketing-Praxis üblich, synonym verwendet.

Exkurs

Marketing-Forschung ist die zielgerichtete Beschaffung, Bewertung und Analyse von Informationen für Marketing-Entscheidungen.

- **Zielgerichtet:** Für die Fundierung einer konkreten Marketing-Entscheidung werden weitere Informationen benötigt.
- **Beschaffung:** Informationen müssen entweder erhoben werden (Primärforschung), oder vorhandene Informationen müssen ausgewertet werden (Sekundärforschung). Vorhandene Informationen können aus eigenen (internen) oder aus fremden (externen) Quellen stammen.
- **Bewertung:** Die gewonnenen Informationen werden auf ihre Aussagekraft, ihren Informationsgehalt und die Wahrscheinlichkeit ihrer Gültigkeit beurteilt.
- **Analyse:** Die Informationen werden auf ihre Bedeutung für die zu treffende Entscheidung interpretiert, und der Zusammenhang mit anderen Variablen und Einflussgrößen wird hergestellt.
- **Marketing-Entscheidung:** Bewusste Auswahl aus mehreren Optionen anhand von Entscheidungskriterien. (Entscheidung = Willensbildung + Entschluss)

Marketing-Forschung ist also weitaus mehr als der Versuch, Verhalten und Einstellungen von Kunden zu erklären, und die Analyse von Wettbewerb und Branchenstruktur. Bei Marketing-Entscheidungen sind vielfältigste, häufig nicht ausreichend bekannte Faktoren zu berücksichtigen. Effektive Marketing-Forschung hat im Rahmen der Marketing-Arbeit einen hohen Stellenwert.

Ein wesentliches Merkmal erfolgreicher Marketer ist ihr ständiges Bemühen, Informationen systematisch zu sammeln bzw. zu erheben, auszuwerten und zu analysieren – wohl wissend, dass der letzte Rest Unschärfe bei Marketing-Entscheidungen bleibt. Sichere Entscheidungen gibt es im Marketing – trotz Marketing-Forschung – nicht. Die gewonnenen Informationen sind immer nur Teile eines großen Puzzles. Durch den Marktdruck fehlt Ihnen die Zeit, alle Teile an die richtige Stelle zu legen und das Bild zu vollenden.

Tom Peters hat einmal gesagt: „Don't plan it, do it." Sie werden immer wieder gezwungen sein, Sachverhalte qualifiziert zu schätzen und Marketing-Maßnahmen „auszuprobieren". Wenn Sie Glück haben, funktioniert es sofort. Wenn nicht, haben Sie etwas gelernt und nehmen schnell Korrekturen vor. Dieses iterative Vorgehen in kleinen, sicher beherrschten Schritten ist im Marketing nicht die Ausnahme, sondern die Regel.

Machen Sie es wie die Pistolenschützen. Wenn Sie die wichtigsten Informationen (Ziel, Umfeldeinflüsse) haben, schießen Sie. Prüfen Sie, ob Sie ins Schwarze getroffen haben. Ändern Sie gegebenenfalls Ihre Haltung, und schießen Sie nochmals. Wenn Sie z.B. den Wind falsch eingeschätzt haben, werden Sie das auf diese Art und Weise am schnellsten merken und lernen, damit umzugehen. Aber denken Sie daran, immer genügend Patronen im Revolver zu haben. Zögern Sie mit dem Schuss, wird Ihr Arm schwerer und schwerer. Die Wahrscheinlichkeit, am Ende doch noch ins Schwarze zu treffen, sinkt.

Zu viele Unternehmen nutzen die Möglichkeiten und Chancen der Marketing-Forschung nur unzureichend. Oft gehörte Vorurteile wie „zu teuer", „zu zeitaufwendig" oder „Wir kennen unseren Markt" erinnern an den Autofahrer, der nachts und bei Regen ohne Scheibenwischer mit Sonnenbrille fährt. Solange die Straße gerade verläuft und keine Konkurrenz auftaucht, reicht der gelegentliche Blick auf die Straße, um im Rennen zu bleiben. Gewinnen ist eine andere Sache. Aber falls sich irgendetwas ändert, kann sich der fehlende klare Blick auf den Markt fatal auswirken.

Die Marketing-Forschung wird von drei Leitgedanken getragen:

1. **Ausgangsbasis für alle Überlegungen ist eine konkrete Marketing-Entscheidung**
   In der Regel ist es nicht zielführend, erst alle möglichen Informationen zu sammeln, um dann zu sehen, was Sie damit machen. Besser ist es, ausgehend von plausiblen Arbeitshypothesen, eine

konkrete Marketing-Entscheidung vorzubereiten, um dann zu untersuchen, welche Informationen noch fehlen oder überprüft werden müssen. Hypothesen (griechisch für „Unterstellung") sind widerspruchsfrei formulierte Annahmen, die eine gewisse Wahrscheinlichkeit besitzen, aber noch überprüft und bestätigt werden müssen.

2. Sie können (fast) alles erforschen

Sie können in der Tat nahezu alles im Marketing erforschen. Fragen Sie sich jedoch: Welchen Aufwand will ich betreiben? Welcher Grad an Absicherung mithilfe der Marketing-Forschung ist möglich und nötig? Was darf es kosten (Geld, Zeit)?

Es gibt die unterschiedlichsten Methoden für unterschiedlichste Aufgaben. Es stellt sich nicht die Frage, ob ein bestimmter Sachverhalt geklärt werden kann, sondern nur, wie er geklärt werden kann.

3. Unverhofft kommt oft

Manchmal werden vollkommen unerwartete Ergebnisse erzielt. Verschließen Sie davor nicht einfach die Augen. Es ist Ihre Pflicht, nach Überprüfung Ihres Forschungsansatzes die zugrunde liegende Marketing-Entscheidung zu revidieren. Auch wenn die Versuchung groß ist, die Ergebnisse umzuinterpretieren bzw. zu leugnen. Widerstehen Sie dieser Versuchung!

Beispiel: Sie wollen Ihr Image in eine bestimmte Richtung verändern. Zunächst überprüfen Sie Ihr aktuelles Image mithilfe einer Befragung und stellen fest, dass 73 % der Befragten Ihr Unternehmen/Produkt nicht kennen. Sie haben offensichtlich ein Problem mit Ihrem Bekanntheitsgrad. Verzichten Sie auf die Image-Kampagne, und kümmern Sie sich zunächst um Ihren Bekanntheitsgrad.

1.7.2 Was ist Strategie?

Wofür benötigt man Strategie? Das ist eine berechtigte Frage angesichts stagnierender Märkte, kürzer werdender Produktlebenszyklen, dynamischen technologischen Wandels, verstärkter Umweltbelastungen und fortschreitenden Wertewandels. Keiner weiß, was morgen ist. Sind Strategien mit länger- und langfristiger Wirkung in einem Umfeld andauernder Veränderungen überhaupt noch zeitgemäß?

Gerade weil unser Umfeld einem permanenten Wandel unterworfen ist, brauchen wir Strategien. Sie geben Orientierung und helfen, insbesondere auf hoher See das Schiff auf Kurs zu halten. Wenn sich Zukunft nicht mehr mit einfacher Trendexploration (Trendfortschreibung) aus der Vergangenheit beschreiben lässt, sind beständige Orientierungsgrößen vonnöten, die unsere Handlungsfähigkeit erhalten.

Um Ihre Strategie zu entwerfen, sind folgende Fragen klären:

- Was ist unsere Kernaufgabe?
- Was ist unsere Kernkompetenz?
- Was können wir besser als jeder andere?
- Was ist unser Markt?
- Wer ist unser Zielkunde?
- Wer sind unsere Konkurrenten?
- Was ist für unsere Kunden von Wert?
- Was wird künftig unsere Aufgabe sein?
- In welche Märkte und Produkte investieren wir?
- Aus welchen Märkten ziehen wir uns zurück?
- Von welchen Produkten verabschieden wir uns zukünftig?

Dieses Unterkapitel liefert Ihnen Werkzeuge, mit denen Sie Ihre Strategie entwickeln und die Fragen beantworten. Wir zeigen Ihnen Wege, wie Sie diese Werkzeuge in Ihrem Unternehmen anwenden. Sie werden in die Lage versetzt, zukünftig trotz zunehmender Unschärfe und Unsicherheiten fundierte Entscheidungen zu treffen.

Der Begriff *Strategie* wird in den unterschiedlichsten Zusammenhängen verwendet. Oft wird er nicht sauber von Begriffen wie *Leitbild*, *Taktik*, *Operational* und *Vision* abgegrenzt. Manchmal entsteht fast der Eindruck, es sei modern, alles mit dem Etikett „strategisch" auszuzeichnen, um seine Bedeutung zu unterstreichen. Eine Begriffsklärung scheint dringend angebracht.

Der Begriff *Strategie* stammt aus dem Griechischen und bedeutet ursprünglich „Feldherrenkunst": die Kunst der Führung von Streitkräften im Krieg. Und so stammen auch heute noch die wesentlichen Grundüberlegungen der Strategie aus dem militärischen Bereich.

Exkurs

Strategie ist das Handeln unter übergeordneten Gesichtspunkten mit Blick auf die sich laufend ändernden Umstände.

Wird der Begriff *Strategie* verwendet, bringt man damit zum Ausdruck, dass ein übergeordnetes Ziel existiert, auf das alle Kräfte auszurichten sind. Dieses übergeordnete Ziel, das wir später auch *Kernauftrag* nennen, ist die Grundlage für das weitere planvolle Vorgehen. Um bei der Verwirklichung der Strategie bei allen Beteiligten Missverständnisse zu vermeiden, ist es empfehlenswert, die Strategie klar zu kommunizieren.

Bei der Entwicklung von Strategien haben Sie in jeder Situation drei prinzipielle Handlungsoptionen. Sie können Ihre Strategie offensiv ausrichten und aktiv eine Situation gestalten, um eine neue Position zu gewinnen. Manchmal ist ein defensives Vorgehen sinnvoller, um eine erreichte Position zu sichern. Gelegentlich ist man gezwungen, eine Position aufzugeben, sich zurückzuziehen.

Diese drei Arten von Strategie heißen in der Unternehmensführung:

- Offensivstrategie (Vorwärtsstrategie)
- Defensivstrategie (Halten einer einmal erreichten Position)
- Rückzugsstrategie (Desinvestitionsstrategie)

Beispiel: Wenn Sie planen, Ihren Marktanteil zu erweitern, kommt nur eine *Offensivstrategie* infrage. Wollen Sie Ihren Marktanteil in einer umkämpften Branche halten, verfolgen Sie zwar eine *Defensivstrategie*, dies heißt jedoch nicht, dass Sie nichts tun müssen. Im Gegenteil: Die erfolgreiche Verteidigung Ihres Marktanteils erfordert unter Umständen ein engagiertes Vorgehen. Vielleicht werden Sie gezwungen, sich aus einem Markt zu verabschieden, weil Sie Ihre Wettbewerbsvorteile verloren haben. Dann sollte dieser *Rückzug* nicht hektisch und überstürzt, sondern planvoll erfolgen.

Fassen wir zusammen:

- Strategie sorgt dafür, zu wissen, was man will, und – was vielleicht noch wichtiger ist – dafür, zu wissen, was man nicht will.
- Strategie geht immer mit dem Bestreben einher, etwas Neues zu schaffen und Veränderungen herbeizuführen.
- Strategie kann ihre volle Wirkung nur dann entfalten, wenn alle Beteiligten an einem Strang ziehen und bei der Umsetzung durchhalten.
- Strategie ist allumfassend und daher kurz- und langfristig, grundsätzlich und detailorientiert.
- Strategie als übergeordneter Handlungsrahmen stärkt langfristig das Unternehmen, erzielt allerdings auch kurzfristige Ergebnisse.
- Strategie antizipiert Veränderungen und führt sie herbei.

Um Strategien zu entwickeln, müssen Sie strategisch denken. Michael Porter[3] definiert strategisches Denken wie folgt:

"Strategy thinking says, differentiate yourself, make yourself unique. Come up with your own distinctive positioning in the market-place."

Für Porter bedeutet strategisches Denken, sich von den anderen zu unterscheiden, sich einzigartig zu machen und eine unverkennbare Position im Markt zu erreichen.

Strategisches Denken ist eine Denkhaltung. Es gibt keine klaren Regeln oder Rezepte zur Vorgehensweise. Die später vorgestellten Methoden und Werkzeuge sind in diesem Sinne als Denkhilfen zu verstehen, die es uns erleichtern, eine Situation besser zu beurteilen und bessere Entscheidungen zu treffen.

Exkurs

„Sich auf die eigentliche Strategie besinnen heißt, sich allzu raschen Antworten verweigern, nach besseren Wegen suchen, solchen nämlich, die den Kunden mehr Nutzen bieten." (Kenichi Ohmae)

„Strategie braucht Intelligenz und Intuition, Rationalität und Emotion, Wille und Analyse sowie die Fähigkeit, das Ganze durch Menschen in reales Handeln umzusetzen." (Hermann Simon).

Mathematisch gesehen ist Strategie (S) eine Funktion (vergleiche Hinterhuber[4]), die aus Variablen besteht. Die Variablen beeinflussen sowohl die Zieldefinition als auch das Erreichen der Ziele.

Die strategischen Variablen sind:

- spezifische Faktoren der gegebenen Situation (α)
- materielle, finanzielle, personelle und informationelle Ressourcen (R)
- psychologische Faktoren (ψ)
- Zeit (t)

3. Porter, Michael E.: Wettbewerbsvorteile: 7. Auflage, Campus Frankfurt, 2010

4. Hinterhuber, Hans H.: Strategische Unternehmensführung Bd. I. 7. Auflage, deGruyter Berlin, 2004

Daraus resultiert folgende Formel:

$$S = f(\alpha, R, \psi, t)$$

In der Strategielehre werden direkte und indirekte Strategien unterschieden:

- **Direkte Strategien** sind gekennzeichnet durch hohen Ressourcenaufwand, niedrigen psychologischen Faktor und schnellen Einsatz ($R\uparrow$, $\psi\downarrow$, $t\downarrow$). Beispiel: Folgende Situation (α) ist gegeben: der Eintritt eines neuen Wettbewerbers in den Markt. Ihre Strategie: hoher Ressourcenaufwand (R) aufgrund aggressiver Preissenkungen bewirkt massive Abschreckung. Eine schnelle Umsetzung (t) der Preissenkung ist möglich. Der psychologische Aufwand (ψ), die erforderliche Motivation der Beteiligten ist gering.
- **Indirekte Strategien** hingegen sind gekennzeichnet durch niedrigen Ressourcenaufwand, hohen psychologischen Einsatz und lange Dauer ($R\downarrow$, $\psi\uparrow$, $t\uparrow$). Das ist der Fall, wenn Sie beispielsweise dem Markteintritt des Wettbewerbers (α) entspannt entgegensehen, ohne direkte Gegenmaßnahmen (R) einzuleiten, weil Sie wissen (ψ), dass Sie eine deutlich bessere Leistung erbringen und Ihre Kunden Ihnen auch weiterhin treu bleiben werden.

Was bedeutet das für Ihr Unternehmen? Beim Erarbeiten der Strategie ist es wichtig, sicherzustellen, dass die Kernkompetenzen des Unternehmens konsequent auf den Kernauftrag fokussiert werden:

- *Kernkompetenzen* sind integrierte Fähigkeiten einer Organisation, die für Kunden erkennbar wertvoll, einzigartig im Vergleich zur Konkurrenz, schwer imitierbar und nicht substituierbar sind. Gleichzeitig eröffnen sie potenziell den Zugang zu neuen Märkten.
- Der *Kernauftrag* oder auch die *Vision* jedes Unternehmens besteht darin, bestimmte Kunden auf einem bestimmten Gebiet noch erfolgreicher oder wettbewerbsfähiger zu machen bzw. deren Lebensqualität zu verbessern.

Der leitende Gedanke der Strategie im Unternehmen ist, in jedem Marktsegment, in dem das Unternehmen tätig ist oder tätig sein will, zu den führenden Anbietern zu gehören. Hierzu sind Kernkompetenzen weiterzuentwickeln und Wettbewerbsvorteile auszubauen. Dies ist nur zu schaffen, wenn alle Energien (ψ) und Ressourcen (R) im Unternehmen auf diese Kernkompetenz ausgerichtet sind.

Exkurs

Napoleon I. fasste den Strategieprozess prägnant zusammen:

„Die Strategie besteht darin, als erstes und genau alle möglichen Eventualitäten zu berechnen und dann in den eigenen Berechnungen dem Zufall einen genauen, fast mathematischen Platz einzuräumen.?

Strategie bedeutet also, sich in die Lage nach dem Eintritt des unsicheren Ereignisses zu versetzen, dann alle zur Verfügung stehenden Optionen zu prüfen und sich für die sinnvollste zu entscheiden. Hierbei sind ethische Grundsätze zu beachten.

1.7.3 Der Unterschied zwischen Strategie und Taktik

Im betrieblichen Alltag werden die beiden Ebenen *Strategie* und *Taktik* gern durcheinandergeworfen. Da es sich um zwei unterschiedliche Denkebenen handelt, ist dies nicht sinnvoll.

Exkurs

„Die Strategie führt die Truppen in das Gefecht, die Taktik führt die Truppen im Gefecht." (Wilhelm Karl Friedrich Gustav von Scherff 1834–1911, General der Infanterie)

Carl von Clausewitz[5] präzisiert weiter:

„Die Mittel der Taktik sind die Streitkräfte, ihr Ziel ist der Sieg im Gefecht. Die Mittel der Strategie sind die Gefechte, ihr Ziel ist der Sieg."

Für den Alltag ist es hilfreich, sich den Unterschied anhand von Tabelle 1.2 zu verdeutlichen.

5. Clausewitz, Carl: Vom Kriege: 4. Auflage, Ullstein Frankfurt, 1994

Strategie	Taktik
Ausrichtung	
Grundsätzliche Vorgehensweise	Laufende Anpassung
Definiert die einzunehmende Zielposition.	Definiert die notwendigen Ressourcen und Fähigkeiten.
Was, warum und wozu?	Wie?
Entscheidungsinhalte	
Kernauftrag und Kernkompetenz	Produktpolitik
Auswählen der Zielmärkte und Geschäftsfelder	Preispolitik
	Distributionspolitik
Festlegen der Positionierung	Kommunikationspolitik
Merkmale	
Strukturbestimmend (konstitutiv)	Ablaufbestimmend (situativ)
Verzögert wirksam	Sofort wirksam
Schwer korrigierbar	Leicht korrigierbar
Entscheidungssituation	
Komplex, unscharf	Überschaubarer
Grundsatzentscheidungen für morgen	Problemlösungen für heute
Ganzheitliches, vernetztes Denken im Gesamtsystem	Ganzheitliches, vernetztes Denken in Teilsystemen
Eher qualitativ orientiert (Zielmärkte, Wachstum, Marktposition)	Eher quantitativ orientiert (Erlöse, Kosten, Rentabilität)
Grundorientierung	
Effektivität	Effizienz
Wirksam	Wirtschaftlich (Kosten, Zeit, Qualität)
Die richtigen Dinge tun	Die Dinge richtig tun

Tabelle 1.2: *Vergleich zwischen Strategie und Taktik im Marketing*

Entscheidungen auf taktischer Ebene setzen immer voraus, dass die Strategie klar formuliert ist! Der Maßstab, ob ein Ziel und eine darauf ausgerichtete taktische Entscheidung sinnvoll sind, ist die Strategie. Steht eine Aktion weder direkt noch indirekt im Einklang mit der Strategie, ist sie zu unterlassen, da sie nicht zielführend im Sinne des Kernauftrags ist, Ressourcen in Anspruch nimmt und möglicherweise sogar im Nachhinein kontraproduktiv ist.

1.7.4 Der Strategieprozess

Strategieprozesse vollziehen sich üblicherweise in sechs Phasen. Nach dem Erarbeiten einer *Vision* oder eines Kernauftrags auf Basis der gründlichen Analyse von vorhandenen Kernkompetenzen und Umwelteinflüssen wird die *Strategie* festgelegt. Zur Ermittlung der Rahmenbedingungen dienen *Situationsanalyse* bzw. Lagebestimmung. Jetzt können konkrete *Ziele* (messbar, terminiert) formuliert und die zur Erreichung dieser Ziele notwendigen *Taktiken* festgelegt werden. Zur Verwirklichung der Taktiken werden die erforderlichen organisatorischen, strukturellen und prozessualen Voraussetzungen geschaffen. Nun werden die im Rahmen der Taktik festgelegten Maßnahmen *umgesetzt* und unter den Gesichtspunkten Effektivität (Wirksamkeit) und Effizienz (wirtschaftlich, zeitlich und qualitativ) überprüft. Falls es Abweichungen gibt, sind entsprechende Kurskorrekturen vorzunehmen.

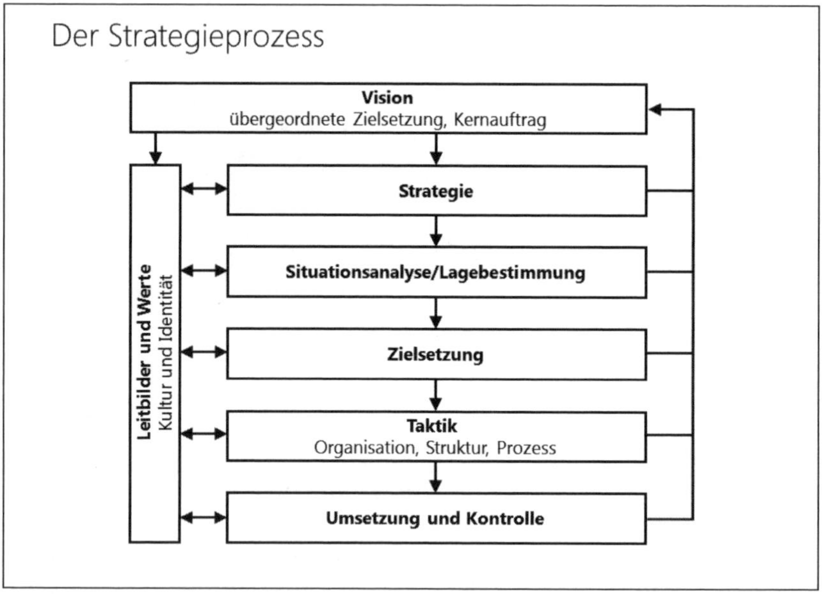

Abbildung 1.6: *6 Schritte zur Strategie-Umsetzung*

Auch wenn sich der Strategieprozess von der Beschreibung her als linearer Ablauf darstellt, ist er keineswegs so zu verstehen. In allen Phasen des Prozesses erfolgen Rückkopplungen zu allen anderen Phasen, sodass letztlich ein dynamischer Prozess ständiger Anpassung entsteht. Selbst die Strategie wird immer wieder infrage gestellt, wenn im Rahmen der operativen (taktischen) Umsetzung Abweichungen von den zugrunde gelegten Annahmen erkennbar werden. Das Wissen um diesen Sachverhalt veranlasste Moltke bereits Ende des 19. Jahrhunderts zu der Aussage, dass die Strategie mit ins Feld ziehen solle.

Viele gut konzipierte Strategien und daraus abgeleitete Aktionspläne scheitern, weil sie nicht mit den gelebten Leitbildern und Werten (Unternehmenskultur) übereinstimmen. Wenn die Unternehmenskultur es einfach nicht ermöglicht, dass sich Mitarbeiter aktiv einbringen und in kleinen Schritten ihren Beitrag zur Verwirklichung der Strategie leisten, dann bleibt ihnen keine andere Möglichkeit als kritisierend oder resignierend auszusteigen und in die innere Emigration oder innere Kündigung zu flüchten.

Unternehmenskultur ist die Gesamtheit aller im Unternehmen vorherrschenden Wertvorstellungen, Denkhaltungen und Leitbilder. Sie wird durch die Unternehmensvision und das aktive Vorleben der Führung geprägt und entsteht erst im Laufe der Zeit. Wenn es Diskrepanzen zwischen gelebter Realität und strategischer Notwendigkeit gibt, haben die besten Strategien keine Chance auf erfolgreiche Realisierung.

Ist beispielsweise Kundenorientierung in einem harten Verdrängungswettbewerb ein zentraler Erfolgsfaktor, wird es für Mitarbeiter auf operativer Ebene schwer, dies tatsächlich zu leben, wenn sie im Alltag mit einer einseitig unternehmenszentrierten, rein ertragsorientierten und keineswegs kundenfreundlichen Kultur konfrontiert werden.

1.7.5 Wie lässt sich die Qualität einer Strategie messen?

Der Fragenkatalog[6] erlaubt es Ihnen, zu überprüfen, inwiefern eine vorgesehene Strategie erfolgversprechend ist. Bearbeiten Sie die Fragen mit allen Beteiligten in Form eines aktiven Diskurses, und scheuen Sie sich nicht, gegebenenfalls alles noch einmal infrage zu stellen.

6. Fragen in Anlehnung an Hinterhuber 2004

Checkliste: Fragen zur Überprüfung von Strategien
1. Stimmt die Strategie mit der Vision (Kernauftrag, übergeordnete Zielsetzung) des Unternehmens und der Umweltentwicklung überein? Lässt der Markt eine angemessene Wertsteigerung zu? Erfüllt die Strategie die Erfolgsfaktoren im gewählten Marktsegment?
2. Steht die Strategie im Einklang mit allen rechtlichen Rahmenbedingungen (Wettbewerbsrecht, Kartellrecht, Schutzrechte etc.) – im eigenen Land und im Gastland? Werden internationale Abkommen berücksichtigt?
3. Passt die Strategie zur Unternehmenskultur, und korrespondiert sie mit gelebten Leitbildern und Werten? Ist das geplante Vorgehen moralisch-ethisch einwandfrei?
4. Nutzt die Strategie im Unternehmen vorhandene Kernkompetenzen, die es vom Wettbewerb differenzieren? Verfügt es über besondere Fähigkeiten und Ressourcen, die ebenfalls genutzt werden?
5. Ist die angestrebte Differenzierung auf Dauer haltbar? Ist sie nur schwer imitierbar, oder beruht die Strategie auf permanenten Prozessverbesserungen und Innovationen?
6. Sind die Elemente der Strategie stimmig? Bilden Kernauftrag, Kernkompetenz, Differenzierung, zeitliche Aspekte und Geschäftsmodell[7] eine integrierte Einheit? Passen die Elemente zueinander, und verstärken sie sich gegenseitig?
7. Ist die Strategie realisierbar? Sind die erforderlichen Ressourcen, Fähigkeiten und die notwendige Zeit vorhanden? Ist genügend Managementkapazität verfügbar, um die Strategie umzusetzen?
8. Existiert ein strategisches und finanzielles Controlling-System?
9. Gibt es einen Alternativplan (Plan B), falls die Strategie nicht aufgeht? Ist er aktuell? Ist ein Verantwortlicher für die Kommunikation nach außen benannt?
10. Gibt es einen Verantwortlichen für die Strategie?

Tabelle 1.3: *Checkliste zu Strategie und Taktik*

Zwischenbilanz

In den vorhergehenden Abschnitten zu Analyse und Strategie haben Sie erfahren, wie Sie den Grundstein für Ihren Markterfolg legen.

Im Rahmen der Analyse ging es darum, die *spezifische Situation* des Unternehmens mit Blick auf die gewählten Märkte zu erforschen. Die Leitfragen waren:

- Mit welchen Trends und Entwicklungen im Makroumfeld (Wirtschaft und Gesellschaft) ist zu rechnen, und wie reagieren wir darauf?
- Auf welche Einflüsse aus dem Mikroumfeld (Kunden, Wettbewerber, Absatzmittler) müssen wir uns einstellen? Wo sind unsere Stärken und Schwächen?
- In welchen Märkten ergeben sich Chancen, und mit welchen Bedrohungen müssen wir rechnen?

Aufbauend auf der Kenntnis des relevanten Umfeldes entwickeln Sie *Strategien* für Ihre *Zielmärkte*. Sie entscheiden sich für die strategische Ausrichtung, die am besten zu Ihrem Unternehmen passt, spüren Wettbewerbsvorteile auf, die Sie von Ihrer Konkurrenz eindeutig abheben, und entwickeln Ihre Positionierung.

Wenn es um die Umsetzung der erarbeiteten Strategien geht, kommen Marketing-Instrumente zum Einsatz. Die Taktik des Marketings wird durch Produkt-, Preis-, Distributions- und Kommunikationspolitik gestaltet. Diese Instrumente bilden den gemeinsamen Rahmen für operative Entscheidungen im Marketing. Im folgenden Abschnitt werden wir die Optionen für die Gestaltung eines strategie-geleiteten Marketing-Mixes diskutieren.

1.7.6 Marketing-Mix

Der Begriff *Marketing-Mix* wurde erstmals von James W. Culliton im Jahre 1948 verwendet. In einem Forschungsbericht über Marketing-Kosten bezeichnete er die Marketer im Unternehmen als „Mixer of Ingredients".

Die optimale Kombination aller „Marketing-Zutaten" ist das Anliegen desjenigen, der für den Marketing-Mix verantwortlich ist. Mithilfe eigener und fremder, bewährter und neuer Rezepte gilt es immer wieder, den perfekten „Marketing-Cocktail" für den jeweiligen Zielmarkt zu mixen. Um im Bild zu bleiben, sei ein Hinweis gestattet: Auch der beste Barkeeper verfügt über ein breites Repertoire an bewährten Rezepten. Erst durch dieses Fundament, Erfahrung, Kreativität und gelegentlich

---

7. Das Geschäftsmodell eines Unternehmens zeigt nicht nur auf, wie ein Unternehmen Geld verdient. Es legt darüber hinaus fest, wo das Unternehmen in der Wertschöpfungskette steht und wie die eigene Wertschöpfungskette gestaltet ist. Es beschreibt ebenso die dafür benötigten Differenzierungsmerkmale und kritischen Erfolgsfaktoren.

neue Zutaten gelingt es ihm immer wieder, optimale Kompositionen zu schaffen und überraschende Wirkungen zu erzielen.

Durch die Marketing-Instrumente erreichen Sie Ihre Marketing- und Unternehmensziele. Der Marketing-Mix setzt sich aus den Instrumenten *Produktpolitik*, *Distributionspolitik*, *Preispolitik* und *Kommunikationspolitik* zusammen.

Das *Produkt* ist hierbei das zentrale Element des Marketing-Mixes. Um Ihr Angebot möglichst attraktiv zu gestalten, spielen viele verschiedene Produktmerkmale eine Rolle: Ausstattung, Verpackung, Marke und Service sind hier nur einige Beispiele. Als Nächstes müssen Sie für Ihr Angebot den richtigen *Preis* finden. Der Kunde zahlt nur den Preis, der seiner Meinung nach dem Nutzen des Produkts entspricht. Die *Distribution* sorgt dafür, dass das Produkt für potenzielle Kunden leicht zugänglich ist. Hier werden die Absatz- und Vertriebswege (akquisitorische Distribution) und die Marketing-Logistik (physische Distribution) festgelegt. Was nutzt es jedoch, wenn Sie ein herausragendes Produkt haben, aber keiner weiß es? Das vierte Marketing-Instrument, die *Kommunikation*, sorgt dafür, dass Ihre potenziellen Kunden von Ihrem Produkt erfahren (Bekanntheitsgrad), dass ein bestimmtes Image aufgebaut wird und dass sich Präferenzen bilden. Oft wird von den vier „P“ in Anlehnung an die englischen Bezeichnungen der Instrumente gesprochen: *Product*, *Price*, *Place*, *Promotion*.

Exkurs

Der *Marketing-Mix* ist das für eine bestimmte Periode gewählte und aufeinander abgestimmte Maßnahmenpaket mit allen Aktivitäten der einzelnen Marketing-Instrumente (Product, Price, Place und Promotion).

Inzwischen, mehr als 60 Jahre nach der Einführung des Begriffs *Marketing-Mix*, hat sich vieles getan. Die Marketing-Instrumente liefern den Rahmen für vernünftige Marketing-Entscheidungen. Der Marketer ist nicht gezwungen, rein intuitiv Aktionen und Maßnahmen zu konzipieren und umzusetzen: Der Marketing-Mix dient als systematischer Leitfaden für den Einsatz der Instrumente.

Abbildung 1.7: *Der Marketing-Mix und seine Instrumente*

Für jedes Instrument existieren bewährte Methoden und Entscheidungshilfen. Die Einteilung in vier Bereiche hat sich bewährt und ist von der Systematik her hilfreich.

Nicht zuletzt besitzen die Marketing-Instrumente auch einen *konzeptionellen Aspekt*. Hier stellt sich die Frage, wie die auf systematischer Analyse beruhenden strategischen Schlussfolgerungen wirksam in praktisches Handeln umgesetzt werden. Konzepte und Taktiken müssen entwickelt und realisiert werden.

Diese ganzheitliche Sichtweise hilft uns, unabhängig von persönlichen Vorlieben die optimale Kombination der Marketing-Instrumente zu finden und die Gefahr der einseitigen Überbetonung eines einzelnen Instruments zu vermeiden.

Exkurs

„Ist man in kleinen Dingen nicht geduldig, bringt man die großen Vorhaben zum Scheitern." (Konfuzius)

Kommen wir zu den vier Marketing-Instrumenten zurück. Sie liefern uns gewissermaßen einen systematischen Leitfaden für die Umsetzung der Strategie. Im Rahmen der *Produktpolitik* wird das Nutzenangebot für den Kunden definiert. In Verbindung mit der *Preispolitik* wird für dieses Nutzenangebot ein für den Kunden attraktiver Preis mit akzeptablen Konditionen erarbeitet. Produkt und Preis ergeben zusammen die *Angebotspolitik* mit dem Ziel, dem Kunden einen höheren Nettonutzen als die Konkurrenz zu bieten. Im Rahmen der *Distributionspolitik* wird geklärt, wie einerseits das Produkt zum Kunden (physische Distribution) und andererseits die Kunden zum Produkt (akquisitorische Distribution) kommen. Die Kommunikationspolitik hat im Wesentlichen die Aufgabe, zu informieren und zu überzeugen.

1.7.7 Probleme bei der Umsetzung

Bei der taktischen Umsetzung der Marketing-Strategie ergeben sich in vielen Unternehmen typische Problemfelder.

Erstens existiert *keine klare Strategie für die jeweiligen Zielmärkte*. Wie wollen Sie den Einsatz der Marketing-Instrumente effizient organisieren, wenn der übergeordnete Handlungsrahmen und damit die Prioritäten nicht klar sind? Insbesondere bei der Abstimmung von Produktentwicklung, Werbung und Vertrieb sind oft erhebliche Differenzen zu beobachten.

Zweitens herrscht oft ein *Führungsdefizit bei der Durchsetzung von Marketing-Programmen*. Die Ursache hierfür ist, dass neben den unzureichenden strategischen Vorgaben unterschiedliche Organisationseinheiten mit eigenständiger Führung für die Ausgestaltung verantwortlich sind. Die Vertriebsorganisation berichtet beispielsweise an eine andere Instanz als die Werbung. Auch die Produktentwicklung ist viel zu oft in ihren Entscheidungsprozessen weit von den Marketing-Bereichen entfernt. Wenn jede Organisationseinheit ihre Instrumente isoliert betrachtet und optimiert, ist es nicht verwunderlich, dass Synergien nicht nur nicht genutzt werden, sondern dass sich nicht abgestimmte Einzelmaßnahmen kannibalisieren und in ihrer Wirkung gegenseitig aufheben.

Drittens herrscht eine *gewisse Ratlosigkeit bezüglich der Auswahl der geeigneten Instrumente*. Wenn wir davon ausgehen, dass jedes der vier Marketing-Instrumente nur 20 Einzelentscheidungen erfordert, ergeben sich daraus theoretisch bereits 160.000 Kombinationsmöglichkeiten. Natürlich bieten sich zwangsläufig nicht immer alle Entscheidungsmöglichkeiten ernsthaft an. Aber Sie haben in Wirklichkeit ja auch deutlich mehr als 20 Entscheidungsoptionen pro Instrument. Um dieser Komplexität Herr zu werden, gilt Folgendes: Eine vollständige Analyse aller Entscheidungen ist kaum möglich. Und selbst wenn Sie alle Fragen irgendwann beantwortet haben, können Sie davon ausgehen, dass ein Teil der Erkenntnisse inzwischen wieder überholt ist.

Erfolgversprechender ist folgendes Vorgehen:

1. Beschaffen Sie alle relevanten Informationen.
2. Treffen Sie sinnvolle Annahmen.
3. Entscheiden Sie sich für konkrete Maßnahmen.
4. Gehen Sie relativ schnell an die Umsetzung.

Auf diese Weise bekommen Sie umgehend Feedback vom Markt und entscheiden, ob Sie auf dem richtigen Weg sind und diesen fortsetzen wollen. Nehmen Sie falls nötig Korrekturen vor. Vor allzu großen Fehlern bei kritischen Entscheidungen schützen Sie sich durch einen Test, ehe Sie alles auf eine Karte setzen. Wenn Sie ein neues Produkt einführen wollen, fertigen Sie zum Beispiel zunächst nur eine kleine Stückzahl und nutzen diese für einen Akzeptanztest bei ausgewählten Kunden. Wenn Sie eine Mailing-Aktion an beispielsweise 30.000 Adressen planen, testen Sie die Resonanz zunächst bei 3.000 Empfängern.

Einer der berühmtesten Erfinder, Thomas Alva Edison (1847–1931), der vor allem durch die Marktfähigkeit seiner Erfindungen sowie durch sein Geschick überzeugte, verschiedene Erfindungen zu Systemen zu verknüpfen, wurde einmal auf sein Erfolgsgeheimnis angesprochen und sagte: „Ich mache meine Fehler schneller als andere.“

Sie lesen richtig. Da Sie im Marketing nie hundertprozentig sicher sein können, sollten Sie die Fähigkeit entwickeln, Fehler frühzeitig zu erkennen, Ihr Vorgehen anzupassen und auf diese Weise Erfolg zu haben. Egal wie Sie zum Beispiel zum Erfolg von Microsoft stehen – eines haben Bill Gates und Microsoft immer wieder brillant verstanden: Produkte, die nicht überzeugen, werden so lange modifiziert, bis sich der Erfolg einstellt.

Ähnliche Erfolge lassen sich immer wieder beobachten – bei großen, aber auch bei kleinen Unternehmen. Durch unsere praktische Arbeit für Unternehmen in den unterschiedlichsten Branchen wäre es uns leicht möglich, Ihnen ein paar Dutzend Erfolgsbeispiele zu nennen. Allerdings würde dies an dieser Stelle wohl die Intention und den Umfang dieses Buches sprengen.

1.7.8 Voraussetzungen für den effektiven Einsatz der Marketing-Instrumente

Während die Strategie die grundsätzlichen Handlungsmuster (was und warum) vorgibt, ist es Aufgabe der Taktik, diese Handlungsmuster im Marketing-Mix (was, wer, wann) zu konkretisieren. Die ausgefeilteste Marketing-Strategie ist ohne wirksame Umsetzung wenig wert. Der effektive Einsatz der Marketing-Instrumente erfordert während der Umsetzung ständige Rückkopplung. Sollten sich Umsetzungsprobleme bei der Strategie ergeben, ist dies kritisch zu prüfen! Liegt es an einer mangelhaften Umsetzung? Muss die Strategie modifiziert werden, weil wichtige Ressourcen nicht vorhanden sind? Hat sich in der Zwischenzeit die Situation verändert? Haben Sie neue Einsichten gewonnen?

Im Rahmen einer vierjährigen Studie hat Thomas V. Bonoma[8] in Zusammenarbeit mit mehr als 30 Unternehmen herausgefunden, dass umsetzungsstarke, im Markt erfolgreiche Unternehmen über vier Fähigkeiten verfügen:

1. **die Fähigkeit, Probleme frühzeitig zu identifizieren**
   Wenn mit Marketing-Programmen nicht die gewünschten Ergebnisse erzielt werden, kommt es darauf an, diese Abweichung möglichst frühzeitig zu entdecken, um gegenzusteuern.
2. **die Fähigkeit, die Ursachen von Problemen im Marketing-System zu lokalisieren**
   Ist das Problem erkannt, werden die Ursachen bei Strategie oder Umsetzung schnell aufgedeckt und abgestellt bzw. Strategie oder Taktik modifiziert.
3. **die Fähigkeit, Pläne effizient durchzuführen (Qualität des Prozesses)**
   Effizienz wird durch stabile Prozesse und den ökonomischen Einsatz der Mittel sichergestellt. Gemeint ist die Fähigkeit des Marketers, die ihm zur Verfügung stehenden Ressourcen (Zeit, Geld, Personal) dort einzusetzen, wo sie die nachhaltigste Wirkung entfalten. Hierbei muss die vorhandene Organisationsstruktur optimal genutzt und das Zusammenwirken mit anderen Unternehmensbereichen optimal gestaltet werden.

---

8. Bonoma, Thomas V.: Der Marketing-Vorsprung: Moderne Industrie 1986

4. die Fähigkeit, die Umsetzungsqualität (Qualität des Outputs) sicherzustellen

Gemeint ist das Geschick, wirksame Überwachungsprozesse zu etablieren. Die Herausforderung: so wenig Kontrolle wie möglich, um eine kreative und flexible Umsetzung nicht zu blockieren. Gleichzeitig muss aber so viel Kontrolle ausgeübt werden, wie unbedingt nötig ist, damit Fehlentwicklungen frühzeitig erkannt werden und gegengesteuert werden kann.

1.8 Steuerung

Marketing-Planung ist ein Instrument, mit dem die Marketing-Funktionen mit Fantasie, Intuition, Kreativität und praktischen Markt- und Betriebswirtschaftskenntnissen zu einem harmonischen Ganzen intelligent zusammengefügt werden.

Der Marketer legt basierend auf der Strategie absatzbezogene Ziele fest und durchdenkt situationsbezogene Marketing-Taktiken und -Maßnahmen, die zur Erreichung der anvisierten Ziele notwendig sind. Der Schlüssel für den Erfolg ist die Disziplin bei der Planung.

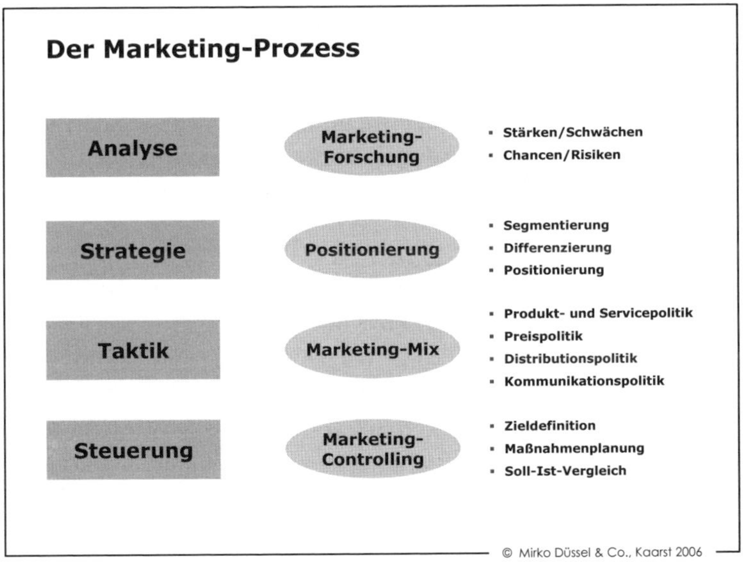

Abbildung 1.8: *So funktioniert Marketing.*

Mit *Disziplin* ist gemeint, dass jeder der Planungsschritte beachtet und bearbeitet wird. Der Planungsprozess besteht aus den Elementen *Analyse*, *Strategie*, *Taktik* und *Steuerung*.

Die *Analysephase* bedient sich der Marketing-Forschung, um unter Verwendung interner und externer Informationsquellen zukünftige Entwicklungen und Trends zu prognostizieren, hierauf bezogen Stärken und Schwächen des Unternehmens zu identifizieren, Chancen und Risiken zu erkennen und verschiedene Zukunftsszenarien (*Best*, *Worst* und *Real Case*) zu entwerfen.

Zur Definition der *Strategie* werden die infrage kommenden Märkte in Teilmärkte segmentiert, die attraktivsten Zielmärkte ausgewählt, strategische Basisentscheidungen (Geschäftsfeldstrategie, Produktlebenszyklus, Portfolio, Wettbewerbsstrategie) getroffen und Normstrategien abgeleitet, um auf Basis von zu ermittelnden Wettbewerbsvorteilen Differenzierungsmöglichkeiten zu erarbeiten und eine klare Positionierung zu entwickeln.

Im Rahmen der *Taktik* wird der Marketing-Mix mit seinen Instrumentalbereichen Produkt, Preis, Distribution und Kommunikation bestimmt.

Steuerung und Umsetzung schließlich begleiten den gesamten Marketing-Prozess und sorgen für Zielklarheit bei der Durchführung der Maßnahmen. Damit die Ziele wirklich erreicht werden, sind regelmäßig Soll-Ist-Vergleiche und bei Abweichungen gegebenenfalls Ziel-, Maßnahmen- oder Implementierungskorrekturen vorzunehmen.

1.8.1 Planung

Planung ist ein Prozess, der systematisch und methodisch eingesetzt wird, um Lösungsansätze für zukünftige Probleme vorzubereiten. Planung ist durch folgende Merkmale charakterisiert:

- Planen bedeutet, über die Zukunft nachzudenken, um Einfluss auf die zukünftigen Geschehnisse zu nehmen.
- Da Planung zukunftsbezogen ist, basiert sie auf Prognosen. Sie können leider niemals sagen, wie sicher die Prognosen sind. Sie können nur versuchen, mithilfe verschiedener Instrumente die Wahrscheinlichkeiten Ihrer Annahmen zu verbessern. *Planung kann Zukunft nicht vorhersagen!*
- Planung ist rational und fordert ein zielgerechtes Denken und methodisch-systematisches Vorgehen.

- Planung ist ein komplexer und mehrstufiger Prozess, da Planung eine Ausrichtung auf in der Zukunft liegende Aktivitäten ist. Damit ist die Planung ein wesentliches Element der Führung.

1.8.2 Rollierende Planung: Pläne sind nichts – Planung ist alles

„Pläne sind nichts – Planung ist alles." Dieses Zitat von Eisenhower sagt sehr viel über Planungsprozesse aus. Entscheidend ist nicht, dass ein einmal gefasster Plan Punkt für Punkt exakt so umgesetzt wird, wie er ursprünglich vorgesehen war. Entscheidend ist vielmehr, dass im Verlauf des Planungsprozesses mögliche Situationen durchgespielt, Handlungsoptionen entwickelt und Sicherheit für Entscheidungen gewonnen wurden.

Exkurs

„Kein Plan überlebt die erste Feindberührung." (Feldmarschall Helmuth Karl Bernhard von Moltke)

Würde das moderne Projektmanagement sich diese Erkenntnis zu eigen machen, wären viele Projekte nicht von Anfang an zum Scheitern verurteilt. Für den Marketer bedeutet das, dass er zunächst Annahmen trifft, auf deren Grundlage er Entscheidungen fällt. Stellt er während der Umsetzung fest, dass bestimmte Annahmen nicht richtig sind oder sich im Zeitverlauf geändert haben, korrigiert er seine Annahmen und Prämissen und muss konsequenterweise die getroffenen Entscheidungen überprüfen und gegebenenfalls modifizieren – und dies tunlichst sofort, wenn er Diskrepanzen feststellt, und nicht erst zur nächsten Planungsperiode. Denken Sie an das oben genannte Zitat von Edison, der als Grundlage für seinen überragenden Erfolg seine Fähigkeit nennt, Fehler schneller als andere zu machen.

Dieser Zusammenhang ist die Begründung für eine *rollierende Marketing-Planung*. In einer schnelllebigen Zeit mit permanenten Veränderungen, in der Wettbewerbsvorteile eher in Monaten als in Jahren gemessen werden, sind Sie gezwungen, Ihre Planung ständig an geänderte Situationen anzupassen.

Die traditionelle Geschäftsjahresplanung ist hier völlig unzureichend. Sie versucht mit hohem Detaillierungsgrad einen Zeitraum von meist mehr als 15 Monaten zu überschauen (vom Beginn der Planungsarbeiten bis zum Ende der vorgesehenen Planungsperiode). Selbst im Controlling werden immer mehr Stimmen laut, die attestieren, dass eine derartige Planung nicht mehr zeitgemäß sei, weil sie zu ineffizient, zu aufwendig, zu wenig zielführend, zu sehr auf rein finanzielle Aspekte fokussiert, zu wenig strategieorientiert und vor allem zu unzuverlässig sei. Neue Planungs- und Budgetierungsansätze erleben daher seit einiger Zeit regen Zuspruch. Auf der Suche nach Wegen aus dem Planungsdilemma sind immer mehr Unternehmen bereit, sich für neue Ansätze zu öffnen. Als Beispiel seien hier nur Stichworte wie *Balanced Score Card*, *Beyond Budgeting*, *Better Budgeting* etc. genannt. Hinzu kommt, dass der Kapitalmarkt zunehmend quartalsweise Berichte fordert, was wiederum die Bereitschaft der Unternehmensleitung fördert, sich mit anderen Planungsansätzen zu beschäftigen.

Erfolgreiches Marketing war immer schon darauf angewiesen, flexibel auf die Umfeld- und Marktdynamik reagieren zu können. Die rollierende Planung auf Quartalsbasis hat sich hier seit Langem bewährt. Den ersten Kontakt mit der rollierenden Planung hatten wir bereits Ende der Achtzigerjahre.

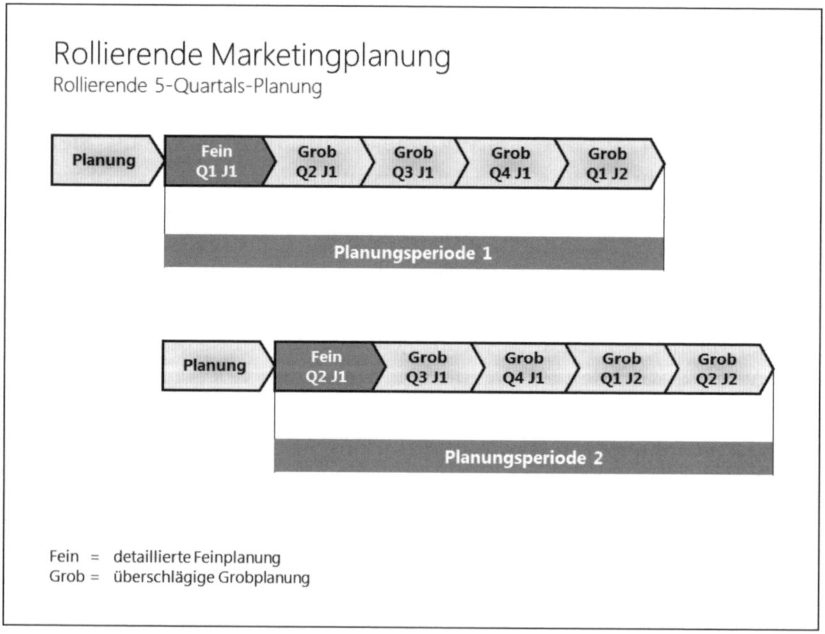

Abbildung 1.9: *Rollierende Planung*

Anders als bei der traditionellen Geschäftsjahresplanung, die sehr detailliert den gesamten Planungshorizont ins Auge fasst, wird bei der rollierenden Planung nur das nächste Quartal im Detail geplant. Die folgenden Quartale werden dann lediglich relativ grob geplant.

Einen zweiten Unterschied gibt es noch bei der rollierenden Planung: Es werden nicht nur quantitative Finanzzahlen geplant, sondern auch Maßnahmen, Aktionen, Personaleinsatz, qualitative Ziele etc. Wie gesagt: für das nächste Quartal im Detail, für alle weiteren Quartale nur überblicksmäßig (grobe Mengengerüste).

Die Planung wird dann quartalsweise aktualisiert. Änderungen im Umfeld, bei Kunden oder an der Strategie können direkt einfließen. Ist das Quartal abgelaufen, wird der Planungshorizont wieder um ein Quartal verlängert.

Praxistipp

Planen Sie die nächsten fünf Quartale (das erste detailliert, die nächsten vier grob), dann können Sie jederzeit auch die Geschäftsjahresperspektive überblicken.

Die Vorteile dieses Vorgehens sind überzeugend:

- Bei der traditionellen Planung verlieren Sie am Ende der Planungsperiode jede mittelfristige Perspektive, weil Sie nur noch für wenige Monate eine verabschiedete Planung haben. Bei der rollierenden Planung ist die Stoßrichtung zu jedem Zeitpunkt mindestens für vier Quartale klar.
- Durch die quartalsweise Aktualisierung können Sie viel besser mit Unsicherheiten und schnellen Veränderungen umgehen, als wenn Sie die Entwicklungen für 12 Monate und länger im Voraus antizipieren wollen.
- Der Planungsaufwand reduziert sich erheblich! Die genauen Maßnahmen für die nächsten drei Monate befinden sich wahrscheinlich schon in der konkreten Feinplanung, sodass Planungsdaten nur abgerufen werden müssen. Die weiteren Quartale werden nur überschlägig geplant, was den Aufwand auch hier erheblich reduziert.
- Sie behalten die Flexibilität, auf Marktchancen schnell zu reagieren.
- Bei Fehlplanungen wird die entstehende Planungslücke nicht von Monat zu Monat (demotivierend) größer, weil Sie Ihre Planung korrigieren.

1.8.3 Marketing-Ziele

Mit der Auswahl und Definition der zu bearbeitenden Märkte und Marktsegmente, mit der Festlegung der Marktanforderungen an das Unternehmen, mit der Bestimmung der Unternehmensposition auf dem Markt gegenüber dem Wettbewerb sowie mit der Identifikation Ihrer Zielgruppen und der zu erreichenden Ziele legen Sie die Handlungsoptionen und den jeweils angestrebten Endzustand fest.

Exkurs

Ziele sind in der Zukunft liegende messbare und terminierte Zustände.

Es kann zwischen zwei Formen von Marketing-Zielen unterschieden werden: den quantitativen und den qualitativen Marketing-Zielen. *Quantitative Marketing-Ziele* lassen sich in betriebswirtschaftlichen Kategorien erfassen und messen. Das Festlegen und Messen von *qualitativen Marketing-Zielen* ist schwieriger, da sie meist auf subjektiven Wahrnehmungen aufbauen. Die Marketing-Forschung hat Methoden entwickelt, z.B. spezielle Kundenbefragungen, von denen messbare Ergebnisse abgeleitet werden können. Gerade im Marketing beschäftigen wir uns mit einer Vielzahl qualitativer Kriterien.

Quantitative Marketing-Ziele	Qualitative Marketing-Ziele
Gewinn (Umsatz – Kosten)	Markenbekanntheit
Rendite (Gewinn in Relation zum eingesetzten Kapital oder Umsatz)	Marken-Image
Deckungsbeitrag	Erhöhung des Bekanntheitsgrades eines Produktes, einer Marke, eines Unternehmens
Absatz (Anzahl verkaufter Mengeneinheiten)	Kundenzufriedenheit (Beurteilung der Produktleistung)
Umsatz	Erhöhung der Käuferintensität
Marktanteil (Unternehmensumsatz oder -absatz in Relation zum Gesamtmarktumsatz oder -absatz)	Image-Verbesserung
Distributionsgrad (Grad der Präsenz von Produkten in bestimmten Einkaufsstätten)	Kundenbindung (Wiederkauf von Produkten/Marken)
	Einkaufsstättentreue (Präferenzen für bestimmte Einkaufsstätten)

Tabelle 1.4: *Beispiele für quantitative und qualitative Marketing-Ziele*

Gelegentlich werden auch strategische und taktische (bzw. operative) Ziele unterschieden. *Strategische Marketing-Ziele* beziehen sich auf übergeordnete Marketing-Ziele: Welche Marktsegmente sollen bearbeitet werden? Welchen Wettbewerbern wird besondere Relevanz eingeräumt, oder welche Preisstrategie soll realisiert werden? *Taktische Ziele* definieren die Ergebnisse der marketing-politischen Maßnahmen der Preis-, Produkt-, Distributions- und Kommunikationspolitik.

Das Vorhandensein von Marketing-Zielen ist wichtig,

- weil es ohne Ziele keine Planung und auch keine Planumsetzung gibt.
- weil es ohne Ziele keine Entscheidung gibt.
- weil Sie ohne Ziele nur spontan handeln können. Wenn Sie aber wissen, welche Ziele Sie verfolgen, können Sie bei all Ihren Aktivitäten Prioritäten setzten.
- weil es ohne Ziele zu keiner sinnvollen Zielvereinbarung mit Mitarbeitern und Partnern kommen kann.
- weil es ohne Ziele keine Kontrolle (Soll-Ist-Vergleich) gibt und keine oder nur eine unzureichende Korrektur möglich ist.
- weil Ziele Erfolg messbar machen.
- weil es ohne Ziele keine Verbesserung gibt (Qualitätsmanagement).
- weil ohne sinnstiftende Ziele eine wichtige Motivationsgrundlage fehlt.

1.8.4 Marketing-Plan

Mit dem Begriff Marketing-Mix wird das gesamte aufeinander abgestimmte Maßnahmenpaket umrissen, das aus allen Aktivitäten der einzelnen Marketing-Instrumente (Product, Price, Place und Promotion) besteht. Für das gekonnte Entwickeln effektiver Aktionsprogramme sind einige Erfolgsfaktoren zu beachten.

In der Regel ist es wenig zielführend, Marketing-Instrumente einzeln und unabhängig voneinander zu optimieren. Erfolgreiche Aktionsprogramme gehen immer von der angestrebten Positionierung aus. Anschließend wird der Status der einzelnen Instrumente überprüft, und dort, wo es notwendig ist, werden die erforderlichen Entscheidungen getroffen.

Sobald Sie beginnen, konkrete Maßnahmen mithilfe der Marketing-Instrumente zu entwickeln, haben Sie die strategische Ebene verlassen und befinden sich auf der taktischen Ebene. Das Festlegen der taktischen Umsetzung findet für einzelne Produkte und Märkte statt. Für jede dieser Produkt/Markt-Kombinationen empfiehlt es sich, einen eigenen Marketing-Plan zu entwerfen. Zusammenhängende Produktgruppen werden natürlich in einem gemeinsamen Plan zusammengefasst. In der Praxis gibt es wahrscheinlich so viele verschiedene Gliederungen für Marketing-Pläne wie es Marketing-Verantwortliche gibt.

Die Bestandteile aus Tabelle 1.6 sollten Marketing-Pläne jedoch mindestens enthalten.

Nr.	Planungsschritt	Inhalt
1.	Management-Summary	Zusammenfassung zur schnellen Information der Entscheidungsträger
2.	Marketing-Situation	Informationen über Branchenstruktur (Five Forces), Absatzmittler und Absatzhelfer, Status des Instrumentaleinsatzes im Marketing-Mix, Wettbewerbsvorteile, relevante Trends und Entwicklungen in Makro- und Mikroumfeld. SWOT-Analyse: wichtigste Stärken/Schwächen des Unternehmens/Geschäftsbereiches und wichtigste Chancen/Risiken der Zielmärkte
3.	Marketing-Strategie	Effektivität: Die richtigen Dinge tun Festlegung der Zielmärkte, der angestrebten Positionierung und der grundsätzlichen strategischen Handlungsmuster (Was ist insgesamt zu tun?)
4.	Marketing-Ziele	Definition der quantitativen und qualitativen Planziele für Umsatz, Marktanteil, Deckungsbeitrag, Gewinn, Kundenzufriedenheit etc.
5.	Marketing-Taktik	Effizienz: Die Dinge richtig tun Die Festlegung, was im Einzelnen getan wird; wie der Marketing-Mix zu gestalten ist; wer was bis wann zu erledigen hat und wie viel es kostet.
6	Marketing-Controlling	Ergebnisprognose: darstellen der voraussichtlichen Ergebnisse und wie sie entstehen Aktionsplan mit messbaren und terminierten (Zwischen-)Zielen als Grundlage für regelmäßige Soll-Ist-Vergleiche

Tabelle 1.5: *Der Marketing-Plan*

Jedes marktorientierte Unternehmen steht vor der Herausforderung, die einzelnen Instrumente optimal zu kombinieren. Folgende Fragestellungen sind bei der Planung des Marketing-Mixes zu berücksichtigen:

- Wie sollen die Instrumente eingesetzt werden?
- In welchem Umfang sollen die Instrumente eingesetzt werden?
- In welcher zeitlichen Reihenfolge sollen die Instrumente eingesetzt werden?
- In welcher Kombination zueinander sollen die einzelnen Instrumente eingesetzt werden?

Tabelle 1.6 stellt zur Verdeutlichung gelungene und schlechte Marketing-Pläne gegenüber.

Gelungene Marketing-Pläne	Schlechte Marketing-Pläne
Kurz, knapp, präzise	Ausschweifend und langweilig; kommen nicht auf den Punkt.
Enthalten klare, messbare und terminierte Marketing-Ziele.	Enthalten nicht überprüfbare Absichtserklärungen und Allgemeinplätze.
Der Arbeitsaufwand steckt in zielgerichteter Analyse von Stärken und Schwächen sowie Chancen und Risiken, in strategischen Überlegungen und in der Formulierung konkreter Aktionsprogramme.	Ein Großteil der Arbeitszeit geht für endlose Meetings ohne konkrete Ergebnisse und für das Wälzen riesiger Datenmengen drauf.
Der Fokus liegt auf dem Wettbewerbsvorteil.	Der Fokus liegt auf dem Erfüllen umfangreicher Formalismen.
Abteilungsübergreifende Erarbeitung	Elfenbeinturm
Pläne werden sofort umgesetzt.	Pläne verkommen zur Schrankware.
Strategisch und umsetzungsorientiert	Taktisch und kurzfristig
Regelmäßige Aktualisierung	Die Pläne werden so lange ignoriert, bis der nächste Plan fällig ist.
Permanente Überwachung	Keine Überwachung
Motivierend	Frustrierend
Wichtiges Arbeitsmittel	Bestenfalls Hochglanzpräsentation ohne Nachhaltigkeit

Tabelle 1.6: *Achten Sie in der Praxis darauf, gelungene Pläne aufzustellen! (in Anlehnung an Meyer/Davidson 2001)*

1.8.5 Marketing-Umsetzung

Dem Marketing wird oft nachgesagt, dass es umfassende Analysen und schöne Pläne macht, diese aber dann nicht realisiert. Und in der Tat ist eine gewisse Implementierungsschwäche relativ häufig zu beobachten. Meist liegt dies aber nicht daran, dass die Marketing-Strategie falsch ist oder dass die Marketing-Instrumente unzweckmäßig zusammengestellt wurden. Es liegt oft schlichtweg an falscher Arbeitsmethodik.

Praxistipp

Arbeiten Sie mit einfachen Aktionsplänen (auf Papier oder elektronisch), die festlegen, wer was bis wann zu erledigen hat (siehe Tabelle 1.9). Diesen Aktionsplan prüfen Sie regelmäßig, z.B. im Rahmen einer Marketing-Konferenz. Wenn Sie feststellen, dass bestimmte Aufgaben nicht wie verabredet erledigt werden, seien Sie unnachgiebig. Es sind meist dieselben Mitarbeiter, die ihre Termine nicht einhalten, und dieselben Führungskräfte, die Entscheidungen nicht zeitgerecht treffen. Mangelnde Umsetzung ist in diesem Sinne ein Führungsproblem. Vermeiden Sie allerdings einen häufig zu beobachtenden Fehler: Nehmen Sie sich nicht zu viel auf einmal mit viel zu engen Terminen vor.

Bei der Durchführung unserer Seminare zum Thema „Arbeitsmethodik für Marketing und Vertrieb – Effektiver durch Ziel-, Zeit- und Selbstmanagement“ stellen wir regelmäßig fest, dass Umsetzungsprobleme in Marketing und Vertrieb auf zu optimistischen Schätzungen dazu beruhen, was alles in der nächsten Planungsperiode umgesetzt werden kann. Eine unzureichende Trennung des Wichtigen vom Unwichtigen, zu viele unnütze Meetings, die mangelnde Fähigkeit, „Nein“ zu sagen, etc. tun ein Übriges.

Nr.	Was	Wer	Bis wann	Kosten
1.				
2.				
3.				
4.				
5.				
6.				

Tabelle 1.7: *Aktionsplan für Marketing-Maßnahmen*

Wenn Sie Aktionsprogramme entwerfen, sollten Sie, bevor Sie beginnen (am besten schriftlich), Fragen wie die folgenden beantworten:

Checkliste Umsetzungsmanagement

- Ist das Endresultat klar und akzeptiert?
- Welche Arbeit muss erledigt werden?
- Wer wird sie erledigen?
- Was wird das Ganze kosten?
- Welche Ressourcen werden gebraucht?
- Wie lange wird das Ganze dauern?
- Wann müssen Sie anfangen?
- Was ist als Erstes zu tun?
- Welche gegenseitigen Abhängigkeiten (Interdependenzen) gibt es?
- Was könnte schiefgehen?
- Welche Chancen bieten sich?
- Welche Maßnahmen sind zu ergreifen, und wie steuern Sie sie?

Wenn Sie Strategien umsetzen wollen, geht dies nicht, ohne die Beteiligten „ins Boot zu holen“. Aus der Organisationsentwicklung heraus ist bekannt (und die Praxis bestätigt dies), dass Aktionsprogramme und damit auch die ihnen zugrunde liegenden Strategien scheitern, wenn es nicht gelingt, die *fünf Geheimnisse des Umsetzungserfolges* zu beachten. Diese Voraussetzungen sind:

- *Zielklarheit*, um dem Handeln der Mitarbeiter Sinn und Richtung zu geben
- die nötige *Qualifikation* der Mitarbeiter, damit diese die ihnen gestellten Aufgaben auch erfüllen können
- *Anreize*, auch nicht-monetärer Art, damit Motivation und Engagement für die Sache entstehen
- die erforderlichen *Ressourcen* (Geld, Material, Personal, Räumlichkeiten, Zeit), die notwendig sind, um das Ziel zu erreichen
- ein vernünftiger *Aktionsplan*, damit jeder weiß, was er zu tun hat

Abbildung 1.10: *Die fünf Geheimnisse des Umsetzungserfolgs*

1.8.6 Abweichungsanalyse und Soll-Ist-Vergleich

Abweichungsanalysen sollten regelmäßig in Form von Soll-Ist-Vergleichen durchgeführt werden. Es hat sich in der Praxis bewährt, quantitative Zielgrößen und Kennzahlen monatlich zu überprüfen, qualitative Zielgrößen und Annahmen über zukünftige Entwicklungen quartalsweise. Mindestens einmal im Jahr sollten Sie Ihre Strategie im Rahmen einer *Strategieklausur* (Strategie-Audit) überprüfen. Hilfreich ist es hierbei, auf einen (externen) Moderator zurückzugreifen, der hierarchisch unabhängig und nicht ins Tagesgeschäft eingebunden ist. Im Rahmen einer solchen Strategieklausur werden alle Phasen des Marketing-Prozesses von der Analyse über Strategie und Taktik bis zur Steuerung und Umsetzung einer kritischen Würdigung unterzogen und eventuelle Handlungsbedarfe identifiziert.

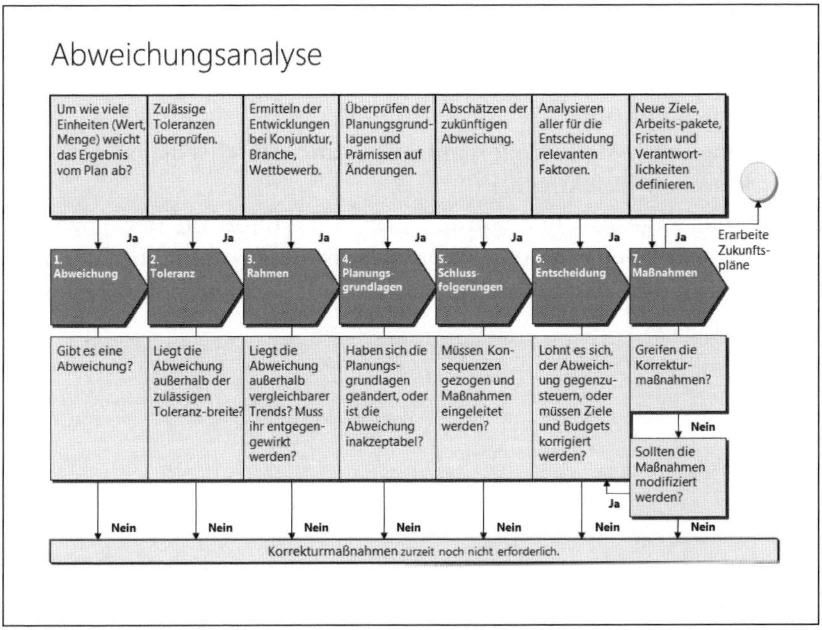

Abbildung 1.11: *Planüberprüfung mit Soll-Ist-Vergleich*

Im Wesentlichen lassen sich folgende Untersuchungsfelder für systematische Abweichungsanalysen festlegen:

- **Ergebnisse**
  Prüfung des Grades der Zielerreichung (Wirkungsprognose) und der zukünftigen Weiterentwicklung (Entwicklungsprognose)
- **Situation/Umfeld**
  Prüfung der zugrunde gelegten Annahmen und Prämissen auf ihr Eintreten
- **Strategie**
  Prüfung der strategischen Grundlagen (Trends, SWOT, Geschäftsfeldstrategie, Produktlebenszyklus, Gap- und Portfolio-Analyse, Wettbewerbsstrategie) sowie der strategischen Schlussfolgerungen (Marktsegmente, Zielmärkte, Wettbewerbsvorteil, Differenzierung und Positionierung)
- **Taktik (Marketing-Mix)**
  Prüfung der Vereinbarkeit mit der Strategie, der Mittel-Zweck-Angemessenheit der Instrumentalauswahl und der wechselseitigen Maßnahmenabstimmung

- **Prozesse/Abläufe**
  Prüfung von Planungs- und Kontrollverfahren sowie der Informationsflüsse (Effizienz)
- **System/Struktur**
  Prüfung der Marketingorganisation auf Durchschlagskraft und Wirksamkeit (Effektivität)

Wie bereits angesprochen wurde, können die Intervalle der einzelnen Audits (Überprüfungen) je nach Branchensituation, Reifegrad der Marketing-Organisation und erkennbaren Handlungsbedarfen sehr unterschiedlich sein.

Kapitel 2

Suchmaschinen-marketing

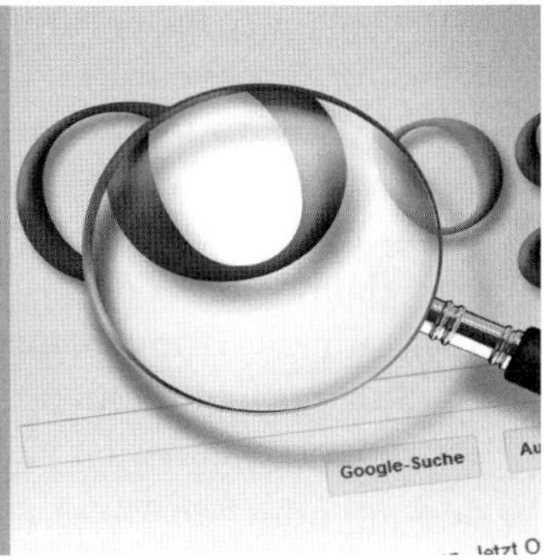

2.1 Suchmaschinenmarketing (SEM) als besondere Form des Online-Marketings

Viele betrachten das Online-Marketing als Marketing mit besonderen Mitteln und speziellen Voraussetzungen – und genauso ist es! Auch Online-Marketing bleibt Marketing. Viele Aspekte des Online-Marketings sind mit dem klassischen „Offline"-Marketing vergleichbar. Bei den meisten Akteuren, z.B. den Webdesignern und Programmierern ist diese Erkenntnis jedoch noch nicht gereift. Daher werden wichtige Marketinggrundlagen online sehr oft missachtet. Dazu zwei kleine Beispiele aus der Praxis:

1. Während ein Lebensmittelhändler bewusst den Zugang (Zugriff) auf Süßigkeiten in Kassennähe erleichtert, um an diesem wichtigen Kundenkontaktpunkt die potenziellen Kunden in Kunden zu verwandeln und noch zusätzlichen Umsatz zu generieren, werden online den Kunden eher Steine in den Weg gelegt. Vor das Absenden eines Kontaktformulars werden möglichst komplizierte Sicherheitsfragen gesetzt, damit die Kunden es besonders schwer haben. Als Begründung wird auf SPAM-Nachrichten verwiesen. Dass der Programmierer auf diese Weise aber auch die Kunden vom Bestellen abhält, wird in Kauf genommen! Die SPAM-Nachrichten erhalten die meisten Nutzer des Internets, auch die mit den geschützten Kontaktformularen.
2. Während ein Metzger mit Werbeaufstellern für die Mettwurst wirbt, die er tatsächlich in seinem Geschäft verkauft, wird im Online-Geschäft oft für ein Produkt oder eine Dienstleistung geworben, die

> man gar nicht im Portfolio hat. So wird z.B. über die Auswahl von AdWords-Suchbegriffen das Keyword „Adidas Sportsocke“ in der AdWords-Werbung hinterlegt, obwohl man nur die günstigen Fernost-Importe online vertreibt. Zudem werden oft auch die Keywords der Konkurrenz gebucht, die den eigenen Produkten ähneln. Wenn man dann die Produkte nicht verfügbar hat, so verärgert man jedoch nur die Google-Nutzer, die letztlich nicht das finden, was sie via Suchmaschine suchen. Und wenn sich die Google-Nutzer ärgern, dann ärgert sich auch Google! ☺

In den unendlichen Weiten des Internets gibt es einige Eckpunkte, an denen sich entscheidet, ob ein Internetnutzer zu einem Kunden wird. Neben vielen kleinen Webseiten oder Plattformen – wie z.B. Foren, Online-Magazinen, Informationsplattformen für spezielle Produkte etc. – haben sich einige Big Player entwickelt. Dazu gehören zum einen die Verkaufsplattformen wie eBay oder Amazon, die immer wieder mit einer entsprechenden Kaufabsicht „angesurft“ werden. Zum anderen sind aber auch die sozialen Netzwerke, wie zum Beispiel Facebook, wichtige Web-Adressen, die Käufe zumindest (on- aber auch offline) vorbereiten. Dies wird zukünftig auch noch stärker für zielgerichtete Werbeformen (Targeting) genutzt werden.

Erklärung

Der Begriff *Targeting*, abgeleitet vom englischen „Target" (dt. „Ziel") wird im Online-Marketing sehr häufig genutzt. Er macht deutlich, dass im Online-Marketing die Werbung sehr zielgerichtet durchgeführt werden kann. Durch die Sammlung und Aufzeichnung digitaler Nutzerdaten weiß ein Werbender meist sehr genau, welches Geschlecht, welche Altersgruppe, welche Region, welche Interessen usw. er mit seiner Werbung bedienen kann. So kann er von vornherein seine Werbung sehr genau auf die gewünschte Zielgruppe ausrichten.

2.1.1 Die Idee des Online-Marketings

Online-Marketing setzt an den Knotenpunkten im Internet an und nutzt zudem auch die Möglichkeiten der modernen, digitalen Kommunikationsformen, wie z.B. die schnelle und kostengünstige Möglichkeit, via E-Mail Kontakt mit der Zielgruppe aufzunehmen. An allen Stellen, wo Sie die Internetnutzer erreichen können, die sich offensichtlich für Ihre Produkte oder Ihre Dienstleistungen interessieren, können Sie sehr zielgerichtet Online-Marketing betreiben. Dabei kommt es zunächst darauf an, dass Sie Besucher für Ihre Webseite interessieren. Ein Online-Marketing-Konzept ohne eigene Webseite ist sicher schwer vorstellbar. Daher sollte die eigene Webseite eine Grundvoraussetzung für interessierte Leser dieses Google-Marketingbuches sein.

Der wichtigste Knotenpunkt im Internet sind die sogenannten Suchmaschinen und hier speziell die Suchmaschine Google. Suchmaschinen helfen bei der Recherche nach Informationen, Produkten oder Dienstleistungen. Dabei steht der Suchbegriff, das sogenannte *Keyword* (Schlüsselbegriff) im Mittelpunkt. Immer noch startet die weitaus größte Zahl der Internetnutzer ihre „Expedition ins World Wide Web" mit dem Besuch einer Suchmaschine. In das Suchfeld werden dabei Begriffe eingegeben, zu denen der Google-Nutzer dann passende Internetseiten erwartet. Zu diesem Zweck wird alles Mögliche in das Suchformular eingegeben – von kompletten Sätzen mit Informationsfragen der Art „Wie repariere ich ein Skateboard?" über Produktnamen „BMW Neuwagen", Suchkombinationen mit lokalen Angaben „Fischrestaurant in Hamburg" bis hin zu vollständigen Webadressen „*www.xing.de*".

Anmerkung

Auch „Google" ist einer der häufigsten Suchbegriffe bei der Suchmaschine Google. ☺

Verschiedene Suchstatistiken zeigen jedoch, dass nicht der einzelne Suchbegriff dominiert, sondern dass die Nutzer meist mit Wordkombinationen aus zwei bis drei Begriffen suchen – danach folgt erst der einzelne Begriff. Achtung: Beachten Sie dies auch bei der Auswahl der Keywords für die eigenen Suchmaschinenmarketing-Projekte!

2.1.2 Die Idee des Suchmaschinenmarketings

Die große Anzahl der Suchmaschinennutzer in Kombination mit der gezielten Fragestellung, aus der ein Bedarf abgeleitet werden kann, hat die Suchmaschinen zu einer ganz besonderen Schnittstelle im Internet gemacht. Genau hier hat sich die Idee des Suchmaschinenmarketings entwickelt. Die Suchmaschinen verbinden im Internet nämlich die Suchenden mit den Informationsanbietern, also den Webseiten, auf denen neben Informationen auch die zur jeweiligen Suchanfrage passenden Produkte oder Dienstleistungen angezeigt werden. Beim Suchmaschinenmarketing (SEM) geht es nun darum, dass die eigene Webseite zu den angefragten Begriffen möglichst weit vorne auf der ersten Suchergebnisseite der Suchmaschine erscheint.

Erklärung

Die Unterteilung in Seiten hat sich eingebürgert, weil der Suchmaschinen-Primus Google in der Standardeinstellung die Suchergebnisse in einzelne Seiten mit circa zehn organischen Suchergebnissen unterteilt.

Neben dem SEM gibt es noch andere Formen des Online-Marketings, wie zum Beispiel die Bannerwerbung oder das E-Mail-Marketing. Das Suchmaschinenmarketing ist jedoch bei richtiger Strategie sehr effektiv und daher ein sehr bedeutender Bestandteil des Online-Marketings. Oft wird von vornherein daher das Suchmaschinenmarketing mit dem Online-Marketing gleichgesetzt, was jedoch nicht ganz richtig ist.

2.2 Warum Google-Marketing?

Der Title des vorliegenden Buches lautet „Online-Marketing mit Google“. Es soll Ihnen zeigen, wie Sie mit Google im Online-Marketing Erfolg haben. Dass wir speziell die Suchmaschine Google ausgewählt haben, hat einen ganz einfachen Grund. Natürlich bezieht sich Suchmaschinenmarketing auf alle Suchmaschinen. Faktisch gibt es in Deutschland jedoch nur drei Anbieter, die aus Marketingsicht interessant sind, weil diese drei Suchmaschinen ca. 99 % der täglichen Suchanfragen abdecken. Diese drei Marktführer sind:

- Google
- Yahoo
- Bing (Microsoft-Suchmaschine)

Von diesen drei Suchmaschinen ist wiederum Google die bei Weitem interessanteste, weil Google in Deutschland über 90 % der täglichen Suchanfragen beantwortet. Eine gute Platzierung auf den Ergebnisseiten von Google bzw. eine Werbeeinblendung auf der ersten Google-Seite hat daher eine viel bessere Kosten-Nutzen-Relation, als dies bei anderen Suchmaschinen der Fall ist. Bei den Maßnahmen zur Optimierung der Webseite gibt Google ebenfalls den Takt an, sodass eine Suchmaschinenoptimierung mit Blick auf Google auch für gute Rankings in den anderen Suchmaschinen sorgt. Eine spezielle Ausrichtung auf eine der kleineren Suchmaschinen ist somit eigentlich nur als Ergänzung sinnvoll.

2.2.1 Die Vormachtstellung von Google

Da Google der Vorreiter bei den Suchmaschinen ist, wirkt sich dies auch auf die Analyse-Tools aus. Die Recherche nach Begriffen und die Analyse von Suchtrends führen unweigerlich zu Tools der Firma Google Inc., weil sie in diesem Bereich die größte Expertise und die größten Datenbanken besitzt.

Die Suchmaschine Google bietet also als Schnittstelle zwischen den Suchenden im Internet und der gigantischen Menge an Informationen auf Webseiten eine hervorragende Möglichkeit, um die eigene Webseite den Internetnutzern zu präsentieren. Der große Vorteil des sogenannten Suchmaschinenmarketings ist dabei die Tatsache, dass Suchmaschinen qualifizierte Besucher auf die eigene Webseite lenken können. Die Besucher sind insofern qualifiziert, als sie über ihre Eingabe in das Suchfeld bereits geäußert haben, welche Informationen oder Produkte sie benötigen. Im Gegensatz dazu wissen Sie bei der Schaltung von Bannerwerbung oder auch offline bei der Buchung einer Plakatwerbung nicht, für welche Produkte sich ein Webseitenbesucher oder der Passant auf der Straße gerade interessiert.

Nachdem ein Suchender seine(n) Suchbegriff(e) in das Suchfeld eingegeben und den Such-Button geklickt bzw. [↵] betätigt hat, wird die sogenannte Suchergebnisseite – Search Engine Result Page oder kurz SERP – erstellt.

Diese Google-Ergebnisseite besteht grundsätzlich aus den folgenden zwei *Ergebnisblöcken*:

- den organischen, nach Relevanz sortierten Ergebnissen aus den Google-Datenbanken
- den bezahlten, in Bezug auf Klickgebot und Qualität sortierten Ergebnissen aus dem Google-Werbeprogramm

Während die Platzierung des organischen Rankings die Aufgabe der Suchmaschinenoptimierung (SEO – Search Engine Optimization) ist, wird die bezahlte Werbung unter dem Begriff SEA (Search Engine Advertising) zusammengefasst. SEA wird oft mit SEM (Search Engine Marketing) gleichgesetzt, wobei SEM jedoch das Produkt aus SEO und SEA ist.

Abbildung 2.1: *Organische Ergebnisse und Textanzeigen auf der Google-Ergebnisseite*

2.2.2 Zwei unterschiedliche Arten der Google-Ergebnisse

Die organischen Suchergebnisse, die Google objektiv anhand einer speziellen Formel ermittelt, finden Sie im linken Bereich der Ergebnisseite. Das Ranking der eigenen Seite innerhalb dieser Ergebnisse kann man mithilfe von SEO-Maßnahmen in gewissem Maße „beeinflussen". Solange es keine unerlaubten Maßnahmen sind, ist dies auch im Sinne von Google, denn Google möchte in seinen organischen Suchergebnissen natürlich die besten Resultate für seine Nutzer auflisten. Die Möglichkeiten der Optimierung werden in *Kapitel 3, „SEO"*, näher erläutert. Als erste banale Regel sollten Sie z.B. bedenken, dass Sie die Begriffe, zu denen Sie gefunden werden möchten, selbstverständlich auch auf Ihrer Webseite nutzen sollten. Wenn Sie beispielsweise „Arbeitsschutzkleidung" auf Ihrer Webseite anbieten, so macht es sicherlich Sinn, den Begriff „Arbeitsschutzkleidung" auch so zu verwenden und nicht nur von „Schutzkleidung" zu sprechen.

Die bezahlte Suchmaschinenwerbung (SEA) in Form von Textanzeigen wird über das Google-Werbeprogramm *AdWords* geschaltet. Die Textanzeigen finden Sie auf der Google-Suchergebnisseite zunächst im rechten Bereich. Darüber hinaus können bis zu drei Anzeigen oberhalb der organischen Suchergebnisse auf der linken Seite eingeblendet werden. Zusätzlich schaltet das AdWords-System in einigen Fällen auch Anzeigen unterhalb der organischen Suchergebnisse. Die Entwicklung und Experimente der Suchmaschine Google schreiten voran, sodass in Zukunft wahrscheinlich ebenfalls bezahlte Textanzeigen innerhalb des organischen Rankings erscheinen werden.

2.2.3 Shopping-Ergebnisse

Ein erster Ansatz für bezahlte Anzeigen innerhalb des organischen Rankings zeigte sich in der Google-Ankündigung, dass die Produktbilder aus der Google-Shopping-Datenbank, die bei einer Produktsuche manchmal innerhalb einer sogenannten One-Box im organischen Bereich erscheinen (siehe das Notebook-Beispiel), zukünftig nicht mehr kostenlos bei Google eingestellt werden können.

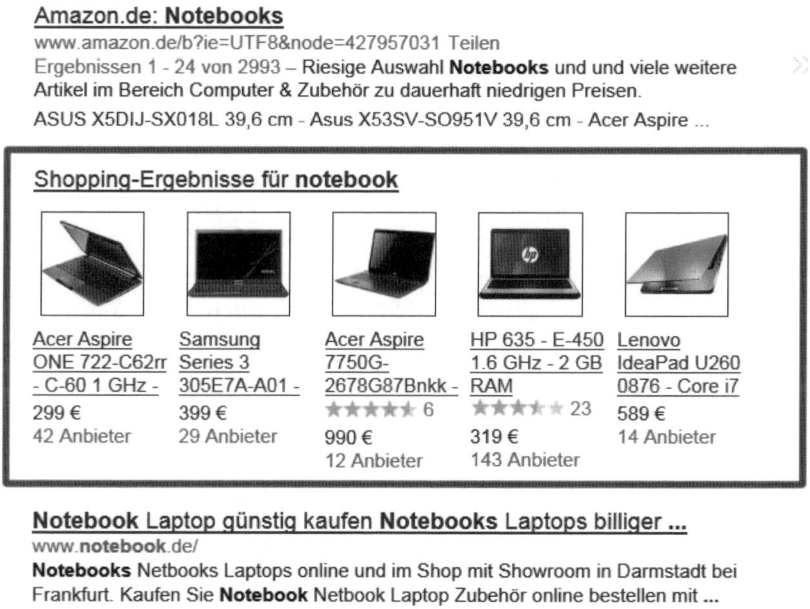

Abbildung 2.2: *Shopping-Ergebnisse in einer One-Box*

Das Einstellen dieser Produktbilder und -beschreibungen wird zukünftig wahrscheinlich ein kostenpflichtiger Google-Werbedienst. Die Ankündigung führte zwar zur Verärgerung in der Internetgemeinde, und es war von Verrat an der Google-Idee die Rede. Diese Kritiker dürfen jedoch nicht vergessen, dass Google ein kommerzielles Unternehmen ist, das viel Geld in die Entwicklung einer gut funktionierenden Suchmaschine gesteckt hat. Somit wird Google zukünftig auch immer versuchen, diese Investitionen durch bezahlte Online-Angebote wieder hereinzuholen. Als einziges Argument für die Abkehr von einer neuen Idee zählte bei Google bisher immer das Userverhalten. Akzeptiert ein hoher Prozentsatz der Google-Nutzer eine neue Idee nicht, dann wird Google diese Idee revidieren.

2.2.4 Eine Webseite bei Google platzieren

Bei beiden Formen (SEO und SEA) des Suchmaschinenmarketings geht es für Sie als Webseitenbesitzer darum, Ihre Webseite möglichst weit vorne auf der Google-Ergebnisseite zu platzieren. An der Formulierung erkennen Sie, dass Sie selbst in Aktion treten müssen und es nicht dem Zufall überlassen sollten, ob Sie und wo Sie bei Ihren Keywords in den Google-Suchergebnissen auftauchen. Hier ist aktives Handeln und vor allem eine Strategie gefragt.

2.3 Start: Die Strategie festlegen

Beginnen Sie Ihr Engagement im Suchmaschinenmarketing immer damit, zunächst eine Strategie in Bezug auf Ihre Produkte bzw. Dienstleistungen, Ihre Möglichkeiten und Ihre Konkurrenz festzulegen!

Ohne Strategie und vor allem ohne Ziele ist Ihr Ergebnis im Suchmaschinenmarketing reiner Zufall und kann daher auch nicht kontrolliert und schon gar nicht optimiert werden.

2.3.1 Der Ist-Zustand

Analysieren Sie darum zunächst Ihre Ist-Situation, und legen Sie die gewünschten Online-Marketingziele fest. Dabei hilft es Ihnen durchaus, wenn Sie alle Ihre Punkte in schriftlicher Form festhalten. So können die entsprechenden Ziele genauer formuliert werden, und sie besitzen durch die schriftliche Darstellung eine höhere Verbindlichkeit. Sie haben das, was Sie online erreichen möchten, quasi „Schwarz auf Weiß“ vor sich.

2.4 Keyword-Recherche

Da das SEM auf Keywords (Suchbegriffe) aufbaut, ist die sogenannte Keyword-Recherche der wichtigste Ausgangspunkt für dieses Marketing-Projekt. Eine Keyword-Recherche beginnt zunächst mit einer möglichst umfassenden Sammlung aller für Ihr Business interessanten Suchbegriffe. Listen Sie dabei nicht nur die gängigen Suchbegriffe auf, sondern suchen Sie nach Nischen-Keywords und neuen Ideen, die zu einer Spezialisierung führen oder eventuell ein Alleinstellungsmerkmal enthalten. Diese besonderen Keyword-Kombinationen sind zum einen leichter zu optimieren und bringen Ihnen zum anderen Webseitenbesucher, die viel besser zu den Dienstleistungen oder Produkten auf Ihrer Webseite passen. Das wiederum erhöht die Chancen auf eine Kundenanfrage bzw. einen Online-Kaufabschluss.

2.4.1 Wichtigster Baustein: Die Keywords

Die Keywords sind der wichtigste Baustein der Suchmaschinenmarketing-Strategie, weil die Eingabe dieser Suchbegriffe die Verbindung zu Ihren potenziellen Kunden herstellt. Bei einem SEO-Projekt sollte Google einen organischen Treffer im Suchergebnis anzeigen, bei einem SEA-Projekt wird die Schaltung Ihrer AdWords-Anzeige durch die Eingabe des Suchbegriffs ausgelöst.

Die Keywords sind also das Verbindungsglied zwischen dem, was Sie auf Ihrer Webseite anbieten, und dem, was der Google-User sucht. Die Suche dreht sich dabei meistens um ein Problem, ein Produkt oder eine Dienstleistung. Am einfachsten ist die eigene Marke oder der Firmenname zu optimieren. Mit der eigenen Marke oder dem Firmennamen auf einem der ersten Plätze zu erscheinen sollte die Pflicht eines jeden Unternehmens sein.

Die Auswahl der „richtigen" Keywords ist also sehr wertvoll, weil diese Keywords letztlich solche Interessenten auf Ihre Webseite bringen, die ein echtes Interesse an Ihren Produkten bzw. Dienstleistungen oder Ihrem Unternehmen haben. Da unpassende Keywords entweder viel Zeit und Geld für unnötige Optimierungsarbeit verschlingen oder ein großes Werbebudget bei AdWords ohne Ergebnis verbrauchen, sollten Sie sich vor zu allgemeinen Keywords oder Keyword-Kombinationen hüten, die nichts mit Ihrem Angebot zu tun haben.

Auch der gewünschte „Mitnahmeeffekt" durch unpassende Keywords tritt nicht ein. Viele AdWords-Nutzer glauben zwar, dass man einen

Webseitenbesucher durch ein unpassendes Keyword auf die Webseite locken kann und so eine andere Anfrage oder einen Online-Kauf eines anderen Produkts auslösen kann. Dem ist jedoch in den meisten Fällen nicht so – und für die wenigen Ausnahmen ist der Aufwand zu groß. Stattdessen verärgern Sie die Besucher und bleiben ihnen als Unternehmen auch noch in schlechter Erinnerung. Wie oft sind wir früher als Google-Nutzer auf die eBay-Anzeigen hereingefallen, die dann am Ende doch nicht das hielten, was sie vorher in der Textanzeige versprachen!

Da auch Google die Verärgerung der Nutzer fürchtet, werden unpassende Anzeigen letztlich mit höheren Kosten bei AdWords bestraft, und im organischen Ranking gehen vordere Positionen schnell wieder verloren, da die Webseiten herabgestuft werden, wenn die Nutzer nicht das Passende finden. Als Grundlage der Einstufung nutzt Google unter anderem große Datenbanken und die Statistiken des Nutzerverhaltens. Hierbei werden vor allem Ausstiege, sogenannte Bounce-Rates, beobachtet. Dass Google unser Surfverhalten genau beobachtet und registriert, können Sie mit einem einfachen Beispiel selber testen.

Wenn Sie auf ein Google-Ergebnis klicken und danach den „Zurück-Knopf“ im Browser betätigen, sodass Sie wieder auf der Google-Suchergebnisseite landen, dann wird das vorher angeklickte Suchergebnis mit einer kleinen Google-Meldung versehen, die nachfragt, ob das Ergebnis blockiert werden soll. Sie finden dann zu dem Ergebnis einen neuen Link mit der Bezeichnung Alle Ergebnisse von ... blockieren.

Abbildung 2.3: *Suchergebnisse blockieren*

Dies dient zunächst der Optimierung des zukünftigen Suchergebnisses für den Google-Kunden, den Suchenden. Es ist aber ein ganz deutlicher Hinweis darauf, dass Google dieses Verhalten auch registriert. Denn wenn ein Absprung von einer Ergebnisseite zu einem Keyword nicht nur bei einigen, sondern bei ganz vielen Usern geschieht, dann wird dies nach der Logik der Statistik – und somit der Google-Logik – zukünftig auch so sein. Warum sollte man dann dieses Ergebnis zu dem entsprechenden Keyword weiterhin so prominent anbieten? Bei einer Anhäufung einer hohen Bounce-Rate wird Google so den Stand der Ergebnisseite korrigieren und die Ergebnisse mit schlechter Performance in den SERPs nach unten weiterreichen.

Daher ist Ihre Keyword-Liste keine reine Wunschliste, sondern muss zu Ihrer Webseite passen. Zu allgemeine Keywords sollten daher am Ende aus der Sammlung gestrichen werden. Andererseits sollten Sie verschiedene Recherchemöglichkeiten nutzen, damit keine Potenziale verschenkt werden. Generieren Sie also einen möglichst umfassenden Pool an interessanten Keywords.

Nutzen Sie dazu die folgenden Tipps.

2.4.2 10 Tipps zur Keyword-Recherche

1. Tipp: Brainstorming (eigene Überlegungen)

Der wichtigste Grundsatz bei der Suche nach den richtigen Keywords lautet: Denken Sie wie Ihre Kunden, denn der Wurm (Ihr Keyword) soll dem Fisch (Ihrem Kunden) schmecken und nicht dem Angler (Ihnen). Überlegen Sie also genau, wonach Ihre potenziellen Kunden suchen würden, um Ihre Produkte oder Dienstleistungen auf den Google-Ergebnisseiten zu finden. Konzentrieren Sie sich dabei nicht auf Fachbegriffe, die Ihre Kunden nicht kennen. Nutzen Sie im Gegenteil bewusst auch fachlich „falsche Begriffe“, die jedoch gängige Ausdrücke in der Welt Ihrer Kunden sind. Denken Sie auch an Probleme Ihrer potenziellen Kunden, wenn diese Ihre Produkte oder Ihre Dienstleistungen noch nicht kennen, Sie aber bestimmte Probleme lösen können. Notieren Sie alle Begriffe, die Ihnen einfallen, und denken Sie daran, dass es beim Brainstorming zuerst nicht um die Auswahl der Suchbegriffe geht. In dieser Phase gibt es zunächst einmal keine falschen Suchbegriffe.

2. Tipp: Diskussion mit Kollegen, Familie oder Freunden

Erweitern Sie Ihre Liste durch Befragung Ihrer Mitarbeiter, Freunde und Bekannten. Fragen Sie sie, wonach sie bei Google suchen würden, um die Inhalte Ihrer Webseite zu finden. Bei dieser Diskussion ist es wichtig, einen anderen Blick auf Ihr Unternehmen zu erhalten, denn vor allem Freunde oder auch die Familie denken eher aus der Sicht der Kunden als Sie und erweitern so Ihre Keyword-Liste um wertvolle Ideen. Schreiben Sie alle Ideen auf, und markieren Sie danach vor allem die Keywords, die von verschiedenen Gruppen genannt wurden, da diese Begriffe auch in der Praxis wahrscheinlich häufiger gesucht werden.

3. Tipp: Kundenbefragung

Die beste Einschätzung zu den wichtigsten Suchbegriffen erhalten Sie natürlich von den Kunden, die Ihre Produkte gekauft oder Ihre Dienstleistungen in Anspruch genommen haben. Wonach haben diese Menschen vorher gesucht, bzw. mit welchen Begriffen verbinden diese Ihre Dienstleitungen oder Produkte? Diese Daten sind meistens jedoch nur sehr schwierig zu erhalten, und der Aufwand, sie zu erheben, wird von vielen Unternehmern gescheut. Aus unserer Sicht sind diese Daten jedoch so wertvoll, dass Sie etwas Zeit und Mühe investieren sollten. Erstellen Sie eine Online-Befragung, oder verbinden Sie Ihre After-Sales-Maßnahmenmit einer entsprechenden Befragung. Bedanken Sie sich beispielsweise nach dem Online-Kauf per E-Mail, und bitten Sie Ihre Kunden um drei Suchbegriffe, die Ihr Produkt beschreiben. Sie können die Befragung auch mit einem kleinen Dankeschön (z.B. einem Fünf-Euro-Gutschein für den nächsten Einkauf) verbinden. Eine interessante Keyword-Liste ist die Schnittmenge aus den Suchbegriffen aus Ihren eigenen Überlegungen und den durch die Kunden übermittelten Begriffen. Diese Schnittmenge enthält die Keywords, die für Sie die größte Relevanz besitzen.

4. Tipp: Online-Recherche mit dem Google AdWords Keyword-Tool

Falls Sie bereits ein Google AdWords-Konto besitzen, dann finden Sie im Bereich TOOLS UND ANALYSEN das *Keyword-Tool* von Google AdWords. Sie können das Tool jedoch auch ohne AdWords-Konto über folgenden Link erreichen:

https://adwords.google.com/o/KeywordTool

In der externen Version müssen Sie sich jedoch durch Eingabe eines Bild-Codes als Person identifizieren, da das Tool ansonsten zu oft von Maschinen automatisiert abgefragt würde.

Obwohl das Keyword-Tool zunächst einmal für die Analyse von Google AdWords-Kampagnen gedacht ist, kann man es vortrefflich auch zur allgemeinen Keyword-Analyse für SEO und SEA nutzen. Füttern Sie das Tool mit den Keywords aus Ihrem Brainstorming oder der Kundenbefragung, und lassen Sie sich zusätzliche Ideen vorschlagen. Neben neuen Ideen erhalten Sie auch Daten aus der Google Keyword-Statistik. Sie können z.B. erkennen, welche Keywords oft gesucht werden und zu welchen Keywords mehr Anzeigenkonkurrenz besteht. Bitte beachten Sie, dass die absoluten Zahlen kein echter Maßstab sind. Betrachten Sie diese Zahlen als grobe Schätzungen, und achten Sie mehr auf das prozentuale Verhältnis zwischen den verschiedenen Keywords.

Geben Sie Keyword-Ideen oder -Wortgruppen in das Keyword-Tool ein, und klicken Sie auf SUCHEN.

Abbildung 2.4: *Eingabe der Suchbegriffe in das AdWords Keyword-Tool*

Sie erhalten eine Liste mit neuen Keyword-Ideen, die zusätzlich eine Abschätzung zu den Suchanfragen und eine Angabe zum Wettbewerb in Bezug auf AdWords-Anzeigen enthält.

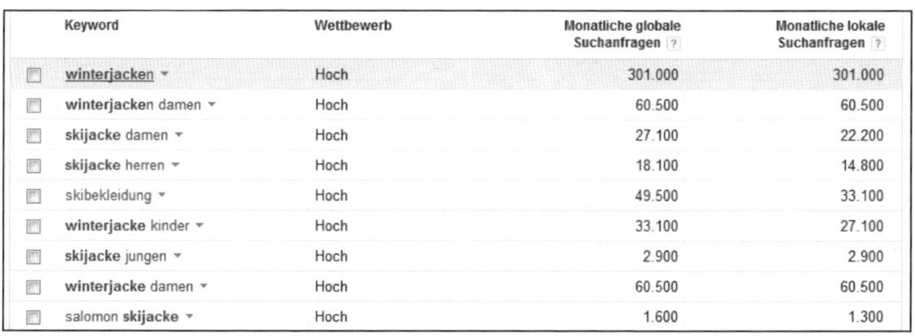

Keyword	Wettbewerb	Monatliche globale Suchanfragen	Monatliche lokale Suchanfragen
winterjacken	Hoch	301.000	301.000
winterjacken damen	Hoch	60.500	60.500
skijacke damen	Hoch	27.100	22.200
skijacke herren	Hoch	18.100	14.800
skibekleidung	Hoch	49.500	33.100
winterjacke kinder	Hoch	33.100	27.100
skijacke jungen	Hoch	2.900	2.900
winterjacke damen	Hoch	60.500	60.500
salomon skijacke	Hoch	1.600	1.300

Abbildung 2.5: *Ergebnisliste des Keyword-Tools*

5. Tipp: Google-Statistik

Google besitzt mit *Google Trends* (auch: *Insights for Search*) ein eigenes Statistik-Tool. Dort erfahren Sie, was die Mehrheit in den letzten Monaten oder Jahren gesucht hat. Aus dem Keyword-Tool gibt es eine Verbindung zu *Insights for Search*. Klicken Sie dazu einfach auf das kleine Dreieck neben den vorgeschlagenen Keywords (siehe die Abbildung 2.5), und wählen Sie den entsprechenden Unterpunkt aus.

Ansonsten gelangen Sie auch über die URL *www.google.com/insights/search/?hl=de* zu dem Tool.

Sie können hier nicht nur den Suchbegriff eingeben, sondern auch die Region und den Zeitraum bestimmen, den Sie analysieren möchten.

Abbildung 2.6: *Dateneingabe bei Insights for Search*

In einem Diagramm wird dann auf einer Zeitachse die Änderung der Suchanfragen dargestellt.

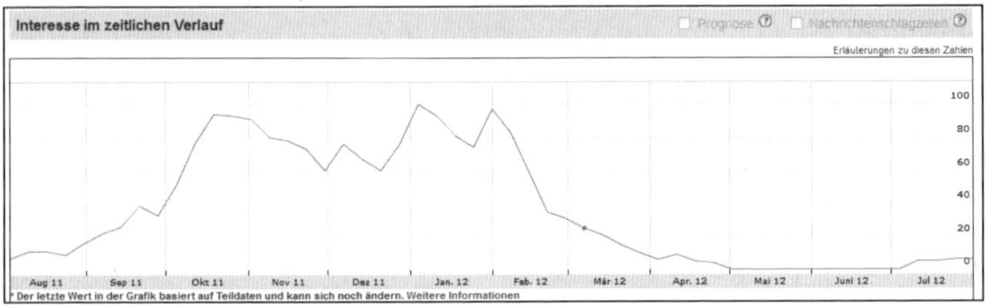

Abbildung 2.7: *Zeitlicher Verlauf von Suchanfragen*

Interessanter für die Keyword-Analyse sind jedoch die Daten am Ende der Google-Statistik. Hier erfahren Sie etwas zu den Top-Suchbegriffen in Zusammenhang mit dem eingegebenen Keyword. Außerdem verraten die zunehmenden Suchanfragen aktuelle Trends. Haben Sie ein eigenes Angebot zu den Trendsuchbegriffen? Dann sollten Sie sich mit einer SEO-Optimierung früh eine gute Ausgangsposition schaffen.

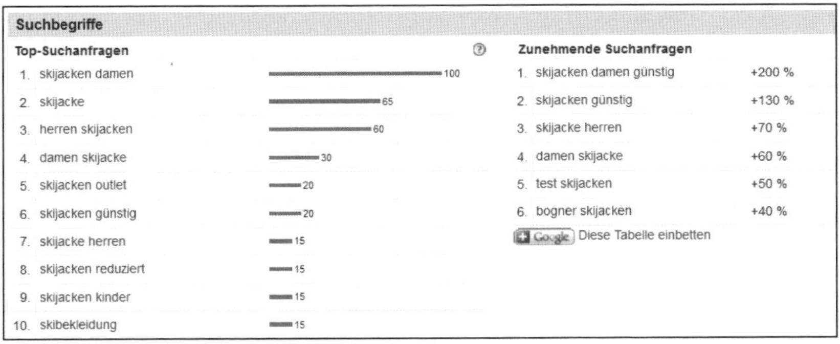

Abbildung 2.8: *Top-Suchanfragen und Trends in der Google-Statistik*

6. Tipp: Online-Datenbank im Internet

Für eine umfassende Recherche sollten Sie neben den Datenbanken von Google auch Tools externer Anbieter heranziehen. Im Internet gibt es verschiedene Online-Datenbanken, die frei zugänglich und kostenlos nutzbar sind.

Ein Beispiel ist die Keyword-Datenbank des SEO-Experten SISTRIX, die Sie online unter *https://tools.sistrix.de/kw/* abrufen können.

Geben Sie in die externen Tools ebenfalls Ihre vorher recherchierten Keywordideen ein, und lassen Sie sich neue Vorschläge zur Erweiterung Ihrer Keyword-Liste erstellen.

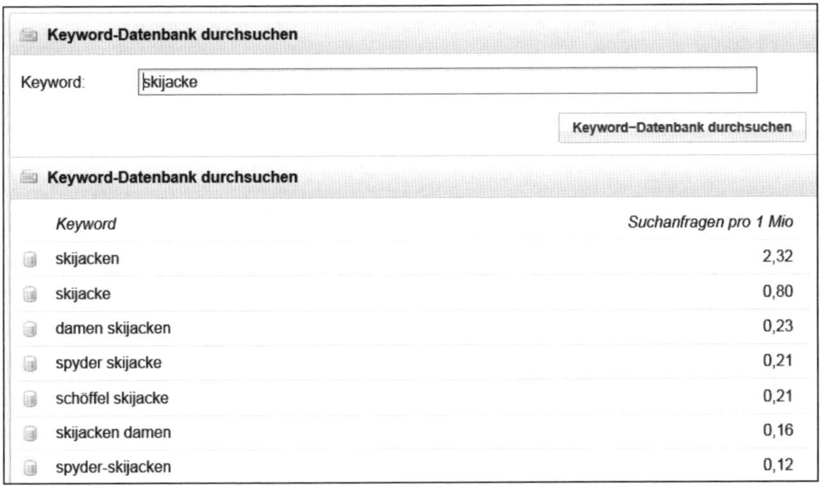

Abbildung 2.9: *Die Online-Keyword-Datenbank von SISTRIX*

Mit den Vorschlägen der Keyworddatenbanken externer Anbieter erhalten Sie Ergänzungen zu Ihrer Liste, die nicht aus den Google-Datenbanken stammen.

7. Tipp: Semantische Suche

Die sogenannte semantische Suche ist ein Thema, das zukünftig an Bedeutung gewinnen wird. Können Maschinen und vor allem Suchmaschinen Keywords anhand ihrer Bedeutung anderen Suchbegriffen zuordnen? ***semaGER*** (*http://www.semager.de/keywords/?lang=de*) ist eine sogenannte semantische Suchmaschine. Zur Keyword-Recherche nutzen wir den Umstand, dass semaGER Wortbeziehungen zwischen verschiedenen Keywords analysiert und auflistet. Dabei gibt semaGER anhand der eingegebenen Keywords andere Begriffe vor, die mit den Keywords im Zusammenhang stehen. Entweder finden sich die vorgeschlagenen Begriffe statistisch häufiger auf der gleichen Webseite, oder die Begriffe finden sich auf den Webseiten, die im Internet mit den Webseiten verlinkt sind, die den eingegebenen Suchbegriff beinhalten.

Dies bietet hervorragende Möglichkeiten zur Sammlung zusätzlicher Keyword-Ideen. Gibt man z.B. „Laptop" in das Suchfeld ein, listet semaGER unterschiedliche Begriffe rund um dieses Thema auf. Viele Begriffe sind zur Erweiterung einer „Laptop-Keyword-Liste" sicher nicht sinnvoll, aber kleine Fundstücke zur Erweiterung der Liste finden sich immer wieder.

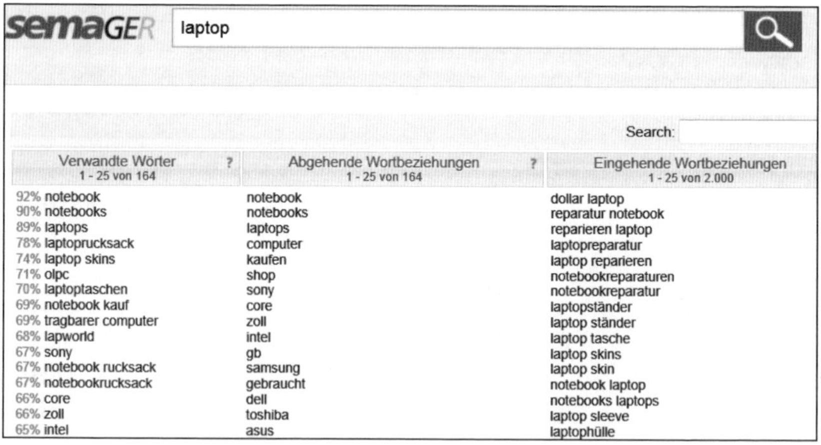

Abbildung 2.10: *Semantische Keyword-Vorschläge von semaGER*

8. Tipp: Analyse der Konkurrenz-Webseite

Tipp

Sourcecode einer Webseite lesen

Fahren Sie bei den Browsern Chrome oder Firefox einfach mit Ihrer Maus auf die zu untersuchende Webseite, und klicken Sie auf die rechte Maustaste. Wählen Sie SEITENQUELLTEXT ANZEIGEN. Im Internet Explorer funktioniert dies auch. Dort heißt der Befehl QUELLCODE ANZEIGEN. Wenn Sie sich ein wenig mit HTML auskennen, finden Sie erstaunliche Dinge im Quellcode.

Analysieren Sie auch die Webseiten Ihrer Konkurrenz, um neue Keywordideen aus Ihrem Umfeld zu finden oder bereits aufgelistete Ideen zu bestätigen. Spionieren Sie dazu einfach die Webseite Ihrer Konkurrenten aus, indem Sie sich den HTML-Quelltext (auch *Sourcecode* genannt) anzeigen lassen. Diesen Code liest auch ein Google-Robot oder der Browser, mit dem Sie die Webseite betrachten können. Im oberen Bereich des Codes – im sogenannten Header-Bereich – suchen Sie nach den Meta-Tags und speziell nach demjenigen, der keywords heißt. Der Tag hat das Attribut name=“keywords“. Hier hat der Programmierer die Suchbegriffe hinterlegt, unter denen er bei Google gefunden werden möchte. Für Google und die anderen Suchmaschinen ist diese Anweisung nicht mehr interessant, wie Sie später noch ausführlicher lesen werden, für uns als Spion ist sie jedoch eine interessante Quelle.

Exkurs

Wie Sie in unserem Beispiel sehen, möchte die „Deutsche Bank“ auch zum Keyword „detusche“ gefunden werden. ☺

```

<!DOCTYPE html PUBLIC "-//W3C//DTD XHTML 1.0 Transitional//EN"
    "http://www.w3.org/TR/xhtml1/DTD/xhtml1-transitional.dtd">
<html xmlns="http://www.w3.org/1999/xhtml">
<head>
<!-- PageID 529 - published by RedDot -->

<script src="/de/data/js/3080.js" type="text/javascript"></script>
<script type="text/javascript">mobileSwitch('');</script>

  <title>Willkommen bei der Deutschen Bank - Leistung aus Leidenschaft</title>
  <meta http-equiv="content-type" content="text/html; charset=utf-8" />
  <meta name="description" content="Zentrales Portal des Deutsche Bank Konzerns, einer der weltweit f&uuml;hrenden Anbieter von Finanzl&ouml;sungen. Nachrichten und Informationen &uuml;ber den Konzern und seinen Gesch&auml;ftsfeldern." />
  <meta name="keywords" content="Deutsche,Bank,AG,Banking,Konto,Baufinanzierung,Bausparen,Broker,Brokerage,Aktie,Aktien,Anlage,Leistung aus Leidenschaft,Kredit,Tagesgeld,Investmentfonds,Verm&ouml;gensverwaltung,management,Wertpapiere,Finanzen,Finanzdienstleister,Geld,Kredite,Fond,detusche" />
  <meta name="author" content="Deutsche Bank, " />
  <meta name="publisher" content="" />
  <meta name="copyright" content="" />
```

Abbildung 2.11: *Keyword-Ideen im Quellcode einer Webseite*

Eine weitere Möglichkeit der Konkurrenzanalyse bietet auch das Google Keyword-Tool. Sie können in diesem Tool neben der Eingabe von Begriffen auch eine Konkurrenzwebseite analysieren, indem Sie die URL eingeben und die Suche starten.

Abbildung 2.12: *Eingabe der Konkurrenz-URL in das Google Keyword-Tool*

Wenn die Programmierer gut gearbeitet haben, zeigt das Google-Tool Ihnen die wichtigsten Suchbegriffe der Konkurrenz.

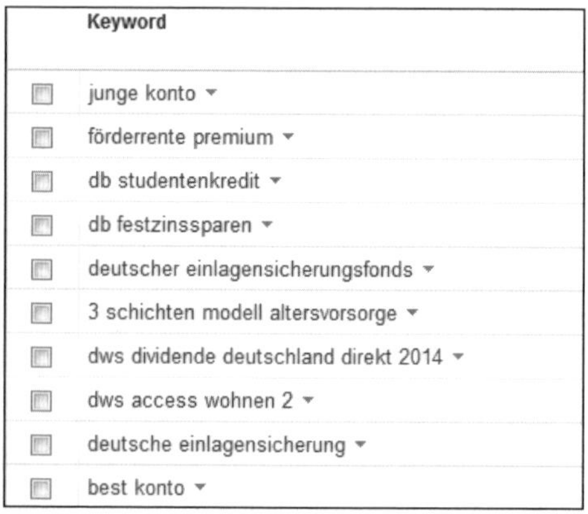

Abbildung 2.13: *Analyse von Konkurrenzseiten mit dem Google Keyword-Tool*

9. Tipp: Analyse der internen Websuche oder Webprotokolle

Besitzen Sie eine Online-Suchfunktion auf Ihrer Webseite? Dann sollten Sie auf jeden Fall mit Ihren Webmaster sprechen, damit die eingegebenen Begriffe der Webseitenbesucher gespeichert und analysiert werden können. Hier finden Sie ebenfalls Suchbegriffe, die zu Ihrer Seite bzw. zu Ihren Produkten passen.

Falls Sie keine interne Suche besitzen, sollten Sie jedoch auf jeden Fall Ihre Webprotokolle oder Analysen durchforsten. Dort wird ebenfalls gespeichert, mit welchen Suchanfragen Suchmaschinennutzer auf Ihre Webseite gelangt sind. Die Suchbegriffe, die vermehrt in Kombination mit Ihrem Firmen- oder Markennamen angegeben wurden, sind ebenfalls interessante Keywordideen.

10. Tipp: Offlinerecherche in Zeitschriften

Zuletzt raten wir Ihnen, auch den Offlinebereich nicht aus den Augen zu verlieren. Sonst: „Recherchieren Sie also auch in Fachmagazinen und lesen Sie deren Artikel" Auch dort wird über Trends aus Ihrem Fachbereich berichtet. Nehmen Sie daher auch Begriffe in Ihre Liste auf, die offline die Berichterstattung bestimmen. Eventuell werden dort neue Ausdrücke geprägt, die dann online von potenziellen Kunden recherchiert werden.

2.4.3 Keywords analysieren und bewerten

Am Ende Ihrer umfangreichen Recherche sollten Sie die gefundenen Keywords analysieren und bewerten. Versuchen Sie dabei auch, Keyword-Cluster oder Keywords-Gruppen zu bilden. Die Keywords werden grundsätzlich für SEO und SEA genutzt, wobei Sie bei AdWords eine große Menge an Keywords nutzen können, während Sie sich im SEO-Projekt auf circa zehn wichtige Keywords festlegen sollten.

Bei der Analyse sollten Sie noch einmal daran denken, dass die Keywords, die am Ende genutzt werden sollen, auch wirklich auf Ihrer Webseite als Produkt, Dienstleistung oder Information angeboten werden. Keywords, die nicht zu Ihrer Webseite passen, bringen weder im SEO- noch im SEA-Projekt den gewünschten Erfolg. Bei der Optimierung haben Sie mit unpassenden Keywords keine Chance auf eine vordere Platzierung, und bei den AdWords-Anzeigen erhalten Sie nur Klicks, die Geld kosten.

Auch Keywords, die grundsätzlich zu Ihrem Thema passen, sollten Sie genau analysieren. Wenn Sie beispielsweise als Reiseagentur Hotels in Tokio vermitteln wollen, so hilft Ihnen der Suchbegriff „Tokio Hotel" nicht weiter, weil die meisten Google-User nach einer Band suchen. Auch der Begriff „Jaguar" kann sowohl dem zoologischen Bereich als auch der Automobilbranche zugeordnet werden.

Anhand dieser Beispiele erkennen Sie schon, dass Maschinen zwar Keywords recherchieren können, Sie jedoch mit Ihrem gesunden Menschenverstand diese noch bewerten müssen.

2.5 Ist-Analyse

Um eine Strategie zu planen, sollten Sie zunächst einmal wissen, welche Ressourcen vorhanden sind. *Zeit* und *Geld* sind dabei die wichtigsten Ressourcen, die einem Unternehmer zur Verfügung stehen.

2.5.1 Ressourcen

Mit Blick auf die Ressource *Zeit* sollten Sie genau überlegen, ob Sie die Ihnen zur Verfügung stehende Zeit in Ihr Management, in den Ausbau Ihrer Produkte, in die Akquise von Offlinekunden etc. oder alternativ in Ihr Online-Marketing investieren. Diese Entscheidung fällt bei jedem anders aus, denn sie hängt stark davon ab, welche Aufgaben noch auf der To-do-Liste stehen. Haben Sie persönlich keine Zeit für das wichtige Thema Google-Marketing, so gibt es eventuell Mitarbeiter in Ihrem Unternehmen, denen Sie Aufgaben übertragen können, oder die Stelle eines „Online-Marketing-Managers" muss neu geschaffen werden. Sie werden sich jedoch nicht um das Thema drücken können.

Bei der Ressource *Geld* geht es vor allem darum, dass Sie Geld für die einmalige Projektdurchführung zur Verfügung stellen, z.B. für die „SEO-Maßnahmen" und/oder die „AdWords-Konto- sowie Kampagnen-Einrichtung". Hinzu kommt die Einplanung des monatlichen Budgets, das Sie für die Online-Werbung und die Betreuung der Webseitenoptimierung bereitstellen müssen.

Zukünftig muss zudem auch noch Geld für den Hype *Social Media Marketing* eingeplant werden. Die Verknüpfung von SEM (Suchmaschinenmarketing) und SMM (Social Media Marketing) wird voranschreiten, und darum werden Sie um den Aufbau und die Betreuung von Social-Media-Maßnahmen (z.B. Seiten in Facebook und Google+) nicht umhinkommen.

Um das notwendige Werbebudget für die Schaltung von Anzeigen in Suchmaschinen und Webseiten zur Verfügung zu haben, sollten Sie Ihr bestehendes Werbebudget durchforsten und nach Werbebereichen suchen, die zurückgefahren werden können. Kann Werbegeld umgeschichtet werden? Hier ist vor allem an die Zeitungswerbung bzw. die Werbung in den Printmedien zu denken. Das Werbebudget für die „Gelben Seiten" ist z.B. ein beliebter Bereich, der von mittelständischen Unternehmen zunehmend für das neue Engagement im Online-Marketing umgewidmet wird.

Anmerkung

Die Umverteilung des Werbebudgets von Printmedien in Richtung Suchmaschinenmarketing führt z.B. dazu, dass Unternehmen wie die *Deutsche Post*, Telefonauskunftsanbieter wie *telegate* oder auch Zeitungsverlage nun versuchen, vom Hype des Suchmaschinenmarketings zu profitieren, indem sie Mittelständlern anbieten, AdWords-Konten für sie zu erstellen und zu verwalten.

Bei der Planung des AdWords-Budgets kommt immer die Frage nach dem Mindestbudget bzw. dem optimalen Budget auf. Unsere Antwort: Bei der Budgetvorgabe für die AdWords-Werbung (aber auch für andere Online-Werbemaßnahmen) sollten Sie immer eigenverantwortlich das Budget festsetzen. Auch wenn das Google AdWords-Programm Ihnen Vorschläge zu dem benötigten Budget (z.B. über das Tool *Traffic Estimator*) unterbreitet, sollten Sie diese nur als Hinweis in Ihre Budgetplanung einbeziehen. Das Budget sollte letztlich immer durch den Inhaber bzw. Marketingverantwortlichen bestimmt werden.

Bei der Planung Ihrer Online-Marketingprojekte müssen Sie auch festlegen, wie Sie das vorhandene Gesamtbudget ausgeben. Konzentrieren Sie sich auf die Optimierung Ihrer Webseite für die Suchmaschinen, oder stecken Sie das Geld zunächst in eine AdWords-Werbekampagne? Eventuell bevorzugen Sie die Aufteilung des Werbebudgets, um SEO und SEA voranzutreiben? Das vorliegende Buch soll Ihnen Hilfen bei der Entscheidung bieten – aber es bleibt letztlich immer eine Entscheidung, die Sie aufgrund der individuellen Situation und der Strategie fällen müssen, die Sie für Ihr Unternehmen gewählt haben.

2.5.2 Make or Buy?

Die Beschäftigung mit dem Problem Ressourcen führt letztendlich auch zu der Entscheidung *Make or buy* . Das heißt, Sie müssen festlegen, ob Sie selbst in Ihrem Hause die Suchmaschinenoptimierung durchführen bzw. die AdWords-Kampagnen erstellen und das AdWords-Konto betreuen oder ob Sie diese Aufgaben in die Hände eines externen Dienstleisters legen.

Falls Sie einen externen Dienstleister beauftragen möchten, helfen die Tipps aus diesem Buch und die folgenden Hinweise dabei, die richtige Agentur für Ihre Zwecke zu finden.

Bevor Sie sich für eine Agentur im Bereich SEA/AdWords entscheiden, sollten Sie folgende Fragen klären:

- Ist die Agentur von Google AdWords als Professional zertifiziert? – Dies wäre ein erster Hinweis, dass AdWords-Grundwissen vorhanden ist.
- Sind mehrere Mitarbeiter und Ihr Ansprechpartner bei der Agentur AdWords Professionals? – Auch der Betreuer Ihres AdWords-Kontos sollte gute AdWords-Kenntnisse besitzen.
- Wie bildet die Agentur ihre Mitarbeiter weiter? – Fast monatlich ändert sich das AdWords-Backend oder neue Analysemöglichkeiten erweitern die Möglichkeiten. Sind die Mitarbeiter *up to date*?
- Wie häufig werden die Kampagnen der Kunden geprüft? – Die Kampagnen sollten laut Google-Richtlinien mindestens einmal pro Monat geprüft werden.
- Welche Änderungen werden regelmäßig am AdWords-Konto vorgenommen? – Es sollten regelmäßig die gebuchten Suchbegriffe optimiert und negative Keywords eingepflegt werden. Es ist wünschenswert, dass laufend Tests zu neuen Keywords und veränderten Anzeigentexten durchgeführt werden.
- Welche Berichte werden monatlich erstellt? – Google schreibt mindestens einmal pro Monat einen Bericht zu den Kampagnenleistungen und Kosten vor.
- Gibt es Erläuterungen zu den Berichten? – Optimalerweise sollten Erläuterungen und Strategieempfehlungen zu den Berichten mitgeliefert werden.
- Werden aktuell Kundenprojekte aus der gleichen Branche betreut? – Durch die Betreuung ähnlicher AdWords-Projekte aus der gleichen Branche besitzt die Agentur natürlich bereits branchenspezifische Erfahrungen, was Ihnen zugutekommt. Es sollten jedoch zur gleichen Zeit (genau wie bei SEO-Projekten) keine AdWords-Konten des direkten Konkurrenten betreut werden.
- Welche Kündigungsfristen gibt es? – Fair, auch wenn nicht immer üblich, sind mit Ausnahme der ersten drei Monate Kündigungsfristen von ein bis zwei Monaten.

Einen ähnlichen Fragenkatalog sollten Sie auch an eine SEO-Agentur stellen:

- Welche Versprechungen werden gemacht? – „Mit Ihren Keywords auf Position 1 in 30 Tagen“ ist z.B. unglaubwürdig. Agenturen, die so oder so ähnlich werben, sollten Sie meiden.
- Bezeichnet sich die Agentur als „Google-Partner“? Es gibt Google-zertifizierte Experten zu AdWords oder Analytics, aber dies hat keinen Einfluss auf SEO – und eine direkte Google-Partnerschaft gibt es nicht. Vorsicht ist auch geboten, wenn eine besondere Beziehung zu Google betont wird.
- Arbeitet die Agentur für einen direkten Konkurrenten? Diese Situation ist natürlich nicht hinnehmbar, da es immer darum geht, den direkten Keyword-Konkurrenten zu übertreffen.
- Wie teilt die Agentur die SEO-Maßnahmen auf? Fragen Sie Ihre Agentur nach der Strategie und Verteilung von On-Page und Off-Page-Maßnahmen. Grob kann man das Verhältnis in 40 % (On-Page) zu 60 % (Off-Page) einteilen. Eine Betreuung zum Link Aufbau sollte laufend geschehen bzw. muss eventuell im weiteren Verlauf von Ihnen weitergeführt werden.
- Gibt es langfristige Laufzeiten, oder können Sie Betreuungsverträge auch kurzfristig kündigen? – Eine langfristige Betreuung macht natürlich Sinn, aber falls die Chemie nicht stimmt, sollte man sich auch kurzfristig trennen können.
- Wie bildet sich die Agentur weiter? – Die Mitarbeiter sollten regelmäßig SEO-Konferenzen oder Weiterbildungen besuchen.
- Veröffentlicht die SEO-Agentur regelmäßig Beiträge zu den aktuellen SEO-Entwicklungen? – Eine Agentur, die regelmäßig in Blogs, Foren oder auf der eigenen Webseite über SEO schreibt oder offline Beiträge publiziert, ist wünschenswert, da diese Mitarbeiter sich laufend über das aktuelle Geschehen informieren müssen.
- Ist ein Link-Aufbau an einen laufenden Vertrag gebunden? – Dies wäre nicht gut, da Backlinks von anderen Seiten für die „Ewigkeit“ bestimmt sind. Der Wegfall nach einem Agenturwechsel ist ein schlechtes Signal an Google.
- Arbeitet die SEO-Agentur mit gekauften Links? – Dann heißt es: „Finger weg!“ Gekaufte Links sind gefährlich, wie Sie später noch erfahren werden.

2.5.3 Der Stand des eigenen Suchmaschinenmarketings

SEM ist ein sehr dynamischer Markt! Daher ist es immer wichtig, die Situation der Konkurrenz, aber auch den Entwicklungsstand der eigenen Webseite zu analysieren. Neben den Ressourcen müssen Sie auf jeden Fall beim Start Ihres Marketing-Projekts eine Bestandsaufnahme der eigenen Online-Präsenz vornehmen.

Haben Sie schon Maßnahmen zur Suchmaschinenoptimierung umgesetzt, oder nutzen Sie bereits Google AdWords? Dann sind Sie natürlich in einer anderen Situation, als wenn Sie gerade erst mit dem Online-Marketing beginnen. Analysieren Sie in jedem Fall zunächst, wie Sie bei Google gefunden werden und welche Plätze Ihre wichtigsten Keywords im Google-Ranking einnehmen. Schauen Sie sich auch an, wie Sie bereits vernetzt sind, d. h.: Wie viele Backlinks erhält Ihre Webseite von anderen Seiten, und welche Webseiten stecken hinter den Links?

Um Ihre Webseite und ihre Keywords zu analysieren, gibt es verschiedene Tools, die später auch noch bei der Konkurrenzanalyse vorgestellt werden. Diese Tools sind jedoch alle kostenpflichtig. Eine einfache und kostenlose Möglichkeit, sich über den Stand der eigenen Website bei Google zu informieren, ist ein Tool-Paket von Google, die sogenannten *Webmaster-Tools*. Die Webmaster-Tools sind ein Angebot von Google, um den Webmastern bei der Optimierung ihrer Webseiten zu helfen. Die Webmaster-Tools listen neben Rankings zu interessanten Keywords und Backlinks von Webseiten vor allem die Probleme auf, die auf der jeweiligen Webseite existieren. Dazu gehören Links, die nicht funktionieren, ein langsamer Seitenaufbau, eine veraltete Seitenprogrammierung oder auch der Befall der Webseite durch Schadcode.

Die Behebung der aufgezeigten Fehler ist in jedem Fall ein erster, wichtiger Schritt zur Verbesserung Ihres Google Rankings.

2.5.4 Die Google Webmaster-Tools

Sie können die Google Webmaster-Tools kostenlos nutzen. Dazu müssen Sie Ihre Domain einmal eingetragen und die Inhaberschaft bestätigt haben. Rufen Sie dazu die Google Webmaster-Tools unter der Internetadresse *www.google.com/webmasters/tools/?hl=de* auf. Auf der Startseite können Sie sich einfach mit Ihren Google Log-In-Daten einloggen.

Damit Google weiß, dass Sie auch der Besitzer der Domain sind, müssen Sie die Inhaberschaft der Domain bestätigen.

Zur Bestätigung der Inhaberschaft generiert das Google Webmaster-Tool bei der Anmeldung einer neuen Domain eine HTML-Datei, die z.B. *googlef1234567xy98745 61abc.html* heißt. Diese Datei müssen Sie in Ihr Root-Verzeichnis hochladen, also in das Startverzeichnis Ihrer jeweiligen Webseite auf den Server, auf dem Ihre Webseite gehostet ist. Nachdem Sie die Datei hochgeladen haben, erkennt das Google-System die Datei und weiß somit, dass Sie die Zugangsberechtigung zum Root-Verzeichnis besitzen und somit Besitzer der jeweiligen Domain sind. Alternativ können Sie auch einen HTML-Tag in den Header-Bereich jeder Unterseite einbauen. Dies ist jedoch nur sinnvoll, wenn Sie mit Template-Dateien arbeiten, sodass der Code nur einmal eingetragen werden muss.

Als zusätzliche Alternative kann man über den Google Analytics-Code oder einen Eintrag beim Provider die Inhaberschaft bestätigen, wobei der HTML-Upload nach unserer Ansicht der einfachste Weg ist.

Die Webmaster-Tools analysieren Ihre Domain und liefern Ihnen wichtige Informationen für Ihre SEO-Arbeit, u. a. zu den folgenden Punkten:

- Anzahl der indexierten Seiten: Wie viele Seiten der eigenen Domain kennt die Google-Datenbank? – Je mehr Ihrer Seiten Google kennt, desto besser ist dies für Ihr Google-Ranking.
- Crawling-Fehler: Welche Seiten konnte Google nicht erreichen? Wo sind sogenannte „Tote Links“ versteckt? – Alle Fehler, die Sie so entdecken, sollten behoben werden.
- Gibt es Seiten mit Schadcode/Malware? – Bösartiger Code sollte natürlich entfernt werden. Da er eine Gefahr für die Nutzer Ihrer Webseiten darstellt, wird Google sonst Ihre Seiten nicht mehr in den SERPs anzeigen.
- Anzahl der Suchanfragen zu Ihren Keywords: Zu welchen Suchbegriffen ordnet Google Ihre Seite ein? Wie oft werden diese Begriffe im Schnitt angefragt?
- Anzahl der Backlinks: Wie viele Seiten verlinken auf Ihre Webseite? Welche Unternehmen oder Institutionen haben Backlinks zu Ihrer Webseite gesetzt? – Viele unterschiedliche Links von themenrelevanten und vertrauenswürdigen Webseiten stärken Ihr Ansehen bei Google enorm.

- Hinweise zu internen Links: Wie sind Ihre einzelnen Webseiten untereinander verlinkt? – Eine gute interne Verlinkung ist ein positives Signal für das Google-Ranking.
- Hinweise zu +1-Bewertungen in Google+: Wie oft wurde Ihre Webseite schon mit Google+ bewertet? – Dies ist vor allem für die Zukunft ein sehr interessantes Signal aus dem sozialen Netzwerk von Google. Während Links meist als Bewertung von Unternehmen und Institutionen gewertet werden, sind Bewertungen in sozialen Netzwerken eher Empfehlungen von zufriedenen Kunden.

2.5.5 Domain-Check

Ein weiterer Punkt Ihrer Ist-Analyse betrifft die grundlegenden Fakten zu Ihrer Domain. Falls Sie es nicht wissen, sollten Sie in Erfahrung bringen, wie alt Ihre Domain ist und wo sie gehostet wird. Dabei können Sie auch direkt überprüfen, ob Sie als Besitzer eingetragen sind.

Pluspunkte bei Google gibt es für „alte" und somit meist vertrauenswürdige Domains sowie für Serverstandorte, die sich in dem Land befinden, das Sie als Zielregion für Ihr Suchmaschinenmarketing ausgewählt haben. Möchten Sie z.B. Ihre SEO-Optimierung auf Österreich ausrichten, ist ein Serverstandort in Österreich wieder ein kleiner Vorteil für Sie. Wenn Sie Ihre Kunden weltweit erreichen wollen, ist der Standort natürlich nicht so bedeutend, da Sie sich (genau wie Ihre Konkurrenz) für ein Land entscheiden müssen.

Wie alt ist Ihre Domain?

Hier lohnt es sich, einen Blick in die DENIC-Datenbank (*www.denic.de*) zu werfen, falls Sie eine *.de*-Adresse als Top-Level-Domain (TLD) besitzen. Andere TLDs (wie z.B. *.com*, *.org*, *.biz*) recherchieren Sie über internationale WHOIS-Einträge. Dazu können Sie beispielswiese die Tools unter *http://whois.domaintools.com/* nutzen.

Neben dem Alter der Registrierung können Sie gleichzeitig prüfen, wer als Besitzer der Domain eingetragen ist und bei welchem Provider die Domain gehostet wird.

Wenn Sie die Wahl haben, eine neue Domain mit Ihrem Wunschnamen zu registrieren oder eine bestehende Domain zu übernehmen (zu kaufen), so sollten Sie sich ernsthaft überlegen, ob Sie nicht auf die ältere und daher bei Google angesehenere Domain setzen sollten. Voraussetzung ist jedoch, dass die Domain vorher bereits zu Ihrem Themengebiet bei Google gerankt wurde. Gab es vorher noch keine Inhalte zu der Domain, dann ist diese nur interessant, falls sie einen wichtigen Begriff im Domainnamen enthält.

Problematisch ist eine Übernahme jedoch, wenn sich der Vorbesitzer nicht Google-konform verhalten hat. Haben Sie eine Domain gekauft und möchten Sie wissen, was sich früher auf der Webseite befunden hat, dann sollten Sie einen Blick in sogenannte Webseiten-Archive werfen. Dort werden regelmäßig Schnappschüsse von Webseiten gemacht, falls der Webmaster dies nicht durch einen Eintrag in der Programmierung unterbunden hat. So finden sich Inhalte und teilweise das Aussehen der Seite aus alten Zeiten wieder.

Nutzen Sie dazu beispielsweise die Webseite *http://wayback.archive.org/*.

Haben Sie sich für eine Domain entschieden, so sollten Sie die Domain nicht ohne Grund wieder wechseln. Google misstraut Webmastern, die ständig Ihre Domains wechseln. Ihre Domain gehört zu Ihrem Unternehmen wie Ihre Marke und sollte eigentlich nicht mehr verändert werden.

2.5.6 Exkurs: Duplicate Content

Achten Sie bitte darauf, dass es sich z.B. bei *„www.meine-domain.de“* und „meine-domain.de“ ohne vorangestelltes „www“ letztlich um zwei unterschiedliche Websites handelt. Die Google Webmaster-Tools erkennen beide Versionen und möchten eine einzelne Bestätigung für jede der beiden Domains haben. Meistens handelt es sich inhaltlich jedoch um ein und dieselbe Website.

Aus SEO-Sicht sollten Sie sich jedoch auf eine Domain festlegen und die andere Variante serverseitig auf die festgelegte Variante weiterleiten. Das heißt, „meine-domain.de“ wird z.B. auf *„www.meine-domain.de“* weitergeleitet, sodass beim Aufruf von „meine-domain.de“ direkt *„www.meine-domain.de“* in der Adresszeile des Browsers erscheint.

Standardmäßig sollten Sie die Version bevorzugen, die mit „www“ beginnt. Für die meisten Nutzer des Internets ist dies die bekanntere Variante.

Wenn es keine Weiterleitung auf eine Variante gibt und beide Webseiten den gleichen Inhalt besitzen, so machen Sie sich vereinfacht gesagt selbst Konkurrenz und spalten Ihre Website auf zwei Domains auf. In der SEO-Fachsprache bezeichnet man diese Situation als *DC* (Duplicate Content).

Google mag DC (Duplicate Content) gar nicht! Da Google jeweils nur die relevanteste Seite in den SERPs ausliefern möchte, bedeutet der Umstand, dass eine oder sogar mehrere Seiten den gleichen Inhalt besitzen, eine Verschwendung von Ressourcen in Form von Crawler-Zeit. Diese Zeit muss der Crawler (der Google-Robot) investieren, um den Inhalt einer Webseite zu erfassen.

Wenn Google zu viel DC auf einer Domain findet, dann gibt es Minuspunkte für die Webseite und eine Zurückstufung im Google Ranking – dies ist eine Art Erziehungsstrafe für Webmaster. Da die Webmaster, die sich mit SEO beschäftigen, dies wissen und den DC entsprechend entfernen, wird auf Dauer die Ressource Zeit und damit aus Google-Sicht enorm viel Geld gespart.

Neben dem Fehler, dass eine Domain sowohl mit als auch ohne „www" aufrufbar ist, gibt es noch weitere Ursachen für Duplicate Content:

- Es sind mehre Top-Level-Domain-(TLD-)Endungen vorhanden, sodass sich der gleiche Inhalt z.B. auf „*www.meine-seite.de*" und auf „*www.meine-seite.com*" befindet.
- Eine Seite ist unter verschiedenen URLs erreichbar, z.B. sind in diesem Falle „*www.meine-seite.de*" und „*www.meine-seite.de/index.html*" ein und dieselbe Unterseite.
- Eine Webseite besitzt zusätzliche Parameter, wodurch mehrere Adressen – z.B. „*./herrenschuhe.html*" und „*./herrenschuhe.html?src=12345*" – auf den gleichen Inhalt verweisen.

Tipp

Mit dem kostenlosen Online-Tool *Copyscape* (*http://www.copyscape.com*) können Sie schnell erkennen, ob jemand die Inhalte Ihrer Webseiten noch anderswo im Netz nutzt und somit Duplicate Content erzeugt hat.

So vermeiden Sie doppelten Content:

- Erzeugen Sie keine Seiten mit gleichem Inhalt.
- Kopieren Sie keine Inhalte 1:1 aus dem Netz. Neben rechtlichen Problemen gibt es auch Ärger mit Google.
- Als technische Lösung führen Sie Ihre unterschiedlichen URL-Adressen mit gleichem Inhalt auf eine Seite zusammen.

Sagen Sie Ihrem Webmaster, dass er verschiedene URL-Variationen mit einer serverseitigen 301-Anweisung auf eine Variante weiterleiten soll.

Dies sollte als Anweisung ausreichen, ohne dass Sie sich technisch damit beschäftigen müssen.

301 ist ein Code, der den Suchmaschinen sagt, dass der Inhalt der jeweiligen Webseite oder auch Domain jetzt unter einer anderen Adresse zu finden ist, und zwar dauerhaft. Sie können die Anweisung mit einem Nachsendeauftrag bei der Post vergleichen. (Wobei die digitale Variante ohne Fehler funktioniert! ☺)

Diese 301-Weiterleitung können Sie auch für andere Probleme nutzen. Wenn Sie z.B. in der Vergangenheit einen Link zu einer Unterseite gesetzt haben, die nun nicht mehr existiert, so können Sie diese alte Adresse per 301 auf die aktuelle Webseite weiterleiten. Diese neue Seite sollte jedoch aus SEO-Sicht zum alten Inhalt passen, ansonsten gehen die Rankings für die Seite verloren.

2.5.7 Der Canonical-Tag

Alternativ zur Weiterleitung hat Google noch eine spezielle Möglichkeit entwickelt – den Canonical-Tag. Diese Anweisung muss ebenfalls von Webprogrammierer in den Header-Bereich einer Webseite eingebaut werden. Auch dieser Tag enthält quasi eine Anweisung an die Robots/Crawler, sodass die Google-Programme wissen, auf welcher Unterseite sich der relevante Text befindet und was eine für die Crawler unbedeutende Kopie darstellt.

Der Tag wird in die Programmierung eingebaut, und zwar im sogenannten Header-Bereich einer Webseite. Auch dies ist wahrscheinlich eine Aufgabe für Ihren Webprogrammierer. Deshalb wird der Canonical-Tag hier nur kurz vorgestellt und erklärt.

Der Canonical-Tag gibt den Google-Robots auf jeder Seitenkopie den Hinweis, unter welcher Adresse die eigentlichen Inhalte zu finden sind. Diese Originalseite bezeichnet man als *kanonische Version*.

Fügen Sie in den Header-Bereich jeder HTML-Seite der nicht kanonischen Versionen einen Link-Tag <link> mit dem Attribut rel="canonical" hinzu (oder überlassen Sie diese Aufgabe Ihrem Webadministrator).

Ein kanonischer Link <link>, der auf die Webseite „*http://www.meine-webseite.de/turnschuhe.php?id=nr12345*" verweisen soll, würde somit folgendermaßen aussehen:

```
<link rel="canonical" href="Webseite http://www.meine-webseite.de/
turnschuhe.php?id=nr12345"/>
```

Dieser Link-Tag wird dann in die Header aller Kopien eingebaut, sodass für die Suchmaschine nur eine bevorzugte Version der Webseitenvariante existiert, die dann analysiert und in den Google-Index aufgenommen werden kann.

2.6 Konkurrenz

Zur Vorbereitung der passenden Strategie gehört es auch, dass man sich über die Konkurrenz im Klaren ist. Da es bei Kundenberatungen immer wieder zu Missverständnissen kommt, sollten Sie sich genau bewusst sein, was unter „Konkurrenz" zu verstehen ist. Es gibt Unternehmen, die Sie in Ihrem Unternehmensalltag als Konkurrenten wahrnehmen, die jedoch online nicht von Belang sind, weil sie zum Beispiel noch gar nicht Internet vertreten sind oder sich noch nicht um das Thema Suchmaschinenmarketing gekümmert haben. Andere Unternehmen, die Sie selbst bis jetzt noch nicht wahrgenommen haben, könnten sehr wohl Ihre Online-Konkurrenten sein, weil diese Unternehmen Ihre Keyword-Positionen bei Google besetzen. Dies können auch Unternehmen sein, die zwar andere Produkte bzw. Dienstleistungen anbieten, aber gleiche Begriffe auf Ihren Webseiten nutzen. Die Konkurrenz im Suchmaschinenmarketing wird also über die Keywords (Suchbegriffe) definiert. Später werden wir uns genauer anschauen, wie wir die Online-Konkurrenz näher in Bezug auf Webseitenstruktur und Inhalt sowie die Verlinkung im Internet näher analysieren können und welche Tools man dazu benötigt.

2.6.1 Online-Konkurrenz-Recherche

Ihre Online-Konkurrenz bei Google können Sie natürlich auch direkt via Internet recherchieren. Am einfachsten ist es, direkt über Google Suchbegriffe einzugeben und die einzelnen Webseiten zu notieren. Achten Sie bei der Recherche mithilfe von Google darauf, welche Domainnamen öfter auftauchen und welche Themen die einzelnen Ergebnisse behandeln. So können Sie bereits in einer frühen Phase Ihrer Recherche die Chancen für Ihre Produkte oder Dienstleistungen abschätzen. Was finden Sie z.B., wenn Sie den Suchbegriff „Laufschuhe" eingeben?

- Webshops?
- Hersteller?
- Testberichte?
- Portale?

Wie passt Ihr Angebot da hinein?

Tipp

Die ungefähre Anzahl der Suchergebnisse, die Google unterhalb des Suchfeldes anzeigt, ist ein erster Hinweis auf die Konkurrenz und damit auf die Anstrengungen, die Sie unternehmen müssen, um Ihr Produkt bzw. ihre Dienstleistung unter den vorderen Suchergebnissen zu platzieren.

Daneben sollten Sie aber auch immer auf die Anzahl der geschalteten AdWords-Anzeigen achten. Sind alle Werbepositionen belegt und stehen drei Anzeigen oberhalb der organischen Ergebnisse im Top-Bereich, so haben Sie mit einer hohen Konkurrenzdichte zu rechnen!

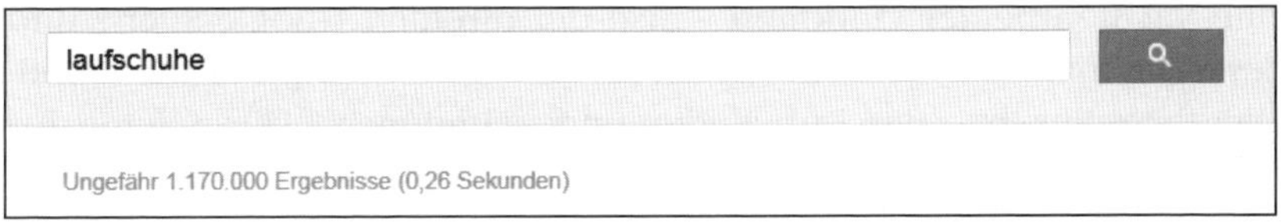

Abbildung 2.14: *Google-Suchfeld mit Angabe zur ungefähren Anzahl der Ergebnisse*

Folgen Sie den ersten organischen Treffern in Google, und schauen Sie sich auch die Landing-Page der Keywords-Konkurrenz an. So erhalten Sie Inspiration und Hinweise, worauf Sie bei den eigenen Webseiten achten sollten. Versuchen Sie durch die Recherche ein gewisses Gefühl für Ihre Begriffe zu erhalten.

Falls Sie bereits ein AdWords-Konto besitzen, so können Sie als zweite Methode zur Konkurrenzrecherche via Google das sogenannte Anzeigevorschau-Tool nutzen. Sie finden es in Ihrem AdWords-Konto als ANZEIGENVORSCHAU UND -DIAGNOSE unter TOOLS UND ANALYSEN.

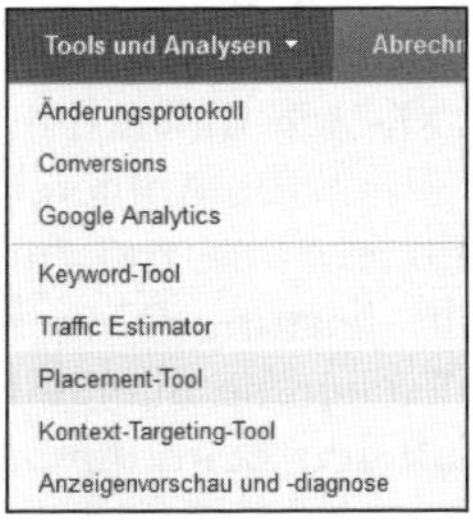

Abbildung 2.15: *Das Tool „Anzeigevorschau und -diagnose" im AdWords-Konto*

Im Vergleich zu der normalen Google-Suche besitzt das Anzeigenvorschau-Tool zwei Vorteile:

- Die Darstellung der Ergebnisse ist nur eine Abbildung der echten Suchergebnisse. Es werden also keine Impressionen der Anzeigen gezählt. Dies ist wichtig, falls Sie viel mit Ihren eigenen Keywords recherchieren und bereits AdWords-Anzeigen zum Keyword eingestellt haben. Durch regelmäßige und intensive Recherche verändern Sie Ihre AdWords-Statistik und verschlechtern letztlich Ihre Performance.
- Ein weiterer wichtiger Punkt besteht darin, dass Sie auch Situationen in anderen Regionen oder Ländern simulieren können, da Sie die Länder/Regionen einstellen und so die Ergebnisse aus diesen Regionen abbilden können.

Der Nachteil beider Optionen – also der direkten Google-Suche und der Recherche mit dem Anzeigenvorschau-Tool – liegt auf der Hand. Die Prozedur ist sehr aufwendig und zeitintensiv. Diese intensive Recherche ist für Ihre fünf bis zehn wichtigsten Keywords noch zu leisten, aber bei größeren Keyword-Listen funktioniert dies nicht.

Diese Methode eignet sich auch nur, wenn Sie ein eingeschränktes Umfeld weniger Keywords recherchieren möchten. Außerdem können Sie mit dieser Methode noch nicht erkennen, warum die Konkurrenz so gut bei Google gelistet ist. Sie wissen z.B. noch nichts über die Sichtbarkeit der Konkurrenz und mit welchen Keywords diese sonst noch bei Google auftaucht. Der wichtigste Punkt für gute Google-Rankings sind z.B. die Backlinks. Zur näheren Analyse und zum Sammeln der kompletten SEO-Fakten benötigen Sie auf jeden Fall professionelle SEO-Tools.

2.6.2 Professionelle SEO-Tools

Für eine tiefergehende Konkurrenzanalyse sind professionelle SEO-Tools erforderlich. Diese gibt es in verschiedenen Preisklassen und mit unterschiedlichem Leistungsumfang. Als Beispiel stelle ich Ihnen drei der bekanntesten und in Deutschland am meisten genutzten Anbieter vor. Diese „Spionage-Tools" nutzen die Informationen, die frei im Internet verfügbar sind, und sammeln diese mithilfe leistungsfähiger Server in großen Datenbanken. Müssten Sie diese Recherche manuell per Hand ausführen, so wäre dies in einem vernünftigen Zeitrahmen nicht möglich und mit unverhältnismäßig hohen Kosten verbunden. Für diese Konkurrenzanalyse greifen Sie daher am besten auf die Möglichkeiten bestehender Tools zurück.

Natürlich analysieren diese Tools auch die eigene Webseite und zeigen Stärken und Schwächen bei SEO und SEA auf. Diese Online-Tools bieten also Unterstützung für eine Ist-Analyse, eine Konkurrenzanalyse und später auch beim laufenden Controlling der SEO- und SEA-Projekte.

Wir stellen Ihnen neben einem Link zur jeweiligen Webseite die drei Unternehmen kurz vor, die diese Tools anbieten. Zusätzlich erhalten Sie einen Überblick über jeweils drei interessante Features aus einer Vielfalt an Möglichkeiten.

Mithilfe des Links zur Anbieterwebseite können Sie sich über weitere Möglichkeiten für Ihre Suchmaschinenstrategie informieren. Da die drei Unternehmen auch Testversionen anbieten, können Sie das für Ihre Bedürfnisse passende Tool vorher ausgiebig testen. Da unterschiedliche Anbieter auch unterschiedliche Schwerpunkte setzen und auf unterschiedliche Datenquellen zurückgreifen, besitzen viele Unternehmen auch mehr als ein Tool.

XOVI

www.xovi.de

Die XOVI GmbH aus Köln bietet seit 2009 SaaS-Lösungen (Software as a Service) für die Online-Marketing-Branche an. Mit dem gleichnamigen Online-Marketing-Tool XOVI können Wettbewerbsanalysen aus den Bereichen SEO und SEA durchgeführt werden. Hier sind drei interessante Möglichkeiten, die das XOVI-Tool bietet:

1. XOVI analysiert Ihre AdWords-Konkurrenten anhand einer eingegebenen Domain und listet dann die am häufigsten gebuchten Keywords auf. Dazu erhalten Sie auch Schätzungen zu Keyword-Positionen, zum durchschnittlichen CPC und dem jeweiligen Suchvolumen einzelner Keywords.

   Als zusätzliche Informationen erhalten Sie auch Hinweise zu den häufig genutzten AdWords Anzeigentexten, unterteilt in die Titel-Zeilen und in die jeweiligen Textzeilen.

Top 25 gebuchte Keyword

Keyword	Pos.		Dichte	Suchvol.	Ø CPC
handwerker	3	⇨	40,0 %	12.100	€ 0,66
quotatis	1	⇨	5,0 %	4.400	€ 0,08
kunsthandwerkermarkt	3	Neu	11,0 %	4.400	€ 0,35
heimwerker.de	2	⇨	29,0 %	2.400	€ 0,76
handwerkerleistungen	2	⇨	14,0 %	1.900	€ 0,36
handwerker.de	3	⇨	91,0 %	1.600	€ 0,61
aufträge	7	⬇ -1	96,0 %	1.600	€ 1,57
handwerker gesucht	2	⬆ + 1	98,0 %	1.300	€ 0,66
handwerker finden	3	⇨	83,0 %	1.300	€ 1,10
handwerker auktion	2	⬆ + 1	87,0 %	1.000	€ 0,67
handwerker suchen	3	⬇ -1	92,0 %	880	€ 0,81
handwerker forum	2	⇨	46,0 %	720	€ 0,54
handwerkerportal	3	⬇ -2	83,0 %	590	€ 0,86
handwerkersuche	3	⇨	93,0 %	590	€ 0,89
auftragsbörse	4	⬇ -1	89,0 %	480	€ 1,50

Abbildung 2.16: *AdWords-Keywords der Konkurrenz im XOVI-Tool*

Häufig verwendete Titel

Titel	Anzahl
Regionale Handwerker - Profi-Handwerker aus Ihrer Nähe.	176
Regionale Handwerker	164
Günstige Renovierung	7
Handwerker Börse	2
Quotatis - Europas große Auftragsbörse | Quotatis.de	2

Abbildung 2.17: *Häufig genutzte Titel der Konkurrenz in AdWords-Anzeigen*

2. XOVI findet die Backlinks, die auf die jeweilige Konkurrenz verweisen. Diese Analyse hilft beim Aufbau der eigenen Backlinks. Zudem kann man besser einschätzen, welche Anzahl an Backlinks es zu schlagen gilt.
3. Der XOVI-Linkmanager überwacht Ihre eigenen Backlinks. So erkennen Sie z.B. Veränderungen bei der Qualität der Backlinks. Durch unterschiedliche Ursachen (z.B. Abstrafungen, Filter, NoFollow-Verlinkung oder sogar Löschung der Backlinks) kann sich im Laufe der Zeit die Qualität und Anzahl der von Google bewerteten Links zu Ihrer Webseite verändern. Dies sollte aufmerksam beobachtet werden.

SISTRIX

www.sistrix.de

Die 2004 gegründete SISTRIX GmbH aus Bonn ist ein führender Anbieter browserbasierter Online-Marketing-Software in Deutschland. Mit der *SISTRIX Toolbox* unterstützt das Unternehmen Webseitenbesitzer bei der Optimierung ihrer Online-Marketing-Strategien. Die über die Jahre aufgebaute Datenbasis ist ein großer Vorteil der SISTRIX-Toolbox. Seit 2011 crawlt SISTRIX das gesamte Web, um monatlich über 100 Mrd. Links zu analysieren. Hier sind drei interessante Möglichkeiten der SISTRIX-Toolbox:

1. SISTRIX bietet eine SEO-Wettbewerbsanalyse im Überblick. Mit einem Klick lassen sich die stärksten SEO-Wettbewerber für jede Website identifizieren. Ein Vergleich der SEO-Kennzahlen deckt schnell die Stärken und Schwächen der Wettbewerber auf. Der SISTRIX-Sichtbarkeitsindex zeigt, wie sich die SEO-Maßnahmen entwickelt haben.

Abbildung 2.18: *SEO-Kennzahlen der Konkurrenz im SISTRIX-Tool*

2. SISTRIX überwacht das Ranking der eigenen Keywords. Neben vielen Millionen Keywords, die die Toolbox automatisch überwacht, können im Monitoring-Modul zusätzlich beliebige eigene Keywords

angelegt werden, um die Rankings auch in kleinen Nischen zu verfolgen.

3. Der *SISTRIX Optimizer* analysiert die eigene Webseite und erkennt SEO-Fehler. Zu den entdeckten Fehlern gibt es entsprechende Verbesserungsvorschläge.

Searchmetrics

www.searchmetrics.com

Die Searchmetrics GmbH aus Berlin ist einer der Pioniere in Bezug auf Search- und Social-Analyse Software. Die *Searchmetrics Suite*™ wertet sehr große Datenmengen über das Ranking von Websites, Suchstichworten und die jeweils relevanten Wettbewerbergruppen aus. Folgende drei Möglichkeiten bietet die Software unter anderem:

1. Mit der *Searchmetrics Suite*™ können Sie nicht nur die eigene Webseite und die Konkurrenz in Deutschland analysieren, sondern insgesamt werden bis zu 176 Suchmaschinen in insgesamt 76 Ländern mit jeweils verschiedenen Keywords pro Land oder Suchmaschine ausgewertet. So zeigt die *Searchmetrics Suite*™ bis zu fünfmal pro Woche die Position der eingegebenen Keywords an.
2. Auch mit *Searchmetrics Suite*™ können Sie Ihre eigene Webseite auf Fehler untersuchen. Hierbei werden bis zu 100.000 Seiten einer Domain, einer Subdomain oder eines Verzeichnisses gecrawlt und nach Fehlern und Ranking-Faktoren untersucht. Diese Fehler, Warnungen und Hinweise werden mit konkreten Empfehlungen versehen und in einer Liste ausgewiesen.
3. *Searchmetrics Suite*™ zeigt die Benchmarks (Konkurrenzseite oder eine andere Seite) und präsentiert damit einen Überblick über alle wichtigen KPIs (Key Performance Indicators). So können Sie einfach Stärken und Schwächen der eigenen Domain im Vergleich zu den direkten Wettbewerbern analysieren.

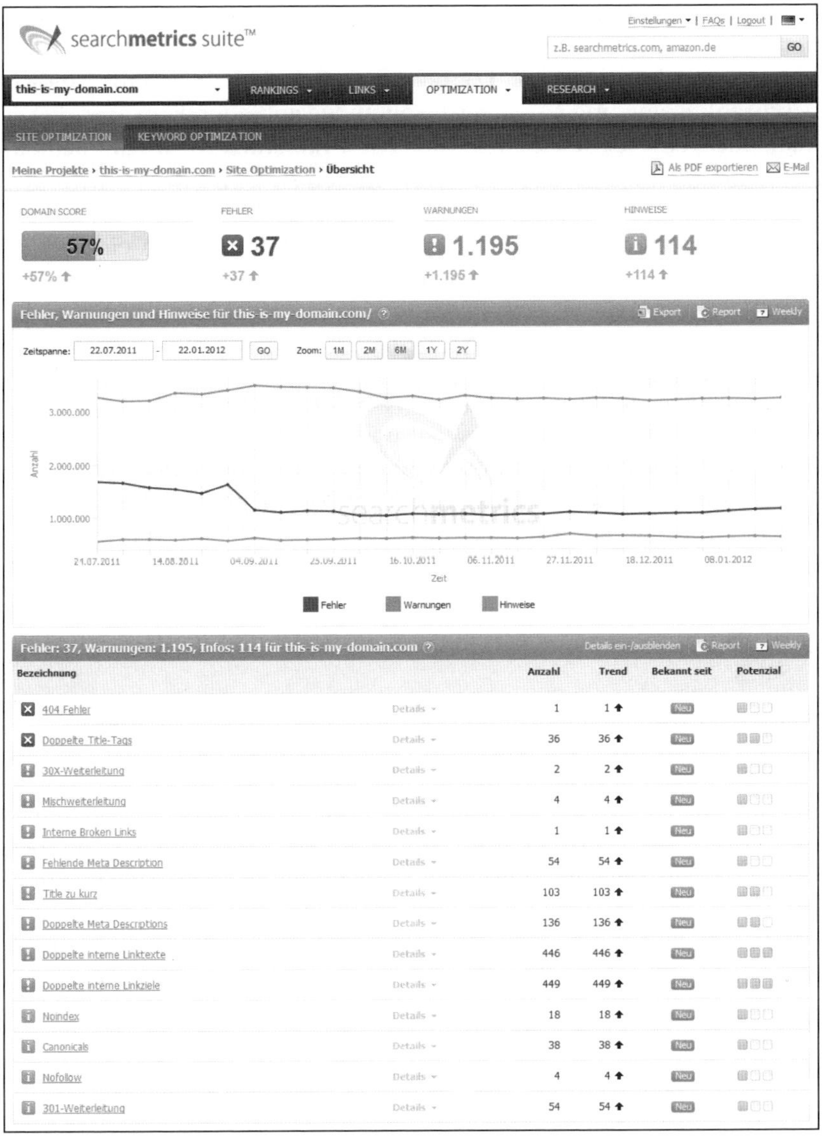

Abbildung 2.19: *Fehleranalyse der eigenen Webseite in der Searchmetrics Suite™*

Diese Auswahl an Möglichkeiten der drei Tools zeigt, welche Informationen Sie zu Ihrem eigenen Projekt und vor allem zur direkten Konkurrenz erhalten können. Da neben einem Test auch eine zeitlich beschränkte Nutzung möglich ist, sollten Sie auf jeden Fall eines dieser oder auch ein vergleichbares Tool zur Unterstützung Ihres Suchmaschinenmarketings nutzen. Teilweise finden sich im Internet natürlich auch kostenlose Tools. Dabei sollten Sie jedoch bedenken, dass bei einer kostenlosen Version die Qualität der Daten nicht mit einem kostenpflichtigen Profi-Tool vergleichbar ist.

2.7 Online-Marketingziele

Das Ziel des Online-Marketings ist es immer, die eigene Webseite bekannt zu machen. Das allererste und wichtigste Ziel besteht daher darin, Aufmerksamkeit im Internet zu erzeugen und Besucher auf die eigene Webseite zu schicken. Den Kontakt mit potenziellen Kunden auf der Webseite kann man in folgende drei Ziele von unterschiedlicher Qualität unterteilen:

- Visits
- Leads
- Sales

2.7.1 Visits

Visits sind reine Webseitenbesucher. Dieses Ziel ist also schon erreicht, wenn Besucher auf der Webseite waren. Dabei sollten Sie jedoch immer bedenken, dass Besucher keine Kunden sind. Daran sollten Sie auch denken, wenn Sie Marketingziele mit Agenturen besprechen. Der einfache Grundsatz „Besucher sind keine Kunden“ wird in diesem Zusammenhang jedoch häufig nicht beachtet! Anders sind die vielen Controllingberichte, die Visits als Erfolgsfaktor nennen, nicht zu erklären.

2.7.2 Leads

Leads sind Kundenkontakte mit personalisierten Daten, wie z.B. E-Mail-Adressen, Namen, Postanschriften oder Telefonnummern. Mithilfe von Leads können Kaufabschlüsse oder Aufträge zumindest vorbereitet werden, weil man entsprechend nachfassen kann.

Zudem sind Besucher, die Namen und Kontaktdaten hinterlassen haben, grundsätzlich an der angebotenen Dienstleistung oder dem Produkt interessiert. Leads haben also eine höhere Qualität als die Visits.

2.7.3 Sales

Sales kann man mit „Verkäufe“, „Aufträge“ oder „Bestellungen“ übersetzen. Dies sind die optimalen Internetkontakte, die man online erreichen kann. Kann man Sales online messen, so können diese Abschlüsse auch bestimmten Werbeformen, Keywords oder Werbetexten zugeordnet werden. Dies bildet wiederrum eine Grundlage zur weiteren Optimierung der Online-Angebote.

2.7.4 Setting Goals: Setzen Sie sich Ziele

Zum Start Ihrer Suchmaschinenmarketing-Projekte sollten Sie Ihre Ziele festlegen, die Sie später überprüfen und natürlich auch wieder anpassen können. Ein Sprichwort sagt, dass ohne ein Ziel jeder Wind für ein Segelschiff der richtige ist. Erst die Ziele geben dem Werbenden die Möglichkeit, seine Aktivitäten in eine Richtung zu lenken und zu optimieren.

Nutzen Sie die folgende Checkliste, und notieren Sie Ihre Ziele. Anhand der Vorgaben können Sie Ihre Suchmaschinenprojekte steuern. Bitte beachten Sie, dass Ihre Ziele nicht in Stein gemeißelt sind. Sie können Ihre Vorgaben immer wieder anpassen und verfeinern, nachdem Sie Zwischenergebnisse kontrolliert haben.

- Welche Zielgruppe(n) möchte ich erreichen?
- Welche Zielregion(en) möchte ich bewerben?
- Habe ich einen Web-Shop? Sollen Artikel/Produkte bestellt werden?
  - Wenn ja, wie viele Produkte pro Monat möchte ich verkaufen?
- Verkaufe ich Beratungsdienstleistungen? Sollen Anfragen per Webformular gestellt werden?
  - Wenn ja, wieviele Anfragen pro Monat erwarte ich?
- Sollen bestimmte Info-Seiten oder Online-Artikel auf meiner Seite gelesen werden?
- Sollen PDF-Dokumente gelesen oder heruntergeladen werden?
- Möchte ich Kundenreaktionen in Form von Telefonanrufen oder Fax-Nachrichten erhalten? – Achtung: Durch den Medienbruch (vom Online-Medium zu Telefon oder Fax) sind diese Ziele schwerer zu messen. Planen Sie eine entsprechende Kontrollmöglichkeit ein, damit Sie wissen, welcher Anrufer vorher Ihre Webseite besucht hat.
- Welche Steigerung der Webseitenbesucher erwarte ich durch das Suchmaschinenmarketing?

- Welche Steigerung der Webseitensichtbarkeit erwarte ich? (Die Sichtbarkeit im Internet ist eine Kombination aus der Anzahl meiner Keywords, die auf den ersten Google-Seiten gelistet sind, kombiniert mit der Nachfrage nach diesen Keywords.)
- Welchen ROI (Return on Investment) erwarte ich? Was ist ein guter ROI für mich?

2.8 Was ist zu tun?

- Recherchieren Sie Ihre Keywords mithilfe unterschiedlicher Tools und Techniken.
- Analysieren Sie die aktuellen Rankings und Backlinks zu Ihrer Domain.
- Überprüfen Sie Ihre Ressourcen.
- Analysieren Sie Rankings und Backlinks zu Ihrer Online-Konkurrenz mithilfe professioneller Tools.
- Legen Sie Ihre konkreten Ziele fest.

Kapitel 3

SEO

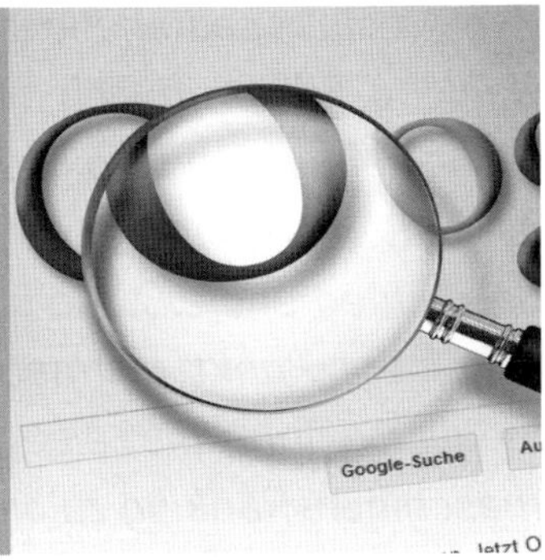

Nach der Analyse und Zielsetzung geht es nun ans Werk. In diesem Kapitel lernen Sie die wichtigsten Punkte kennen, auf die Sie bei der Optimierung Ihrer Webseite mit Blick auf die Suchmaschine Google achten sollten. Google nennt selbst über 200 verschiedene Faktoren, die Einfluss auf das Ranking nehmen. Es existiert jedoch kein Dokument, das alle Faktoren auflistet. Dies würde auch nicht viel nützen, da die Ranking-Faktoren laufend angepasst oder etwas verändert werden (laut Aussage eines Google-Mitarbeiters nimmt Google pro Jahr ca. 500 Änderungen an seinem Suchalgorithmus vor). Zusätzlich gibt es bestimmte Filter für unterschiedliche Bedingungen, sodass eine bestimmte Auswahl an Faktoren je nach Suchanfrage eine stärkere Bedeutung erhält.

Dies müssen Sie sich so vorstellen: Google erkennt die Suchabsicht. Bei einer Informationssuche sind andere Faktoren, z.B. Aktualität, wichtiger als bei einer Produktrecherche. Da die Suchergebnisse momentan aus Google-Sicht (und auch aus Sicht mancher Nutzer) noch nicht perfekt sind, werden ständig weitere Optimierungen vorgenommen.

Zum Schluss sollten Sie immer bedenken, dass die 200 Google-Ranking-Faktoren sich summieren und nur ein gutes Zusammenspiel für den Erfolg, also ein gutes Ranking, verantwortlich ist. Hüten Sie sich davor, dass Sie einzelne Elemente isoliert betrachten und z.B. die bessere Platzierung des Konkurrenten an einem Punkt festmachen. Trotz all dieser Punkte gibt es Möglichkeiten, die eigene Webseite für das Google-Suchmaschinen-Ranking zu optimieren.

Sie sollten zunächst die wichtigen Grundlagen der Suchmaschinenoptimierung beachten und auf Ihrer Webseite umsetzen. Diese Optimierungsgrundlagen werden von SEOs getestet und im Internet besprochen. Außerdem bieten (vor allem internationale) SEO-Konferenzen gute Möglichkeiten, sich auf dem Laufenden zu halten und neuen Idee zur Optimierung kennenzulernen, die meistens zuerst auf dem US-Markt in Erscheinung treten.

3.1 Umsetzung der SEO

Nachdem feststeht, welche Keywords für Ihr Online-Angebot besonders interessant sind, geht es an die Umsetzung der Strategie für Ihr Suchmaschinenmarketing. Das Ziel der Suchmaschinenoptimierung besteht, wie wir bereits gesehen haben, darin, die eigene Webseite zu den gewünschten Suchbegriffen auf die erste Google-Seite zu bringen.

3.1.1 1. Schritt: Keywords zuordnen

Zuerst müssen Sie die recherchierten Keywords den einzelnen Webseiten Ihres Internetauftritts zuordnen, wobei Sie auf jeden Fall Ihre Startseite auf den wichtigsten (d. h. kommerziell interessantesten) Begriff hin optimieren sollten. Auf der Startseite laufen nämlich die meisten internen und externen Links zusammen. Außerdem wird diese Webseite am stärksten nach außen hin kommuniziert. Sie nennen selber bestimmt auch immer nur Ihre Domain und damit automatisch die Startseite, wenn Sie sich verlinken oder Kontaktdaten angeben wollen. Sehr selten werden Sie untergeordnete Webseiten, wie z.B. „*www.meine-domain.de/interessante-Produkte.html*" als Linkziel oder

Homepage kommunizieren wollen. Ihre Startseite vereinigt also die ganze Link-Power. Somit hat diese Seite auch aus Google-Sicht die größte Aufmerksamkeit verdient. Wenn Google Ihre Unternehmenspräsenz zu einem Keyword anzeigen will und keine optimale Unterseite findet, wird im Zweifelsfall die Startseite in den Google-Ergebnissen gelistet. Und genau auf dieser Startseite sollte Ihr wichtigstes Keyword stehen. Dies bringt Ihnen auch aus Marketingsicht wieder Vorteile. Ein potenzieller Kunde und Webseitenbesucher weiß direkt, was er von Ihrer Webseite erwarten kann.

Anmerkung

Der Begriff *Webseite* wird nicht immer eindeutig genutzt. Die deutsche Bezeichnung Webseite ist vom englischen Begriff *Website* abgeleitet. Während Website jedoch die gesamte Präsenz bezeichnet, ist die deutsche Webseite eigentlich nur eine einzelne Seite, also meist eine HTML-Datei Ihres kompletten Internetauftritts.

Im ersten Schritt erfolgt also eine Zuordnung der Suchbegriffe zu jeweils einer einzelnen HTML-Seite.

Wenn Sie beispielsweise einen Online-Blumenhandel besitzen, so könnte Ihr Keyword für die übergeordnete Seite „blumen online" bzw. „blumen online bestellen" lauten, während die Angebotsseite mit den roten Rosen auf das Keyword „rote rosen" und die Spezialseite mit Hochzeitsarrangements auf „blumenschmuck hochzeit" abgestimmt wird. So werden den einzelnen Seiten die jeweils vorher analysierten Suchbegriffe zugeordnet.

Natürlich werden Sie zu Beginn nicht alle Keywords optimieren können. Sie können auch nicht erwarten, dass jede Unterseite eine „Seite-1-Platzierung" bei Google erhält! Beginnen Sie trotzdem mit einer konsequenten thematischen Zuordnung der Seiten zu einem Thema bzw. Suchbegriff. Sie erhalten so auch eine klarere Struktur Ihrer Webpräsenz und somit eine Optimierung Ihrer Online-Marketing-Aktivitäten – unabhängig vom Google-Ranking.

3.1.2 2. Schritt: Aufteilung in On-Page und Off-Page

Die Optimierung einer Webseite unterteilt sich grundsätzlich in zwei Bereiche:

- in die On-Page-Optimierung
- in die Off-Page-Optimierung

Bedenken Sie, dass beide Bereiche wichtig sind und der eine nicht ohne den anderen funktioniert. Bildlich können Sie sich die On-Page-Optimierung als das Fundament Ihres SEO-Hauses vorstellen. Mithilfe der Off-Page-Optimierung erstellen Sie dann noch die Wände und das Dach. Dabei ist die On-Page-Optimierung mit ca. 30 % bis 35 % am SEO-Erfolg beteiligt, während der Off-Page-Anteil entsprechend 65 % bis 70 % ausmacht.

Anmerkung

Neben den Begriffen *On-Page* und *Off-Page* hört man auch oft die Begriffe *On-Site* und *Off-Site*. Auch hier müssen Sie wieder genau die Begrifflichkeiten unterscheiden. Eine *Page* steht für eine einzelne HTML-Seite einer Webpräsenz, während die *Site* für den gesamten Internetauftritt steht. On-Page-Optimierung ist also etwas genauer, weil sich die meisten Optimierungsmaßnahmen auf die einzelne Seite beziehen.

Es gibt vor allem für die externen Optimierungsmaßnahmen aber auch viele Punkte, bei denen die ganze Site betroffen ist. So wird z.B. das Vertrauen bei Google für die ganze Site aufgebaut, und der Serverstandort wirkt sich natürlich auch auf die ganze Webpräsenz aus und ist nicht auf die einzelne Page bezogen. Zur Vereinfachung bleiben wir jedoch bei der Formulierung *On-Page* und *Off-Page*.

3.2 On-Page-Optimierung

Unter On-Page-Optimierung wird all das zusammengefasst, was der Webseiteninhaber bzw. sein Webprogrammierer selber an der Webseite verändern kann. Auf der anderen Seite steht dann die Off-Page-Optimierung für alle externen Maßnahmen, wobei hier an erster Stelle der Link-Aufbau, also die Backlinks, zu nennen sind.

3.2.1 Domainnamen

Eine der bekanntesten Optimierungsmöglichkeiten, die auch vielen Webseitenbesitzern bekannt ist, bezieht sich auf den Namen der Domain. Wir haben viele Inhaber mittelständischer Unternehmen getroffen, die viel mehr als eine Hand voll an Domainnamen in allen möglichen Kombinationen ihrer wichtigsten Keywords registriert haben. Diese Vorgehensweise ist jedoch nur bedingt sinnvoll und hilfreich. Bedenken Sie, dass Sie letztendlich nur eine Domain für Ihren Online-Auftritt nutzen können. Die zusätzlich registrierten Namen können natürlich für die Offline-Präsentation genutzt werden, weil sie z.B. einen werbewirksamen, leicht zu merkenden Werbespruch oder eine

Keyword-Kombination enthalten. Wollen Sie Konkurrenzunternehmen daran hindern, eine „gute“ Keyword-Domain zu registrieren, kann es auch taktisch interessant sein, diese Domainnamen selber zu besitzen – aber ansonsten ist die Registrierung von Dutzenden Domainnamen nicht zu begründen. Da zukünftig noch weitere Toplevel-Domains zugelassen werden können, also zum Beispiel *.online* oder *.webshop* etc., wird es unmöglich werden, alle interessanten Namen aus der eigenen Branche durch Kauf für die Konkurrenz zu blockieren.

Haben Sie verschiedene Namen registriert, um mit mehreren Domainnamen in der Google-Suche vertreten zu sein, so müssen Sie sich darauf einstellen, dass Sie auch mehrere Domains optimieren müssen. Dies bedeutet vor allem im Bereich der Off-Page-Optimierung eine Menge zusätzlicher Arbeit. Ein Domainname allein reicht nämlich nicht, um eine Seite in einem hart umkämpften Bereich weit vorne zu platzieren. Falls Sie bei einem neuen Projekt die Möglichkeit haben, den Domainnamen zu wählen, so sollten Sie auf folgende drei Dinge achten:

- Das Haupt-Keyword sollte im Domainnamen enthalten sein.
- Die Domain sollte möglichst kurz sein.
- Übernehmen (kaufen) Sie eine existierende Domain, die schon längere Zeit bei Google gelistet ist und Bezug zum Thema Ihrer Webseite hat.

Eine optimale Domain sollte möglichst alle drei Bedingungen erfüllen, ansonsten sollten Sie die Domain wählen, die Ihr Gesamtmarketing am besten unterstützt. Treffen Sie Ihre Wahl also nicht nur aus Sicht der Suchmaschinenoptimierung.

3.2.2 Crawlbarkeit der Seiten

Eine wichtige Grundvoraussetzung für die Optimierung Ihrer Webseite ist die sogenannte Crawlbarkeit der Seite. Die Google Crawler (auch Webcrawler, Robots, Spider oder Searchbots genannt) sind Google-Computerprogramme, die automatisch das Internet durchsuchen und Webseiten analysieren. Diese Robots müssen die Möglichkeit erhalten, Ihre Seiten zu „lesen“, um die Inhalte dann in die Google-Datenbank aufzunehmen. Natürlich besitzen auch die anderen Suchmaschinen entsprechende Robots!

Es ist jedoch auch schon passiert, dass die Crawler durch den eigenen Programmcode versehentlich davon abgehalten wurden, ihren Job zu erledigen. Dies kann zum Beispiel durch einen falschen Code in der *robots.txt*-Datei geschehen. Die *robots.txt* wird z.B. von Programmierern auch dazu benutzt, um bei der Erstellung eines neuen Webprojekts alle Unterseiten zunächst auszuschließen, damit nicht unfertige Webseiten in das Google-Ranking aufgenommen werden. Wenn dann nach Fertigstellung des Projekts vergessen wird, den Befehl aufzuheben, taucht diese Webseite nie in den Suchergebnissen auf! Falls also Ihre neue Webseite nicht in den Suchergebnissen auftaucht, sollte dieser Punkt zuerst geklärt werden.

Die *robots.txt*-Datei

Die *robots.txt* ist eine Datei, die im Startverzeichnis Ihrer Webseite steht. Vereinfacht gesagt stehen dort die ersten Befehle für die Suchmaschinen-Crawler. Falls sich hier ein Fehler versteckt, kann die komplette Webseite von der Indexierung durch die Google-Crawler ausgeschlossen werden.

Folgender Code-Schnipsel schließt alle Suchmaschinen-Crawler von Ihrer Webseite aus, sodass Sie in keiner Suchmaschine als Ergebnis auftauchen werden. Das Folgende sollte daher auf keinen Fall in ihrer *robots.txt* stehen, falls Sie gefunden werden wollen:

```
User-agent: *
Disallow: /
```

Taucht Ihre Webseite nicht im Google-Ranking auf, obwohl die *robots.txt* in Ordnung ist, so sollten Sie noch den Header-Bereich Ihrer Webseite überprüfen. Folgender Code darf dort nicht erscheinen, weil auch dieser Code die Robots an der Indexierung Ihrer Webseite hindert:

```
<meta name="robots" content = "no index">
```

Zur Thema Crawlbarkeit gehört auch, dass alle Ihre Webseiten untereinander gut verlinkt sind. Jede Unterseite muss über mindestens einen Link von einer anderen Seite Ihrer Webpräsenz erreichbar sein, da die Google-Crawler sich nur über die Links von einer Seite zur nächsten „hangeln". Bauen Sie also über die Navigation und mithilfe zusätzlicher Links, die direkt aus dem Inhalt der einzelnen Unterseiten verlinken, eine gute Vernetzung innerhalb Ihrer Webpräsenz auf. Übertreiben Sie die Verlinkung nicht, aber vernetzen Sie Ihre wichtigsten Seiten mit fünf zusätzlichen Links, die Sie von anderen Unterseiten setzen, und nutzen Sie passende Link-Texte, wie z.B. „AdWords Seminartermine" statt nur „Termine".

Zusätzlich sollte eine XML-Datei mit allen Unterseiten über die Google Webmaster-Tools an Google gemeldet werden. Auf diese Weise sind alle Ihre Unterseiten bei Google bekannt, und der Crawler kann die einzelnen Unterseiten einfacher in die Google-Datenbank aufnehmen.

Vor allem bei einem neuen Projekt sollten Sie zusätzlich direkt zu Beginn einige externe Links erstellen, die auf Ihre Webseite verweisen. Bitte beachten Sie, dass Sie über die Anmeldung bei Google oder eine andere externe Verlinkung die Crawler erst auf Ihre neue Webseite aufmerksam machen. Ohne einen einzigen externen Hinweis bleibt Ihre Webseite eine Insel im World Wide Web. Weder der Google-Crawler noch irgendein Crawler einer anderen Suchmaschine wird bei Ihnen „vorbeischauen". Damit gibt es auch keine Möglichkeit, dass Sie in den Google-Suchergebnissen auftauchen.

3.2.3 On-Page-Optimierung bitte nicht übertreiben

Die On-Page-Optimierung ist zunächst einmal der einfachere Part der Optimierungsarbeiten, weil Sie als Besitzer der Webseite es selbst in der Hand haben, was auf Ihrer Seite geschieht. Wenn man weiß, worauf man achten muss, kann man alle On-Page-Maßnahmen mithilfe eines Programmierers selber durchführen. Dabei besteht die größte Gefahr darin, dass die On-Page-Optimierung übertrieben wird.

Übertreibungen, z.B. in Form von *Keyword Stuffing*, also das Überladen der Webseite mit den wichtigen Suchbegriffen, wird von Google abgestraft. Hinzu kommt seit circa Anfang 2012 die Tatsache, dass auch minderwertige und uninteressante Texte sowie ein überproportionaler Anteil an Grammatik- und Rechtschreibfehlern von den Google-Analyseprogrammen entdeckt werden und zu Abwertungen führen. Neben den unterschiedlichen Faktoren zur Steigerung des Google-Rankings entwickelt sich Google auch bei der Bewertung der negativen Einflussfaktoren weiter. Ab Oktober 2012 sollen auch solche Faktoren wie Urheberrechtsverletzungen auf der Webseite zu einer Abwertung führen.

3.2.4 Das Prinzip der Webseitenoptimierung

Da die einzelnen Punkte laufend von Google erweitert werden, hilft Ihnen eine Liste der einzelnen Punkte nicht wirklich weiter. Wichtiger ist vielmehr, dass Sie die Google-Idee verstehen und sich darauf konzentrieren, die wichtigen Prinzipien des Offline-Marketings auch für das Online-Marketing anzuwenden. Aus unserer Sicht beruht die Suchmaschinenoptimierung in Zukunft viel mehr auf Marketingwissen als auf technischem Know-how. Beachten Sie daher folgende grundlegende Hinweise für Ihre Webseite:

- Schreiben Sie Texte für Ihre Kunden /Webseitenbesucher.
- Liefern Sie öfter neue Inhalte (Aktualität der Webseite).
- Schreiben Sie interessante Texte.
- Schaffen Sie einen Mehrwert für den Kunden.
- Liefern Sie Texte, Vergleiche, Analysen, Tipps etc., die so interessant sind, dass Ihre Seite weiterempfohlen und dementsprechend auch verlinkt wird.

Bei immer mehr SEOs reift die Erkenntnis, dass Marketing für eine gute Platzierung zukünftig wichtiger sein wird als spezielle Programmierungstricks.

3.2.5 Die Gestaltung der Webseite

Zu den guten und nützlichen Inhalten kommen noch die Usability-Merkmale, wie die einfache Navigierbarkeit und somit die kurzen Wege, um das Ziel des Webseitenbesuchs (Information, Bestellung. Anfrage etc.) zu erreichen. Aber auch das Design, hochwertige Bilder und der Einbau von Videos sind wichtige Punkte einer guten Webseite. Diese Punkte heben die Qualität einer Webseite und laden zum Verweilen ein. Dies führt u. a. zu einer geringeren Absprungrate – und dieser Punkt hat dann wieder Einfluss auf die Google-Bewertung. Wenn nur wenige Besucher Ihre Webseite wieder verlassen, ist dies für Google ein Beleg dafür, dass der Besucher genau das gefunden hat, was er vorher bei Google gesucht hat. Darauf beruht die Google Philosophie, das macht Google glücklich und bringt Ihre Webseite langfristig auf höhere Ranking-Positionen.

3.2.6 Anpassung der Programmierung

Die wichtigste Grundlagenarbeit zur On-Page-Optimierung wird bei der Programmierung Ihrer Webseite geleistet. Hier gilt es einige grundsätzliche Dinge zu beachten, die Sie bzw. Ihr Webadministrator umsetzen sollten. Bei bestimmten Content-Management-Systemen (CMS) können die für SEO wichtigen Informationen auch über das Backend eingepflegt werden. Mithilfe von Programmerweiterungen im CMS können z.B. title-Tags oder Beschreibungen (Descriptions) angelegt werden. Diese Fragen müssen Sie individuell mit den Administratoren Ihres CMS besprechen.

Grundsätzlich wird der Programmcode einer Webseite – dies ist aktuell meistens noch eine HTML-Datei – in zwei Bereiche unterteilt: Es gibt einen Kopf (den Head) und einen Rumpf (den Body). Wie Sie sehen, beherrscht Englisch bei der Programmierung (und beim SEO) die Begriffswelt.

Der Header-Bereich liefert den Webbrowsern, aber auch den Google-Crawlern wichtige Informationen über die jeweilige Webseite. Für unsere SEO-Maßnahmen finden wir im Header zwei interessante Einträge, die es zu bearbeiten gilt:

- den sogenannten title-Tag, der in der Programmierung folgendermaßen dargestellt wird:

```
<title>HIER KOMMT DER TITEL DER WEBSEITE </title>
```

- die Meta-Description, die folgende Form in der Programmierung besitzt:

```
<meta name="description" content="HIER STEHT DIE BESCHREIBUNG ZUR
WEBSEITE..." />
```

Diese beiden Elemente des Header-Bereiches sind unter anderem deshalb so wichtig, weil Google diese Bereiche in das Suchergebnis aufnimmt.

In unserem folgenden Beispiel erscheint bei der Suche nach „Neuwagen kaufen“, u. a. folgendes Ergebnis:

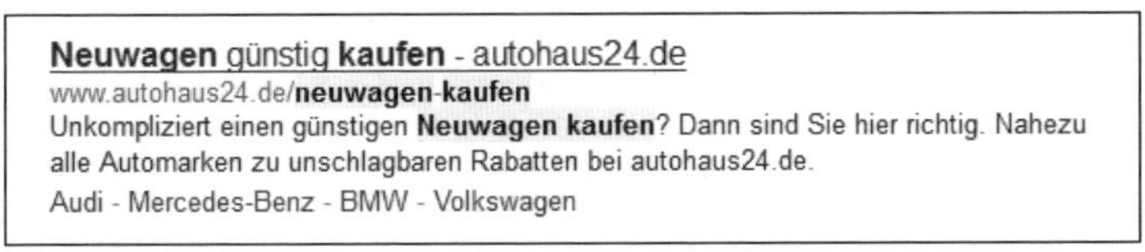

Abbildung 3.1: *Google-Suchergebnis mit Title, Description und „sprechender URL“*

Der title-Tag aus unserer Programmierung erscheint als blaue, unterstrichene Titel-Zeile. Diese fungiert als Link zur Webseite. Die Meta-Description hingegen erscheint als schwarzer Beschreibungstext. Dies funktioniert jedoch nur, wenn die Description auf die gewünschten Keywords und somit auf die Suchanfrage hin optimiert ist. Als dritte Optimierungsmöglichkeit erkennen wir die URL der Unterseite. In unserem Beispiel lautet diese „neuwagen-kaufen“. Aus SEO-Sicht ist es optimal, wenn auch hier das jeweilige Keyword bzw. ein Synonym enthalten ist.

Diese auf das Keyword hin optimierte Webseiten-URL wird auch als „sprechende URL" bezeichnet. Da diese URL ebenfalls auf der Google-Ergebnisseite angezeigt wird, hat diese auch direkten Einfluss auf das Klickverhalten der Suchenden. Google kennt den Einfluss der angezeigten Ergebnisse auf das Klickverhalten der Google-Nutzer. Daher kommt den drei genannten Punkten auch eine wesentliche Bedeutung für die Optimierung einer Seite für das organische Ranking zu. Interessanterweise sind diese drei Bereiche auch entscheidend für eine gute Textanzeige in AdWords. Hier gibt es wie in vielen anderen Punkten auch eine enge Verbindung zwischen SEO und SEA.

3.2.7 Der Title-Tag

Der title-Tag sollte für jede Webseite auf das zugeordnete Keyword abgestimmt werden. Dieser aus SEO-Sicht wichtige Bereich muss das Haupt-Keyword Ihrer Seite enthalten. Dies gefällt Google, weil es auch den Google-Usern gefällt. Suchergebnisse mit Überschriften, die den gesuchten Begriff enthalten, werden einfach öfter angeklickt. Der Titel wird wie bereits erwähnt individuell für jede einzelne Unterseite vergeben, denn jede einzelne Seite kann theoretisch auf einer der ersten Ergebnisseiten bei Google auftauchen. Jede Unterseite, die Google findet und als interessant für ein bestimmtes Keyword erachtet, wird in der großen Google-Datenbank gespeichert. Ein individueller title-Tag hilft hier schon einmal, jede Zielseite zu individualisieren.

Hinweis

Falls Sie einmal schauen wollen, wie viele Seiten Google bereits von Ihrer gesamten Webpräsenz indexiert hat, so geben Sie folgende Suchanfrage bei Google ein:

```
site:www.MEINE-WEBSEITE.DE
```

Dabei ersetzen Sie „MEINE-WEBSEITE.DE" natürlich durch Ihre Adresse.

Die Google-Ergebnisseite enthält eine ungefähre Anzahl der Gesamttreffer sowie die Auflistung der einzelnen Unterseiten. Hier sollten Sie möglichst unterschiedliche Seitentitel finden, und die Summe aller Ihrer Webseiten sollte optimalerweise mit der Anzahl der angezeigten Seiten aus dem Google-Index übereinstimmen. Stimmt die Zahl überein, dann hat Google alle vorhandenen Unterseiten auch in der Google-Datenbank gespeichert.

Wie wird der Title-Tag optimiert?

Wie bereits erwähnt wurde, lieben die Nutzer der Google-Suche es, wenn sie den gesuchten Begriff an prominenter Stelle im jeweiligen Titel des Suchergebnisses wiederfinden. Darum gehört das Keyword der jeweiligen Seite direkt an den Anfang des Titels. Da wir normalerweise von links nach rechts lesen, fällt das Keyword an dieser Stelle am besten auf.

Im Internet finden Sie viele Seiten, bei denen nur der Firmen- oder Markenname im Titel steht. Dies ist jedoch eine Vergeudung des für die Suchmaschinenoptimierung so wichtigen Platzes. Ihre Firma oder Marke sollte auch so gefunden werden, zusätzlich kann natürlich auch wieder eine einzelne Seite dazu optimiert werden. Platzieren Sie zusätzlich Ihren Marken- oder Firmennamen zu Branding-Zwecken als Ergänzung hinter Ihrem wichtigen Keyword. Achten Sie jedoch in jedem Fall darauf, dass die Anzahl der Begriffe im Titel so weit wie möglich beschränkt wird, da zu viele Begriffe das Gewicht jedes einzelnen wieder schwächen.

Nutzen Sie Gedankenstriche „–“ oder Doppelpunkte „:“ als besondere, visuelle Note zur Trennung von Keyword und Firmenname. Dies lenkt zusätzliche Aufmerksamkeit auf den Titel. Achten Sie auch auf die maximale Länge des title-Tags. Dieser sollte inklusive Leerzeichen 65 Zeichen nicht überschreiten.

3.2.8 Meta-Description

Die Meta-Description enthält die Beschreibung Ihrer Webseite. Damit diese Beschreibung auch in den Suchergebnissen von Google auftaucht, sollten Sie diese auf Ihre Keywords hin optimieren. Texten Sie die Description als Werbebotschaft an Ihre potenziellen Kunden. Beachten Sie dabei, dass die Suchenden mehrere Google-Ergebnisse vor sich haben und nun in wenigen Sekunden eine Entscheidung treffen. Eine gute Beschreibung, die zu den jeweiligen Keywords passt, hilft hier die Klickzahlen zu erhöhen.

Wie optimiert man die Meta-Description?

Erstellen Sie eine einfache und klare Beschreibung Ihrer jeweiligen Unterseite. Versuchen Sie dabei Ihr Haupt-Keyword möglichst weit vorne zu platzieren und eventuell noch einmal in der Description zu wiederholen. Der Text sollte eine gute Beschreibung des Seiteninhalts liefern und insgesamt ca. 150 Zeichen lang sein. Diese Länge wird aktuell von Google als Beschreibung in den Suchergebnissen angezeigt. Zukünftig wird Google wohl auch längere Beschreibungstexte einsetzen. Ein entsprechender Test findet aktuell (Stand Oktober 2012) statt. Unterteilen Sie Ihre kurze Seitenbeschreibung möglichst in zwei einzelne Sätze. Wie Sie sehen, ist das Texten einer guten Description nicht einfach, aber andererseits ein gutes und kostenloses Marketing für Ihre Seite.

Viele Fachleute glauben, dass die Description als Informationsfutter für die Google-Crawler interessant ist. Glaubt man den Ausführungen von Google, so liegt die Bedeutung der Description in dem Nutzen für die Suchenden. Die Description ist als Einblendung auf der Suchergebnisseite wichtig. Dies wird im folgenden Zitat sehr deutlich:

„Eine gut formulierte, ansprechende Meta-Beschreibung kann beim Nutzer eine höhere Klickrate bewirken." (Uli Lutz, Search Quality: Übersetzung einer Stellungnahme des Google-SEO-Gurus und Google-SPAM-Wächters Matt Cutts zum Thema Meta-Tags)

Und genau hier liegt auch die Bedeutung der Meta-Description. Texten Sie Ihre Beschreibung so, dass der Suchende möglichst auf Ihr Suchergebnis klickt. Da Google eine überdurchschnittliche Klickleistung an den unterschiedlichen Positionen der Ergebnisseite registriert, führt dies letztlich zu einer schrittweisen Verbesserung Ihres Google-Rankings. Macht man sich diese Sichtweise zu eigen, dann ist auch die verbreitete Meinung, dass eine keyword-optimierte Description zur Verbesserung des AdWords-Qualitätsfaktors beiträgt, natürlich Unsinn. Denn der Webseitenbesucher, der per Klick via AdWords-Anzeigen zur Ihrer Webseite gelangt, hat natürlich den Description-Text gar nicht gesehen. Da die Google-Crawler den Text nicht auswerten, gibt es keine logische Verbindung zwischen der Description und dem Qualitätsfaktor der Webseite.

Keywords-Meta-Tags zählen nicht

Ein weiterer Bestandteil der Header-Programmierung ist der Meta-Tag, der die Keywords der Webseite enthält. Diese Keywords sind der allgemein bekannteste SEO-Faktor. Vielleicht haben Sie auch schon davon gehört? Bei unseren Seminarteilnehmern wird diese „Optimierungsmöglichkeit" auf jeden Fall als Erstes genannt, wenn das Thema SEO angesprochen wird.

Aber diese Meta-Keywords sind aus Suchmaschinensicht nicht mehr notwendig! Diese Aussage wird laufend von Google-Mitarbeitern bestätigt, aber genau das macht diese These bei einigen SEOs auch wieder verdächtig. Es gibt daher immer noch einige Programmierer oder Optimierer, die an diesen Keywords festhalten. Google und auch die anderen großen Suchmaschinen vertrauen den Meta-Keywords jedoch nicht. Hierzu noch einmal ein Zitat von Matt Cutts:

„Haltet euch nicht mit dem Keywords-Meta-Tag auf. Wir verwenden es nicht. Ich kenne auch keine größere Suchmaschine, die es aktuell verwendet."

Ein wichtiger Grund für die Nichtbeachtung besteht darin, dass dieser Keyword-Bereich in der Vergangenheit sehr stark missbraucht wurde. Webmaster haben früher Hunderte von Keywords in diesem Bereich eingetragen. Dabei hatten die Keywords oft kaum Relevanz für die jeweilige Webseite, sondern waren eher Wunschdenken. Eine Suchmaschine, die diese Keywords ausliest, verbringt einen Teil ihrer kostbaren Crawler-Zeit mit unnützen Dingen. Diese Zeit könnte besser in die Analyse anderer Webseiteninformationen gesteckt werden, und daher werden die Suchmaschinen die Meta-Keywords nicht auslesen. Falls Sie jedoch der Meinung sind, dass diese Keywords Ihnen trotzdem noch beim SEO helfen, dann sollten Sie diese Keyword-Einträge wenigstens bewusst und richtig einsetzen. Sagen Sie Ihrem Webmaster, dass er nur 2–3 Keywords pro Webseite eintragen und dabei genau wie bei den title-Tags und der Meta-Description nur die Keywords nutzen soll, die der jeweiligen Seite zugeteilt wurden. Es macht keinen Sinn, wenn Sie auf jeder Seite immer die gleichen Keywords eintragen.

Unsere Ansicht, dass die Keywords im Header-Bereich nicht von Google ausgelesen werden, wird auch von den vielen gut positionierten Webseiten von SEO-Spezialisten gestützt, die keinerlei Meta-Keywords enthalten.

Hier erkennt man auch wieder die Verbindung zu der Meta-Description. Falls Google die Description auslesen würde, dann gäbe es direkt einige schlaue SEOs, die einfach die Meta-Keywords in der Description auflisten würden. Aus Suchmaschinensicht macht es einfach keinen Sinn, auf diesen für die echten Webseitenbesucher unsichtbaren Programmcode einzugehen.

3.2.9 Zusätzliche Hinweise zur Optimierung

Während die Header-Programmierung im Hintergrund bleibt und nur in den Suchergebnissen von Google für die Suchenden sichtbar wird, gibt es einige wichtige Punkte, die ein Webprogrammierer beachten sollte und die auch für die Besucher der Webseite sichtbar sind.

Weisen Sie Ihren Programmierer darauf hin, dass er grundsätzlich alle Dateinamen und Pfade mit aussagekräftigen Namen belegt. Diese sollten möglichst Ihre wichtigsten Keywords bzw. verwandte Begriffe enthalten. Recherchieren Sie dazu vorher z.B. über die semantische Suche unterschiedliche Begriffe für Ihr Themengebiet. Die sinnvolle Benennung der Dokumente, Ordner und Bilder erleichtert nicht nur den Suchmaschinen die Arbeit, sondern sie liefert auch den Besuchern Hinweise auf den Inhalt Ihrer Webseite. Zusätzlich vereinfacht eine eindeutige und logische Bezeichnung der einzelnen Dateien die Arbeit der Programmierer.

In diesen Bereich fallen auch die vorher schon besprochenen sprechenden URLs. Gewöhnen Sie sich jedoch auch an, Ihren Bildern zum Inhalt des jeweiligen Bildes passende Namen zu geben. Wenn Sie in Ihrem Webshop z.B. einen blauen Laufschuh von Asics einstellen, so benennen Sie das Bild doch einfach entsprechend als „blauer-Laufschuh-Asics-Nr-201244.jpg“.

Tipp

Nehmen Sie vor allem die Artikelnummer der Produkte in die Programmierung auf. Nutzen Sie diese Artikelnummer in den Namen der Bilder, bei der Beschreibung eines Bildes und eventuell auch im title-Tag. Es gibt Kunden, die direkt nach einer Artikelnummer suchen. Dies kommt zwar nicht so häufig vor, aber falls jemand nach Ihrem Produkt sucht, haben Sie einen großen Vorteil durch ein vorderes Google-Ranking.

Strukturieren und benennen Sie auch Ihre Ordner mit aussagekräftigen Namen.

Beispiel: Gliedern Sie Ihr Schulungsangebot logisch, und nutzen Sie aussagekräftige Bezeichnungen für die jeweiligen Unterordner.

- seminar/ms-office-schulung/excel-schulung-2012
- seminar/ms-office-schulung/word-schulung-2012
- workshop/ms-office-schulung/word-schulung-2012
- etc.

Sprechende Dateinamen

Dateien, Seitennamen, Bilder usw. erhalten also selbsterklärende Namen, die auch zum Keyword-Thema passen. Achten Sie darauf, dass Sie die Bezeichnungen variieren und nicht nur ständig Ihr Haupt-Keyword wiederholen.

Interne Verlinkung

Das World Wide Web ist unter anderem aus der Idee entstanden, dass man Dokumente untereinander verlinkt, um bei Bedarf zusätzliche Informationen zu erhalten. Die sogenannten Hyperlinks sind also die Grundlage des Internets. Daher lieben Suchmaschinen wie auch Google diese Links. Denken Sie daher daran, Ihre Webseite intern gut zu verlinken. Mit internen Links bezeichnet man die Links, die von einer Unterseite zur nächsten führen. Grundsätzlich haben Sie in Ihrer Internetpräsenz natürlich eine Standardverlinkung, die auf Ihrer Webseitennavigation aufbaut. Sie sollten jedoch zusätzlich weitere Links in Ihre Webseitentexte einbauen. Diese Links sollten jedoch nicht sinnlos gesetzt werden, sondern immer den Nutzen der Webseitenbesucher im Blick haben. Bauen Sie die Links so in Ihrer Webseite ein, dass sich dahinter jeweils passende Zusatzinformationen verbergen.

Sie können zum Beispiel Zubehör oder eine Bedienungsanleitung zu einem Produkt verlinken. Bei Seminaren kann man Links zu einzelnen Stichworten setzen oder auf die jeweiligen Referenten verlinken.

Achten Sie bei der Verlinkung auch darauf, dass Sie möglichst oft auf das Ziel Ihrer Webseite per Link verweisen. Jede Webseite sollte ein Ziel haben. Dieses Ziel beschreibt eine spezielle Unterseite, auf der Ihre Webseitenbesucher letztlich landen sollen. Dies sind bei einem Webshop meistens der Einkaufskorb und der dahinterliegende Bestellvorgang. Es kann aber auch ein Kontaktformular oder die Liste Ihrer aktuellen Angebote sein. Diese wichtigen Ziele sollten möglichst häufig und sehr deutlich – teilweise überzogen deutlich – dargestellt werden. Auf diesen entsprechenden Link sollten Ihre Webseitenbesucher letztendlich klicken.

Ein weiterer Punkt, den Sie bei der internen Verlinkung beachten sollten, ist der Link-Text, den Sie Ihrem Link mitgeben. Statt „hier klicken" sollten Sie einen konkreten Hinweis in den Link schreiben, wie zum Beispiel „AdWords-Seminar hier buchen". In diesem Zusammenhang sollte jedoch nicht unerwähnt bleiben, dass in der Vergangenheit auch bei den Linktexten übertrieben wurde. Übertreiben Sie es daher nicht mit der Anzahl der Links, und wiederholen Sie nicht immer den gleichen Text, sondern variieren Sie mit entsprechenden Synonymen. Denken Sie dabei immer an Ihren Webseitenbesucher als potenziellen Kunden. Wie bei allen Optimierungsmaßnahmen kommen Sie nur weiter nach vorne, wenn Sie sich nicht nur auf die Suchmaschine konzentrieren, sondern den Kunden im Blick haben. Google liebt alles, was auch Ihren Nutzern gefällt. Als Faustregel sollten Sie Ihre wichtigen Keyword-Seiten neben der Navigation zusätzlich noch einmal von fünf verschiedenen Unterseiten aus dem Text heraus verlinken.

Hinweis

Setzen Sie auch Links zu externen Quellen. Viele Webmaster haben Angst, auf externe Seiten zu verlinken, weil diese zum einen als Konkurrenz angesehen werden, aber auch Besucher von der Webseite „entführen". Externe Links zu sinnvollen und thematisch passenden Webseiten sind jedoch ein guter Service für Ihre Besucher. Achten Sie nur darauf, dass Sie die externen Links in einem neuen Browserfenster öffnen. Dies geschieht technisch mithilfe des Attributs target="_blank". Falls ein Besucher Ihrer Webseite diesem externen Link folgt und dann das Browserfenster schließt, so landet er wieder auf Ihrer Seite.

SEOs haben zusätzlich noch die Befürchtung, dass sogenannter *Link-Juice* (also der „Link-Saft") über den Link von der Webseite abfließt. Aus Google-Sicht sind jedoch Links von einer Seite zu anderen Seiten mit passenden Informationen durchaus normal und auch erwünscht. Auch hier steht der Kundennutzen stärker im Vordergrund als der Wert des abfließenden Linksaftes.

Link-Juice

Ein gängiges Bild in der SEO-Szene ist die Vorstellung, dass Link-Power in Form eines Saftes (engl. *Juice*) über Links weiterfließt. Alte, vertrauenswürdige Webseiten mit großer Autorität geben dabei mehr Link-Saft weiter als kleine Seiten. Innerhalb einer Webseite wird der Link-Saft dann über die internen Links auf die verschiedenen Unterseiten verteilt. Wenn wir bei dem Bild bleiben, dann fließt der meiste Link-Saft in die Seiten, die am besten intern verlinkt sind. Statistisch gesehen werden dort wahrscheinlich auch die meisten Webseitenbesucher landen.

Ausgehende Links nehmen auf der anderen Seite wieder etwas von der Link-Power und somit vom Link-Juice.

Link-Juice (Forts.)

Dabei sollten Sie jedoch daran denken, dass externe Links ganz normal und vor allem hilfreich für die Besucher einer Website sind. Sie sollten davon ausgehen, dass externe Links zu themenrelevanten Webseiten im normalen Umfang aus Google-Sicht eher ein Vorteil sind.

Achten Sie jedoch bei allen Links (intern wie extern) darauf, dass Ihre Links auch funktionieren, d. h., frei von Fehlern sind. Es ist für die Nutzer ärgerlich, wenn Links ins Leere laufen bzw. eine Fehlermeldung erscheint. Wie Sie bereits wissen, führt alles, was die Nutzer ärgert, auch zu einer negativen Bewertung bei Google. Zur Überprüfung der internen und externen Links nutzen Sie am besten die Hinweise in Ihren Google Webmaster-Tools.

3.2.10 Strukturierung der Webseite mit h1, h2, ...

Stellen Sie sich vor, Ihre Webseite sei ein Buch. Worauf achten die Leser eines Buches als Erstes, um sich schnell einen Überblick zu verschaffen? Sie lesen zunächst die Überschriften der Kapitel sowie die einzelnen Untertitel.

Strukturieren Sie daher Ihre Webseite auf die gleiche Art, wie Sie es bei einem Buch oder einen Fachaufsatz tun würden. Die Überschriften zeigen Ihren Lesern bzw. Ihren Webseitenbesuchern sehr schnell, welche wichtigen Inhalte die jeweiligen Seiten zu bieten haben. Darum gehört auf jeden Fall Ihr Haupt-Keyword der einzelnen Seite in die jeweilige Überschrift. Zusätzlich sollten Sie am besten auch noch eine untergeordnete Überschrift einsetzen. Diese enthält dann Ergänzungen zu Ihrem Haupt-Keyword oder Synonyme. Achten Sie darauf, dass die Überschriften ganz natürlich wirken und nicht einen „auf Keyword getrimmten" Eindruck machen.

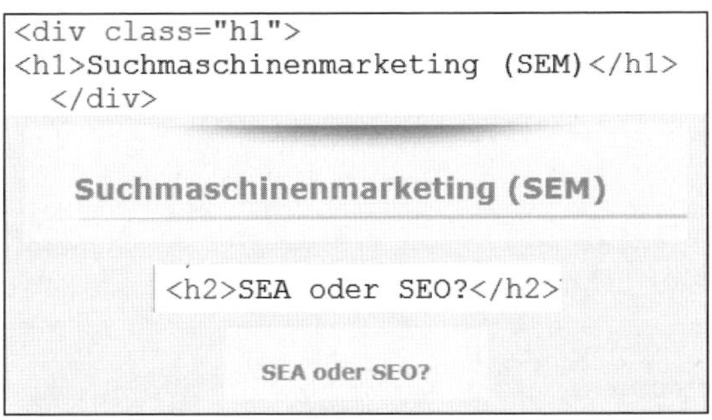

Abbildung 3.2: *Unterschiedliche Überschriften in HTML-Programmierung und Webseitendarstellung*

Hinweis

Aus Programmierersicht werden die Überschriften mit Header-Tags gekennzeichnet. HTML kennt die Überschriften von h1 bis h6, wobei h1 für die größte und h6 für die kleinste Überschrift steht. Dementsprechend besitzt h1 auch die größte Bedeutung. Strukturieren Sie daher Ihre Webseitentexte nach dieser logischen Ordnung. Es macht keinen Sinn, wenn Sie mit h2 beginnen, dann h1 nutzen und in der nächsten Ebene die Überschrift mit h4 auszeichnen. Auch die mehrmalige Benutzung der Überschriftkennung auf der gleichen Ebene ist nicht sinnvoll. Bedenken Sie, dass auch die Suchmaschine die logische Struktur Ihrer Webseite verstehen soll. In den meisten Fällen genügt übrigens die Formatierung mit h1 und h2 – eventuell kann auch noch die h3-Überschrift eingesetzt werden.

Falls Sie aus Designgründen eine bestimmte Schriftgröße, Formatierung oder Farbe nutzen möchten, so können Sie dies ganz einfach durch eine externe Formatierung umsetzen. Sagen Sie Ihrem Programmierer einfach, dass er dazu externe CSS-Stylesheets nutzen soll. Auf diese Weise müssen Sie nicht die in HTML definierten Header-Größen übernehmen. Nutzen Sie andererseits bitte keine HTML-Überschriften nur, weil Ihnen Darstellung oder Größe gefällt. Dies kann man ganz einfach mit anderen Formatierungsmitteln umsetzen.

3.2.11 Aufzählungslisten

Listen helfen ebenfalls bei der Strukturierung einer Webseite. Sie verbessern die Lesbarkeit und somit auch der Benutzerfreundlichkeit. Viele Webseitenbesucher scannen eine Seite zunächst einmal, um wichtige Inhalte zu erfassen. Webseitenbesucher lieben es daher, wenn sie mithilfe der Überschriften und einer überschaubaren Aufzählung den wesentlichen Inhalt der Webseite in kurzer Zeit erfassen können.

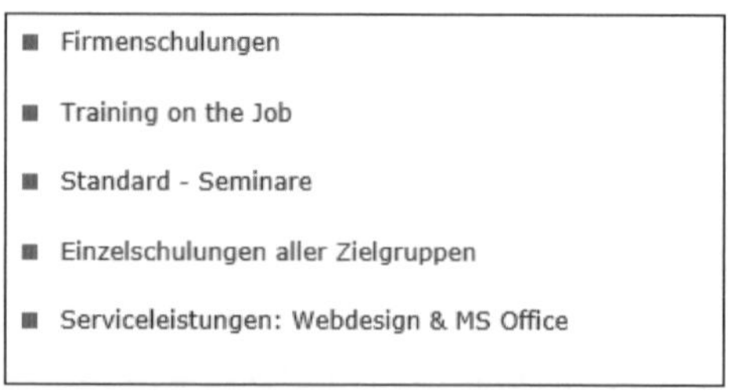

Abbildung 3.3: *Aufzählungen zur besseren Strukturierung*

3.2.12 Formatierung einsetzen

Setzen Sie auch die Möglichkeiten der HTML-Formatierung zur Auszeichnung bestimmter Wörter auf Ihrer Webseite ein. Sie sollten es nicht übertreiben, aber eine Auszeichnung in fett (HTML-Bezeichnung: <strong>) oder in kursiv erleichtert das Lesen Ihrer Webseite. Der in Fettdruck dargestellte Begriff zeigt den Webseitenbesuchern schon bei einem schnellen „Seiten-Scan“, welches Hauptthema die jeweilige Webseite behandelt. Aber auch die Google-Crawler nehmen diese Hinweise auf. Die Crawler erkennen an der HTML-Auszeichnung, welche Begriffe der Besitzer der Webseite für interessant und relevant erachtet. Dies funktioniert jedoch nur so lange, wie diese Auszeichnungsmöglichkeiten im normalen, natürlichen Umfang genutzt werden. Auch hier gilt wieder: keine Übertreibung! Falls Sie Ihr Haupt-Keyword laufend wiederholen und dann noch in kursiv oder fett auszeichnen, wirkt dies für Google unnatürlich. Statt zu einem Plus in puncto Optimierung führt die Übertreibung eher zu einer Abstrafung.

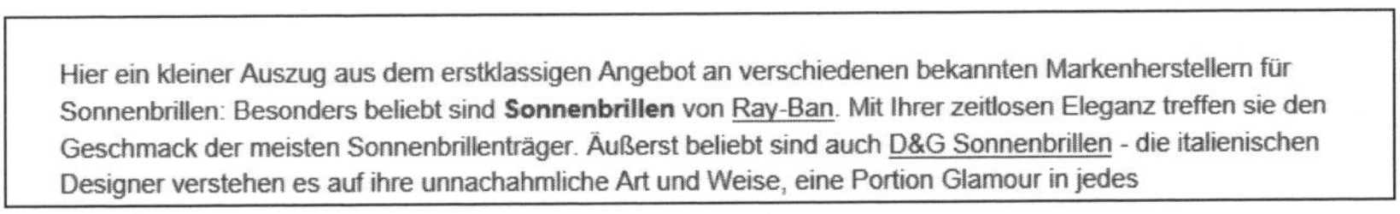
Hier ein kleiner Auszug aus dem erstklassigen Angebot an verschiedenen bekannten Markenherstellern für Sonnenbrillen: Besonders beliebt sind **Sonnenbrillen** von Ray-Ban. Mit Ihrer zeitlosen Eleganz treffen sie den Geschmack der meisten Sonnenbrillenträger. Äußerst beliebt sind auch D&G Sonnenbrillen - die italienischen Designer verstehen es auf ihre unnachahmliche Art und Weise, eine Portion Glamour in jedes

Abbildung 3.4: *Formatierung und interne Verlinkung zum Keyword „Sonnenbrillen“*

Wichtig für die Optimierung und auch für die Besucherführung auf der Webseite sind wie erwähnt die internen Links. Erstellen Sie Hyperlinks, die Ihre Webseitenbesucher schnell zu weiterführenden Informationen oder zur Übersichtsseite führen. Eine einfache Möglichkeit bieten die sogenannten Breadcrumbs (Brotkrumen).

Breadcrumb-Navigation

Breadcrumbs (auch *Brotkrumennavigation* genannt – in Anlehnung an das Märchen „Hänsel und Gretel") erleichtern den Webseitenbenutzern die Orientierung, indem sie Links zu vorher besuchten, übergeordneten oder themenverwandten Webseiten darstellen, sodass die Besucher einfach zu übergeordneten oder tiefer liegenden Webseiten navigieren können.

3.2.13 Bilder und Videos nutzen

Nutzen Sie auch Bilder und Videos für Ihre Website. Dabei sollten die Bilder hochwertig sein, um zum einen das Interesse der Webseitenbesucher an Ihren Produkten zu wecken und zum anderen das Vertrauen in Ihre Website zu steigern. Diese Maßnahmen wirken sich wiederum indirekt auf Ihre Suchmaschinenoptimierung aus, denn ein größeres Interesse und ein gesteigertes Vertrauen in Ihr Unternehmen reduziert die Absprungrate der Besucher Ihrer Website.

Achten Sie jedoch auch darauf, dass die Bilder zwar hochwertig, aber für die Nutzung im Web optimiert sind. Normalerweise sind für Webseiten Bilder mit bis ca. 800 Pixel Breite ausreichend. Weisen Sie Ihren Webprogrammierer darauf hin; dieser sollte aber normalerweise die passenden Bildergrößen kennen. Denken Sie daran, dass die Bilder direkt auf dem Server reduziert und nicht erst im Nachhinein zur Darstellung im Web heruntergerechnet werden. Große Datenmengen reduzieren die Geschwindigkeit einer Webseite, was sich letztlich negativ auf die SEO-Optimierung auswirkt.

Als weitere Maßnahmen zur Optimierung sollten Sie wie bereits erwähnt auf einen passenden Bildernamen achten. Zudem sollte der Webprogrammierer alle Ihre Bilder mit sogenannten alternativen Texten versehen. Für diese Bildbeschreibung, werden sogenannte alt-Attribute in das HTML-Markup eingefügt. Die Beschreibung sollte dabei jeweils den Inhalt des Bildes wiedergeben, wobei Ihr Haupt-Keyword wieder in diesem Text enthalten sein sollte. Die alternativen Texte (alt-Attribute) sind aus folgenden drei Gründen wichtig:

- Google kann keine Bilder lesen und nutzt daher die alternativen Texte, um zu verstehen, was sich dahinter verbirgt.
- Für Menschen mit einer Sehbehinderung ersetzen diese Texte die Bilder, weil die Texte z.B. von bestimmten Programmen vorgelesen werden.
- Ist ein Bild online nicht verfügbar, weil es z.B. in einen anderen Ordner verschoben wurde, so werden die alternativen Texte anstelle der Bilder auf der Webseite dargestellt.

Neben dem alt-Attribut kann man einem Bild auch noch ein title-Attribut mitgeben. Es gibt also mehrere Stellen in der Programmierung, die Sie nutzen können, um die Google-Crawler darauf hinzuweisen, mit welchem Keyword Ihr Bild verbunden sein soll. Hier noch einmal die wichtigsten Punkte im Schnelldurchlauf:

- Name des Bildes
- alt-Attribut
- title-Attribut

Dies sieht im HTML-Markup dann folgendermaßen aus:

```
<img alt="TEXT…Keyword… TEXT" src="…/xxx-Keyword.jpg" title="TEXT …
Keyword..." />
```

Das alt-Attribut wird z.B. als Hinweis angezeigt, wenn man mit der Maus über ein Bild auf der Webseite fährt.

Abbildung 3.5: *Hinweis mit Keywords bei Mouseover*

Denken Sie auch darüber nach, dass Sie Videoformate verstärkt in Ihre Webseite einbauen. Das Internet wird zukünftig von der sogenannten „YouTube-Generation“ dominiert. Diese Nutzer sind es gewöhnt, dass Produktinformationen oder auch Schulungen in Videoform konsumiert werden können. Der wichtigste Vorteil Ihrer Online-Videos aus der SEO-Perspektive besteht darin, dass Kunden auf Ihrer Webseite verbleiben und nicht direkt wieder zurück in die Google-Suche springen. Platzieren Sie daher die Videos direkt im sichtbaren Bereich ihrer wichtigsten Webseiten, und ergänzen Sie die Videos mit einen Call-to-Action, also z.B. einer Aufforderung, die Interesse an dem Video weckt. Je länger Sie Ihre Webseitenbesucher auf Ihrer Webseite binden, desto besser – aus SEO-Sicht, aber auch aus Verkäufersicht! Professionelle Videos auf der Webseite bieten den Nebeneffekt, dass sie zum professionellen Gesamteindruck der Webseite beitragen. Dies ist ein weiteres Argument zur Einbindung der Videos.

3.2.14 Ladezeit der Webseiten

Die Ankündigung von Google, dass auch die Ladezeit einer Webseite – sowohl für SEO als auch für die Qualität bei AdWords – in die Qualitätsbewertung mit einfließt, hat vor einiger Zeit für viel Aufregung in der SEO-Szene gesorgt. Dabei ist dieser Optimierungs- bzw. Qualitätsfaktor aus Google-Sicht nur logisch. Sie haben sicher auch schon den

Besuch einer Webseite abgebrochen, weil sich diese Webseite nur ganz langsam aufgebaut hat. Jeder ist genervt, wenn eine Internetseite sehr langsam lädt. Genau so ist die Aussage von Google zu bewerten: Diese Ankündigung ist als Weckruf für die Webmaster zu verstehen, damit diese sich um Webseiten kümmern, die extrem langsam sind.

Wenn jedoch für Google nur die Geschwindigkeit der wichtigste Punkt wäre, dann müssten alle Webmaster auf *Google Analytics* verzichten. Der Einbau von Google Analytics ist nämlich ein Faktor, der die Geschwindigkeit einer Seite erheblich reduziert. Es kann jedoch nicht der Sinn der Google-Ankündigung sein, dass nun alle Webseitenbesitzer Google Analytics aus ihrer Webseite entfernen. In den Google Webmaster-Tools (und neuerdings in Google Analytics) erhalten Sie Hinweise und Tipps zur Beschleunigung Ihrer Website. Der Webmaster Ihrer Webseite sollte sich hier einmal umschauen und prüfen, welche Optimierungspunkte einfach umzusetzen sind. Machen Sie sich jedoch nicht allzu große Sorgen, wenn Ihre Webseite nur ein wenig zu langsam ist. Falls Sie jedoch gravierende Unterschiede zur durchschnittlichen Geschwindigkeit einer Webseite feststellen, sollten Sie als erste Maßnahme unnötigen Quellcode auslagern, Dateien komprimieren und vor allem Bilder und Filme für das Internet optimieren. Diese technischen SEO-Änderungen sind wiederum die Aufgabe Ihres Webmasters bzw. Webseitenprogrammierers.

In den Google *Webmaster-Tools* finden Sie unter GOOGLE LABS den Unterpunkt WEBSITE-LEISTUNG. Dieser Punkt enthält ein Verlaufsdiagramm mit einer Übersicht zur Entwicklung der Ladezeiten Ihrer Webseite. In einem kurzen Analysebericht erhalten Sie zusätzlich eine Einschätzung zu der Geschwindigkeit Ihrer Website im Vergleich zu anderen Seiten.

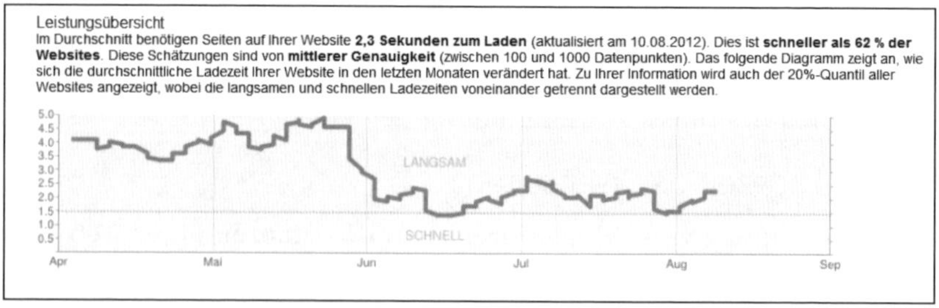

Abbildung 3.6: *Leistungsübersicht in den Webmaster-Tools*

3.2.15 Webseitenbesucher binden

Inhaltlich sollten Sie Ihre Webseite so gestalten, dass diese klar strukturiert und einfach zu „scannen“, also von Lesern zu erfassen ist. Im Internet haben die Nutzer oft wenig Zeit bei der Recherche. Daher ist eine klarere Struktur mit Überschriften, Aufzählungen, Formatierungen und Bildern, die zum Inhalt passen, sehr wichtig.

Ein weiterer, wichtiger Bestandteil der On-Page-Optimierung ist natürlich der Informationsgehalt der Webseite. Hier wurde immer eine bestimmte Keyword-Dichte (von ca. 3 % bis hin zu 7 %) proklamiert. Die Keyword-Dichte ist jedoch für Google nicht mehr interessant, weil auch bei diesem Optimierungspunkt in der Vergangenheit sehr übertrieben wurde. Viel interessanter als die Dichte ist eine optimale Verteilung der Keywords auf der Webseite. Aus SEO- (und aus Marketing-)Sicht ist es sicher optimal, wenn Sie – ähnlich wie bei einem Werbebrief – das Wichtigste direkt an den Anfang platzieren. Am Ende Ihrer Webseite sollten Ihre Keywords in Verbindung mit einer Handlungsaufforderung, die zum Ziel verweist, ebenfalls auftauchen. Ansonsten sollten Sie sich nicht zu sehr um die Keyword-Dichte kümmern, sondern die Keywords dort einsetzen, wo sie inhaltlich passen. Dabei sollten Sie auch immer mit verwandten Begriffen bzw. Synonymen arbeiten.

Anmerkung

Das Ende einer Seite scheint neben dem Anfang ein wichtiger Teil für interessierte Nutzer zu sein. In Bezug auf AdWords hat Google bei der Einführung der neuen Google-Anzeigen unterhalb des organischen Rankings auf die besondere Wahrnehmung durch den Nutzer hingewiesen:

„Unserer Erfahrung nach passt in vielen Fällen die Schaltung von Anzeigen unter den Suchergebnissen einfach besser in die übliche Wahrnehmung von Nutzern, die eine Seite gewöhnlich von oben nach unten lesen. In unseren Tests erzielten Anzeigen auf diesem Placement im Durchschnitt bessere Ergebnisse in Bezug auf die Klickrate als seitlich platzierte Anzeigen." (aus dem Google-Blog "Inside AdWords")

3.3 Das sollten Sie vermeiden

Sie haben bis jetzt viel über die Optimierungsmaßnahmen gelesen, die Sie einsetzen können. Auf der anderen Seite sollten Sie jedoch wissen, dass es einige Fallstricke gibt, die Sie unbedingt vermeiden sollten. Viele Tricks, die früher funktioniert haben, sind heutzutage eher gefährlich und führen zur Abstrafung durch Google. Daher sollten Sie die im Folgenden beschriebenen Punkte unbedingt vermeiden.

Schreiben Sie sinnvolle eigene Texte und kopieren Sie nicht Texte aus dem Internet. Lassen Sie keine Texte automatisch durch Programme erstellen. Buchen Sie auch keine externen Webseitentexter. Sie bzw. Ihre Mitarbeiter kennen Ihr Unternehmen und Ihre Produkte am besten. Daher müssen Personen aus Ihrem Unternehmen auch die Texte für die Webseite erstellen. Google erkennt immer besser die Qualität und den Sinn der Webseitentexte. Sogenannter *thin content* (frei übersetzt „gehaltloser Text") wird daher von Google abgestraft.

Das *Keyword Stuffing* haben wir schon angesprochenen. Vermeiden Sie also zu häufige Wiederholungen Ihres Haupt-Keywords auf Ihrer Webseite. Auch dafür gibt es „Strafpunkte", die Sie in der Summe auf die hinteren Ergebnisplätze verweisen.

Ein schon relativ alter Trick, der aber noch oft von nicht informierten Webseitenbesitzern vorgeschlagen wird, heißt *hidden text*: Ein mit Keywords angereicherter Text wird vor den Besuchern versteckt und ist nur im Programmcode für die Suchmaschinen sichtbar. Diese Methode ist auch unter dem Schlagwort *Weißer Text auf weißem Grund* bekannt geworden. Diese Irreführung wird von Google entdeckt und bestraft. Selbst wenn Google den versteckten Text nicht entdeckt, so sollten Sie immer daran denken, dass auch Ihre SEO-Konkurrenz die Möglichkeit besitzt, über Online-Formulare (Google-Petzformulare ☺) unerlaubte Methoden bei Google direkt zu melden!

Cloaking ist eine Methode, mit der einst BMW ungewollt negativ in die Schlagzeilen geriet. Bei diesem Trick spielt man den Suchmaschinen einen anderen Inhalt vor als den Webseitenbesuchern. Auf diese Methode reagiert Google sehr allergisch, weil Google ja gerade darauf bedacht ist, den Webseitenbesuchern passenden Inhalt zu liefern. Falls Google andere Informationen erhält als die Besucher, ist dies natürlich nicht möglich.

Aus diesem Grunde wurden damals die BMW-Seiten auch direkt aus dem Index gekickt, wobei das Cloaking von den BMW-Webseitenprogrammierern kein bewusster Betrug war, sondern eher ungeschickt zur Lösung eines technischen Problems eingesetzt wurde – wobei man nicht genau weiß, was für SEOs schlimmer ist! ☺

Unterschiedliche Webseiten für Google-Crawler und Google-Nutzer führt die Google-Idee der besten Suchergebnisse natürlich ad absurdum. Daher sind hier die Google-Strafen auch sehr hart und konsequent.

3.4 Wie bewertet Google Webseiten?

Warum weiß Google eigentlich so viel über eine Webseite bzw. wie bewertet Google den Inhalt einer Seite? Die Firma Google kombiniert hier verschiedene Verfahren, damit sie zum einen erkennen kann, was Google-Nutzer interessiert, und zum anderen die Inhalte und auch den Nutzen einer Webseite für die Suchenden bewerten kann. Die Erfahrungen aus verschiedenen Bereichen werden zusammengefasst und ergeben ein Gesamtbild für Google, das ständig optimiert wird.

3.4.1 1. Beobachtung der eigenen Ergebnisseiten

Zunächst einmal nutzt Google seine eigene Webseite, die Google-Ergebnisseite, um zu analysieren, was die Google-Nutzer interessiert. Absprungraten und wiederkehrende Besucher, die Suchfragen verändern oder zu anderen Ergebnissen wechseln, sind für Google natürlich sehr interessant. Auf diese Weise erkennt die Suchmaschine, welches Ergebnis zur entsprechenden Frage erwünscht ist. Dabei interessiert Google nicht das einzelne Ergebnis, sondern alle Untersuchungen werden natürlich statistisch mit großen Datenmengen ausgewertet. Google liebt Statistiken. Über die Absprungraten erfährt Google so z.B., wenn ein Suchender sehr schnell von einer Webseite zurückkehrt und auf das nächste Ergebnis klickt. Auf diese Weise registriert Google jedoch auch, bei welchem Suchergebnis der Google-Nutzer letztendlich hängen geblieben ist.

3.4.2 2. Google-Befragungen

Neben der reinen Beobachtung entwickelt Google auch eigene Befragungen, die testweise bei den Google-Ergebnissen eingeblendet werden. Dabei fragt Google direkt die Erfahrungen der Google-Nutzer ab. Diese Tests werden vorwiegend in den USA durchgeführt. Aber auch diese Ergebnisse fließen in das große Ganze ein. Google erhält so ein Bild davon, was Nutzer über die Suchergebnisse denken.

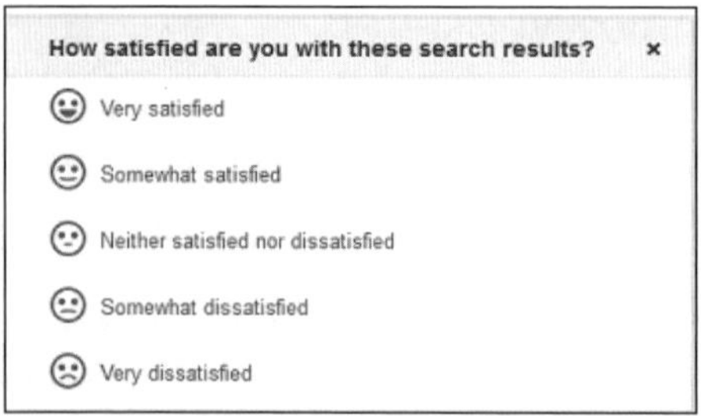

Abbildung 3.7: *Google-Befragung der Nutzer auf der Google-Suchergebnisseite*

3.4.3 3. Google-Software

Google hat verschiedene Softwareprogramme, wie z.B. den Browser *Google Chrome* oder auch die *Google-Toolbar.* Auch über diese Tools erfährt Google viel über das Surf-und Nutzerverhalten im Internet. Hinzu kommen demnächst die Daten aus dem neuen sozialen Netzwerk *Google+*. Auch diese Daten bilden wieder einen kleinen Mosaikstein im großen Bild.

3.4.4 4. Analyse des Internets – die Google-Patente

Falls Sie einmal viel Zeit haben, lohnt es sich, auch einen Blick auf die unzähligen Google-Patente zu werfen. Unter *http://patft.uspto.gov/* finden Sie eine Patent-Datenbank, die für über 1600 Patente die Google Inc. als Inhaber nennt. Google kauft laufend neue Patente, wobei es oft um die Rechte an Software oder Analysemethoden geht. Diese Methoden helfen bei der Analyse von Suchanfragen und Webseiten. Dabei geht es vor allem darum, Wortbeziehungen zu erfassen sowie das Userverhalten auf Webseiten zu analysieren. Durch den Erwerb neuer Patente schafft sich Google einen Wissensvorsprung, der Schritt für Schritt in den Optimierungsprozess der Google-Bewertungen einfließt.

3.4.5 5. Quality-Rater

Zusätzlich beschäftigt Google viele sogenannte Quality-Rater (also Qualitätskontrolleure). Dies sind Personen aus unterschiedlichen Bevölkerungsgruppen – vom Studenten bis zur Hausfrau. Eine Aufgabe der Quality-Rater besteht in der qualitativen Beurteilung der Suchergebnisse, die Google liefert. Dabei werden Ihnen u. a. besondere Suchergebnisse aus speziellen Tests präsentiert. Zum Beispiel könnten den Quality-Ratern Suchergebnisse mit einem stärkeren

Anteil an Newsergebnissen zu einem Thema vorgelegt werden. Durch die Befragung einer großen Anzahl an Testpersonen zieht Google dann die entsprechenden Schlüsse und platziert darum vielleicht zukünftig in Abhängigkeit von der Suchanfrage verstärkt Ergebnisse aus dem Presseportal in das organische Ranking.

Neben den Google-Suchergebnissen bewerten die Quality-Rater auch Webseiten. Die statistischen Auswertungen der Bewertungsergebnisse führen dann zu Vorgaben im Bereich SEO. Auf diese Weise werden Punkte, wie zum Beispiel die Navigierbarkeit der Webseite oder aussagekräftige Überschriften als Bewertungspunkte in die Google-SEO-Liste aufgenommen. Nachdem sich durch die Auswertung der Quality-Rater bestimmte Punkte als statistisch signifikant erwiesen haben, ist es Aufgabe der Google-Programmierer, den Algorithmus um die entsprechenden Kriterien zu erweitern.

Beispielfragen an einen Quality-Rater

Solche Fragen stellt Google u. a. an seine Qualitätsprufer:

- Erfüllt die Landing-Page die Intention der Suchanfrage?
- Findet der Suchende ausreichende Informationen in Bezug auf seine Suchanfrage?
- Erweckt die Landing-Page einen vertrauenswürdigen Eindruck?
- Erfüllt das Aussehen und die Übersichtlichkeit der Landing-Page die Erwartungen des Nutzers?

Ein fiktives Beispiel: Falls die Befragung der Quality-Rater statistisch signifikant ergibt, dass dunkle Webseitenhintergründe die Qualität einer Webseite eher negativ beeinflussen, so würde der Algorithmus so verändert werden, dass bei bestimmten dunklen Hintergrundfarben automatisch ein „Minuspunkt" vergeben wird. Wer die wenigsten Minuspunkte und die meisten Pluspunkte hat, steht im Ranking ganz vorne.

Dies ist wie gesagt ein fiktives Beispiel, aber es soll ein wenig die Vorgehensweise von Google verdeutlichen. Die Kombination der verschiedenen Google-Statistiken und Auswertungen führt letztlich zu ca. 500 kleinen bis größeren Veränderungen am Google-Algorithmus pro Jahr. Dabei ist das Ziel aus Google-Sicht immer die Verbesserung der User-Experience! Dies bedeutet, dass Google die besten Ergebnisse für seine Suchmaschinennutzer liefern möchte. Diese Optimierung wird nicht enden, denn Stillstand bedeutet hier Rückschritt, sodass andere Firmen den Riesenmarkt „Suchmaschinen" übernehmen würden.

Hinweis

Diese schmerzliche Erfahrung musste z.B. Lycos (die mit dem schwarzen Hund) machen. Lycos war um das Jahr 2000 – vor dem Google-Start in Deutschland – eine beliebte Suchmaschine. Sie konnte sich aber gegenüber Google nicht behaupten und verschwand 2009 wieder.

3.5 Was ist zu tun?

- Suchen Sie sich kurze und zum Haupt-Keyword passende Domainnamen.
- Arbeiten Sie mit „sprechenden URLs".
- Versehen Sie jede Datei und jeden Ordner mit passenden, selbsterklärenden Namen.
- Melden Sie eine XML-Datei mit der Struktur Ihrer Webseite über die Google Webmaster-Tools an Google.
- Versehen Sie möglichst jede Seite mit einem individuellen title-Tag und einer eigenen Meta-Description.
- Sorgen Sie für aktuelle und interessante Texte.
- Schreiben Sie Webseitentexte für Ihre Kunden.
- Bauen Sie eine gute interne Verlinkung auf.
- Strukturieren Sie Ihre Webseite, und versehen Sie die einzelnen Seiten mit zum Keyword passenden Überschriften.
- Arbeiten Sie mit Textformatierungen und Aufzählungslisten.
- Bauen Sie möglichst oft Bilder und Videos in ihre Webseiten ein.
- Kontrollieren und optimieren Sie die Ladezeiten Ihrer Webseite Erstellen Sie Informationen und Inhalte, die einen Mehrwert bieten und somit auch gerne weiter verlinkt werden.

3.6 Off-Page-Optimierung

Die Off-Page-Optimierung macht, wie bereits erwähnt wurde, den größeren und momentan noch etwas wichtigeren Teil der Optimierungsmaßnahmen aus. Die überwiegende Arbeit im Off-Page-Bereich besteht im Aufbau von Backlinks. Man spricht von einem Backlink, wenn ein Link auf einer anderen Internetseite auf die eigene Webseite verweist. Diese Links sind quasi Empfehlungen der anderen Webseite, und so werden sie auch von Google bewertet. Dies bedeutet stark vereinfacht: Je mehr Links Sie von externen Seiten erhalten, desto besser ist Ihr Standing bei Google. Links stehen also für das Online-Empfehlungsmarketing, vergleichbar mit dem Empfehlungsmarketing im Offline-Bereich.

In der Praxis taucht immer wieder mal der Irrtum auf, dass der für SEO wichtige Link-Aufbau darin besteht, selber passende Webseiten zu verlinken. Diese Links, die Ihren Besuchern einen Mehrwert zu Ihrem Thema bieten, sollten Sie auch einbauen. Link-Aufbau für SEO bedeutet jedoch, dass Sie andere Webmaster davon überzeugen müssen, zu Ihrer Seite zu verlinken.

3.6.1 Link ist nicht gleich Link

Unsere pauschale Aussage von oben „je mehr Links, desto besser" muss etwas relativiert werden. Beachten Sie bitte, dass ein Link nicht immer den gleichen Wert besitzt. Es gibt Backlinks von unterschiedlicher Qualität. Obwohl jeder Link zählt, sind die Backlinks von hoher Qualität natürlich die interessanteren. Schauen Sie sich deshalb besonders nach folgenden Link-Möglichkeiten um:

- Links von sogenannten themenrelevanten Seiten – also passend zu Ihrem Thema
- Links von älteren Seiten, die schon längere Zeit im Netz aktiv sind und sich dadurch Vertrauen bei Google erworben haben
- Links von sogenannten Hubs; das sind gut verlinkte Fachleute zu Ihrem Themengebiet
- Links von staatlichen Institutionen, z.B. von Universitäten, die großes Vertrauen bei Google besitzen

Zudem ist die Vielfalt der eingehenden Links wichtig. So sollten Ihre Links von unterschiedlichen Domains und IP-Adressen kommen. Eine Webseite, die für Deutschland optimiert wird, sollte vorrangig Links aus ganz Deutschland erhalten und nicht nur aus einer speziellen Stadt oder Region.

3.6.2 NoFollow- und DoFollow-Links

Um der Spam-Flut in Blogs und Foren Herr zu werden, hat Google für die Webmaster eine Möglichkeit geschaffen, Links zu „entwerten". Als die SEOs nämlich erkannten, dass eine Verlinkung aus einem Blog oder einem Forum von Google als Link gewertet wurde und so das Ranking verbesserte, gab es kein Halten mehr. Kommentare, die mit Webseitenlinks gespickt waren, wurden teilweise automatisiert und ohne sinnvollen Inhalt massenhaft in Blogs oder Foren eingetragen. Mit dem Einbau der NoFollow-Funktion wurden diese Links jedoch wertlos, was kurz darauf zu einer deutlichen Reduzierung des sogenannten Foren-Spam führte. „NoFollow“ bedeutet in diesem Zusammenhang, dass die Google-Crawler bei der Analyse des World Wide Web den NoFollow-Links (wie der Name schon vermuten lässt) nicht folgen und somit den Link auch nicht als Backlink bewerten.

Später haben manche „SEOs“ die NoFollow-Möglichkeit genutzt, um beim Linktausch den Link-Partner zu übervorteilen oder bestimmte Webseiten der eigenen Präsenz mit weniger Link-Power zu versehen. Die zweite Möglichkeit, auch *Page Rank Sculpting* genannt, ist aktuell nicht mehr relevant, weil der gewünschte Effekt nicht funktioniert.

Page Rank Sculpting

Mithilfe der NoFollow-Links haben SEOs versucht, den Linksaft innerhalb der eigenen Webseite stärker auf bestimmte Unterseiten zu lenken und dafür von uninteressanten Seiten (wie zum Beispiel der AGB-Seite) fernzuhalten. Nachdem Google-Mitarbeiter dargelegt haben, dass diese Methode nicht funktioniert, war die Idee des Page Rank Sculpting eigentlich schnell gestorben.

Zum Thema *Link-Tausch* sollten Sie wissen, dass manche Partner nicht gerne einen Gegenlink setzen bzw. diesen dann schon mal mit NoFollow kennzeichnen, um auf diese Weise weniger Link-Power von ihrer Seite wegzuführen. Sollten Sie bei einem Backlink eine Gegenleistung in irgendeiner Form vereinbart haben, so macht es auf jeden Fall Sinn, Ihre Backlinks regelmäßig zu überprüfen, um NoFollow-Links aufzuspüren. Falls dies vorher nicht deutlich kommuniziert wurde, ist es natürlich nicht fair, wenn ein Partner einen Backlink mit NoFollow entwertet.

Tipp

Sie können mit verschiedenen Analyse-Tools (zum Beispiel mit der SISTRIX-Toolbox) verfolgen, ob ein Link den Status NoFollow besitzt. Alternativ gibt es auch kostenlose Browser-Erweiterungen, zum Beispiel das Firefox-Add-on *Highlight NoFollow links* oder die Chrome-Erweiterung *NoFollow*. Beide Erweiterungen markieren die entwerteten Links im Browser, sodass Sie schnell erkennen können, wenn ein NoFollow-Link auf Ihrer Partner-Webseite zur Ihrer Webseite verweist.

Abbildung 3.8: *Auszeichnung von NoFollow-Links durch einen rot gestrichelten Rahmen mithilfe eines Browser-Add-ons*

Bei einem Linktausch sollten Sie also wissen, dass ein NoFollow-Link für Ihr SEO weniger wert ist als ein DoFollow-Link – also ein „normaler“ Link. Trotzdem ist es kein Problem, einige NoFollow-Links in seinem Link-Portfolio zu haben. Im Gegenteil: Dies wirkt aus Google-Sicht sogar natürlicher. Eine gute (natürliche) Mischung externer Links ist nach aktueller Ansicht für die Optimierung wichtiger als stark optimierte Links mit Keywords im Ankertext. Also gehören auch NoFollow-Links in Ihre Linksammlung.

Nachdem Sie nun wissen, welche Möglichkeiten es gibt, um Links zu setzen, und was gute und was weniger gute Links sind, bleibt immer noch die entscheidende Frage:

3.6.3 Wie und vor allem wo erhält man die wichtigen Backlinks für die Suchmaschinenoptimierung?

Der Aufbau guter Backlinks ist und bleibt die schwierigste und aufwendigste SEO-Arbeit. Für gute Backlinks muss man letztlich Zeit investieren und andere Webmaster davon überzeugen, dass diese mit Links auf das eigene Projekt verweisen.

Bevor wir hier vorstellen, welche Ideen Sie in Ihre Backlink-Strategie einbeziehen sollten, folgt zunächst einmal eine Auflistung von Methoden, die man früher genutzt hat und die aktuell teilweise auch noch von Optimierern angeboten werden. Da diese Backlink-Methoden jedoch nur noch einen geringen bis keinen Effekt mehr haben, sollten Sie weder Zeit noch Geld in diese Maßnahmen investieren:

- *Branchenverzeichnisse und Adressdaten* – Hier kann man seine Webseite eintragen und auf die eigene Website verlinken.
- *Artikelverzeichnisse* – Im Tausch gegen einen interessanten, eigenständig verfassten Artikel kann man innerhalb dieses Artikels ein bis zwei Backlinks unterbringen.

- *Presseportale* – Mit Pressemeldungen kann man auf Neuerungen im Unternehmen oder auch auf Produkte verweisen und dabei auch Links zur Webseite einbauen.
- *Links in Blocks und Foren* – Kommentare und Anmerkungen in Blocks und Foren kann man mit einer Signatur versehen, die einen Link enthält. Wir haben bereits erfahren, dass Webmaster diese Links meistens entwerten.
- *Social Bookmarks* – Diese „Internet-Lesezeichen“ von Anbietern wie *Digg*, *Oneview* oder *Mister Wong* enthalten Links zur eigenen Website.

Da alle diese Methoden nichts oder sehr wenig für den Link-Aufbau bewirken, sollten Sie andere Backlink-Ideen nutzen – auch wenn diese schwerer umzusetzen sind. Mit folgenden Link-Ideen sammeln Sie auf natürliche Weise Backlinks für Ihre Firmen-Webseite:

Tipp 1: Sprechen Sie mit Ihren Geschäftspartnern (zum Beispiel den Zulieferfirmen), und überzeugen Sie diese, jeweils einen Backlink zu Ihrer Webseite zu setzen.

Tipp 2: Fragen Sie Ihre Kunden! Business-, aber auch immer mehr Endkunden besitzen eine eigene Webseite oder eventuell sogar einen Blog. Dort bieten sich hervorragende Möglichkeiten, um Backlinks zu setzen.

Tipp 3: Vernetzen Sie sich auch mit „Konkurrenten“. Falls Sie z.B. unterschiedliche Zielregionen oder verschiedene Marktnischen bedienen, stärkt dies beide Unternehmen, und Sie erhalten themenrelevante Links.

Tipp 4: Bewerten Sie Veranstaltungen, zum Beispiel Messen oder Kongresse. Diese Bewertungen bieten interessante Linkziele, da sie den bewerteten Unternehmen als Referenz dienen. Auch auf diese Weise erhalten Sie Backlinks. Nachdem Sie Unternehmen verlinkt haben, können Sie diese auch aktiv ansprechen und mit Hinweis auf den bereits gesetzten Link nach einem Backlink fragen.

Tipp 5: Tragen Sie Ihr Unternehmen möglichst in die wichtigsten Online-Datenbanken Ihrer Branche ein, z.B. bei der IHK bzw. der Handwerkskammer, bei Ihrer Innung, bei Verbänden, bei Marketing-Clubs usw.

Tipp 6: Fragen Sie bei Sponsoring-Maßnahmen oder bei einem Engagement für karitative Zwecke nach Backlinks.

Tipp 7: Seien Sie kreativ! Überlegen Sie sich auch interessante Offline-Aktionen, über die zum Beispiel Presse, Blogs oder andere Online-Medien berichten können.

Tipp 8: Schreiben Sie interessante Artikel für Blogs, die diese mit Hinweis auf Ihre Seite nutzen können.

Gastbeiträge für Blogs

Haben Sie oder Ihre Mitarbeiter ein Händchen für das Schreiben kleiner Fachbeiträge? Dann müssen Sie nur noch die passenden Webseiten finden, wo Sie Ihre Beiträge platzieren können. Nutzen Sie dazu die Google-Suche, und geben Sie dort eine Kombination von Blog, Gastbeitrag und Ihrem Thema ein, z.B. „blog solarenergie gastbeitrag". Mit ein wenig Recherchearbeit werden Sie sicherlich einige interessante Weblogs finden, wo Sie Ihren Beitrag in Kombination mit Backlinks zu Ihrer Webseite platzieren können.

Tipp 9: Erstellen Sie ein Tool oder ein Siegel, das kostenlos genutzt werden kann. Als Gegenleistung wird Ihre Webseite als Autor in einem Link genannt. Falls Sie weder ein Tool haben noch ein Siegel vergeben können, so wären qualitativ hochwertige Bilder interessante „Tauschobjekte" für Links.

Tipp 10: Erstellen Sie nützliche Informationen, die verlinkt werden können, z.B. Infografiken, Statistiken, Vergleichstabellen, Erfahrungsberichte, Testergebnisse, „Top 10 Tipps" aus Ihrem Fachgebiet, Linksammlungen zu Ihrem Thema usw. Diese nützlichen Informationen werden oft freiwillig ohne Linkanfrage verlinkt. Dies ist dann echtes „Online-Empfehlungsmarketing".

Vor allem an den letzten Tipps erkennen Sie, dass Link-Aufbau sehr viel mit Kreativität und ausgefallenen Ideen zu tun hat. Eine gewisse Grundlage an Links kann jeder aufbauen, um jedoch den entscheidenden Vorsprung im Link-Aufbau zu erlangen, müssen Sie schon zu einigen außergewöhnlichen Maßnahmen greifen.

Link-Partner mit Google Alerts finden

Nutzen Sie doch einfach *Google Alerts* unter *http://www.google.de/alerts*. Lassen Sie dort Ihren Namen, Ihr Unternehmen und eventuell Ihre Marke durch Google beobachten. Sie erhalten eine Benachrichtigung (einen Alert), sobald Google neue, interessante Webseiten in Internet findet, auf denen Ihre Begriffe auftauchen. Auf diese Weise erhalten Sie eine Reihe interessanter Webseiten, die online über Sie oder Ihr Unternehmen berichten. Kontrollieren Sie, ob dort auch ein Link zu Ihrer Webseite gesetzt wurde. Andernfalls sprechen Sie den Webmaster darauf an und versuchen einen Backlink zu bekommen. Mit etwas Fleiß und Freundlichkeit können Sie so einfach neue Backlinks aufbauen.

3.6.4 Finger weg von Link-Käufen

Wenn Sie sich mit SEO beschäftigen, wird einmal der Tag kommen, an dem Ihnen Backlinks zum Kauf angeboten werden. Dies ist ein vermeintlich einfacher Weg, um neue Backlinks in großer Menge aufzubauen. Link-Kauf wird von Google jedoch immer besser entdeckt und hart bestraft. Falls Ihnen Agenturen diese Möglichkeit des Link-Aufbaus anbieten, sollten Sie dankend ablehnen. Entdeckte Link-Käufer haben Google viele Informationen über die Strukturen der Link-Verkäufer geliefert. Besitzen Sie Links aus diesen Netzwerken, so werden diese im günstigen Fall nicht mehr durch Google bewertet. Wenn es ungünstig läuft, dann kann es aber auch passieren, dass diese Links zur Abstrafung und damit zur Rückstufung im Ranking führen. Viele SEO-Agenturen bieten daher jetzt schon den Abbau dieser Links als Service an. Nachdem früher der starke Aufbau durch gekaufte Links zur Optimierung genutzt wurde, bietet also jetzt ironischerweise der Abbau neue Optimierungsmöglichkeiten. Als Unternehmen bezahlen Sie also zweimal: beim Aufbau und beim Abbau der gekauften Links. An diesem Punkt sollte jedem klar werden, dass dies wirtschaftlich sicher nicht die beste Idee ist. ☺

3.6.5 Meiden Sie schlechte Nachbarn

Schlechte Nachbarn (oder *Bad Neighbourhood*) sind Websites, die bei Google zum Beispiel aufgrund dubioser SEO-Praktiken in Ungnade gefallen sind. Dies kann z.B. durch gekaufte Links oder die Teilnahme an Link-Tauschsystemen passieren. Diese Webseiten wurden bestraft (Penalty) und haben meistens auch einen Teil ihres Page-Ranks verloren. Eine Verbindung Ihrer Webseite zu schlechten Nachbarn kann zur Abwertung Ihrer Webpräsenz führen. Dabei sind beide Linkrichtungen zu beachten. Sie sollten keine Links zu schlechten Nachbarn setzen und auch keine Backlinks von ihnen erhalten. Werfen Sie also bei der Verlinkung zu anderen Seiten und auch bei der Anfrage nach Backlinks einen Blick auf die Partnerseite, und nutzen Sie zusätzlich professionelle SEO-Tools, um Ranking-Entwicklungen und den Verlauf des Page Ranks zu prüfen. Falls Sie Auffälligkeiten entdecken, sollten Sie eher vorsichtig sein und eine Verbindung mit diesen Websites vermeiden.

Tipp

Führen Sie regelmäßige Link-Audits durch. Überprüfen Sie z.B. mit den Tools von Sistrix, XOVI, Search Metrics oder anderen Anbietern Ihre Backlinks. Achten Sie bei diesen Link-Audits darauf, ob Ihre Backlinks noch bestehen. Überprüfen Sie aber auch die Entwicklung des Rankings und den Page-Rank der Link-Geber, um bei Hinweisen auf Bad Neighbourhood Backlinks wieder entfernen zu lassen.

3.6.6 Link-Aufbau ist nicht einfach

Der Link-Aufbau wird immer ein dynamischer Faktor bleiben. Viele Strategien, die früher einmal funktioniert haben, erzielen heutzutage keine Wirkung mehr, weil Google sich darauf eingestellt hat. Die Problematik beim Link-Aufbau besteht außerdem darin, dass Sie immer entscheiden müssen, ob Sie bestimmte „unsaubere" Methoden der Konkurrenz eventuell nachahmen sollten, um nicht zu stark ins Hintertreffen zu geraten. Falls Sie sich dafür entscheiden, besteht jedoch die Gefahr, von Google bestraft zu werden. Ein Unternehmen sollte aus unserer Sicht jedoch immer langfristig planen und darum die durch Google sanktionierten Strategien, wie zum Beispiel den Link-Kauf, meiden – auch auf die Gefahr hin, kurzfristig Nachteile im Ranking hinnehmen zu müssen.

Das Thema Link-Aufbau ist für ein Unternehmen so wichtig, dass man es nicht nur in die Hände externer Dienstleister legen kann. Im Gegenteil erfordert ein guter Link-Aufbau immer die Mithilfe der Unternehmensführung bzw. derjenigen Mitarbeiter, die mit Kunden und Zulieferern im ständigen Kontakt sind. Hier gibt es sicher interessante Möglichkeiten zum Aufbau themenspezifischer Backlinks.

3.6.7 Google-Optimierung durch Facebook, Twitter & Co.?

Es gibt in jüngster Zeit eine große Diskussion über den Einfluss sozialer Netzwerke (Facebook, Twitter, Xing, LinkedIn etc.) auf das Google-Ranking.

Die Erwähnungen in den sozialen Netzwerken sollen nach Meinung einiger Experten das Google-Ranking verbessern – andere Experten verneinen dies. Unbestritten gibt es eine statistisch belegbare Korrelation zwischen einem guten Google-Ranking und vielen „Likes", „Shares" und „Comments" in Facebook. Es gibt also einen Zusammenhang zwischen den Unternehmen, die mit Ihrer Webseite bei vielen Suchbegriffen im Google-Ranking weit vorne stehen, und dem Engagement dieser Unternehmen in den sozialen Netzwerken. Dabei spielt sicher eine Rolle, dass sich die Social-Media-Beiträge viral im Netz ausbreiten. Eine Kausalität wird jedoch von vielen SEOs verneint – vielleicht schadet es ja auch dem Link-Verkauf, wenn *Social Signals* die Links als Ranking-Faktor ablösen? ☺

Korrelation oder Kausalität? Wir wollen diese Diskussion hier gar nicht führen. Interessant ist, dass die SEO-Analysetools und auch Google Analytics, das Webanalyse-Tool von Google, die Aktivitäten in den sozialen Netzwerken registrieren und statistisch darstellen. Was gemessen wird, ist meistens auch von Interesse! Als zusätzliche Off-Page-Optimierungsmaßnahme kann der Aufbau der eigenen Präsenz in sozialen Netzwerken in jedem Fall nicht schaden! Selbst wenn Google die Aktivitäten nicht als Pluspunkt für Ihre Optimierung bewertet, so wird durch eine Präsenz in den sozialen Netzwerken in jedem Fall Aufmerksamkeit für Ihr Unternehmen bzw. Ihr Produkt bei der jeweiligen Zielgruppe erzeugt. Auf diese Weise werden auch neue Besucher auf die Website gelenkt. Es entsteht eine stärkere Suchnachfrage mit Bezug zum Unternehmen bzw. Produkt, und letztlich wird die Wahrscheinlichkeit erhöht, dass andere über das Unternehmen berichten und diese Berichte letztlich wieder Backlinks erzeugen.

3.6.8 Google+ – das soziale Netzwerke von Google

Verschiedene Äußerungen von Google-Mitarbeitern lassen vermuten, dass zumindest das eigene soziale Netzwerk (Google+) in Zukunft einen stärkeren Einfluss auf das Google-Ranking haben wird.

Google kann mithilfe seines sozialen Netzwerks sehr einfach erkennen, welche Zielgruppe sich mit welchen Begriffen für bestimmte Webseiten interessiert. Die „Google+-Empfehlungen“ (*Google +1*) sind „echte Empfehlungen“, die schwer zu fälschen sind. (Obwohl bereits jetzt die Google+-Empfehlungen genau wie Facebook-Fans und Backlinks im „Hunderterpack“ zum Kauf angeboten werden.)

Wenn man davon ausgeht, dass die Nutzer der sozialen Netzwerke zum größten Teil Endkunden sind, dann geben Empfehlungen, Kommentare und Bewertungen zu Produkten und Dienstleistungen Google wichtige Hinweise zum Thema einer Website. So erfährt Google auch, ob ein Keyword wirklich zu einer Webseite passt oder ob dieses Keyword nur Wunschdenken des Webseitenbesitzers ist.

3.6.9 Wie sollte ein Link aussehen?

Nachdem wir verschiedene Möglichkeiten besprochen haben, an Backlinks zu kommen, sollte natürlich noch kurz geklärt werden, wie ein Backlink auszusehen hat. In den letzten Jahren waren die SEOs ganz wild darauf, den sogenannten Ankertext mit dem Haupt-Keyword zu versehen.

Ein Backlink zu einer Lebensversicherungs-Webseite sah daher oft so oder so ähnlich aus:

Lebensversicherung online vergleichen

Die drei Begriffe, die als Linkfläche dienen, stellen also den Ankertext dar. Dieser sollte möglichst das Haupt-Keyword (hier „Lebensversicherung") enthalten. Die SEOs haben dabei in der Vergangenheit wie immer übertrieben, sodass Google es heute (November 2012) eher verdächtig findet, wenn zu oft ein Haupt-Keyword im Ankertext eines Backlinks auftaucht. Darum hat sich die Backlink-Taktik etwas verändert, sodass man nun dazu neigt, eine Mischung verschiedener Ankertexte für den Backlink-Aufbau zu nutzen.

Achten Sie also darauf, dass neben Ihren Haupt-Keywords auch die URL Ihrer Webseite, der Name Ihres Unternehmens oder die Produktnamen als Ankertext genutzt werden. Üblich und daher für Google natürlich ist es, wenn einfach das Logo Ihres Unternehmens als Bild verlinkt wird. Die Variationen der Ankertexte sind also aktuell wichtiger, als nur die Keywords zu verlinken. Denken Sie auch daran, dass Sie nicht nur Ihre Startseite verlinken, sondern zwischendurch auch passend zum Thema einen Link zu der jeweiligen Unterseite setzen. Google mag diese sogenannten *Deep Links* als Linkziele. So helfen Sie Google, schnell interessante, themenrelevante Unterseiten zu finden.

Deep Links

Mit *Deep Links* bezeichnet man Links zu einzelnen Unterseiten Ihrer Webpräsenz. Während die meisten Links zur Startseite gesetzt werden, vernetzen die Deep Links „tiefer gelegene" Unterseiten. Mit dem *Deep Linking* erreichen Sie eine bessere Vernetzung und eine einfachere Crawlbarkeit Ihrer Webseite.

Neben dem Linkziel und dem Ankertext können Sie Ihre Links auch noch mit entsprechenden Titeln versehen. Diese title-Attribute sollten verwandte Begriffe beinhalten, um den Suchmaschinen mehr Informationen zum Linkziel zu liefern. Webseitenbesucher erhalten diese Informationen, wenn sie mit der Maus über diesen Link fahren.

Die einfachste Form eines Backlinks könnte folgendermaßen aussehen:

```
<a href="www.IHRE-WEBSEITE.de" title="Versicherungsvergleiche
Berufsunfähigkeit">Lebensversicherung online vergleichen</a>
```

Dieser Beispiel-Link besitzt also den Titel „Versicherungsvergleiche Berufsunfähigkeit" und einen Ankertext, der „Lebensversicherung online vergleichen" lautet.

Tipp

Zur Vorbereitung Ihres Backlink-Aufbaus sollten Sie bzw. Ihr Programmierer verschiedene Link-Codes für Ihre Link-Partner bereithalten. Sie können nicht darauf hoffen, dass jeder die vorbereiteten Links auch so in seine Webseite einbaut, aber manche Webmaster sind froh, wenn sie mit möglichst wenig Arbeit den Backlink haben. Bereiten Sie daher verschiedene Link-Variationen vor. So erfüllen Sie die von Google gewünschte Link-Vielfalt. Steuern Sie anhand der bereits aufgebauten Backlinks, welche Links Sie vermehrt an Ihre Link-Partner weitergeben. Auf diese Wiese bauen Sie eine natürliche Mischung an Backlinks auf.

3.7 Was ist zu tun?

- Nutzen Sie verschiedene kreative Techniken zum Link-Aufbau.
- Meiden Sie schlechte Nachbarschaft.
- Erstellen Sie einen Teil Ihrer Backlinks mit passenden Keywords im Ankertext.
- Mischen Sie die Art Ihrer Backlinks (Keywords, URL, Firmenname, Logo etc.).
- Kaufen Sie keine Backlinks.
- Bereiten Sie verschiedene Backlink-Codes für Ihre Partner vor.
- Erstellen Sie auch einige Deep Links zu Ihrer Webseite.
- Machen Sie sich mit den sozialen Netzwerken vertraut, und denken Sie über eine Social-Media-Strategie nach.
- Erstellen Sie einen Google+-Account, und machen Sie sich mit den Möglichkeiten von Google+ vertraut.

Kapitel 4

SEA

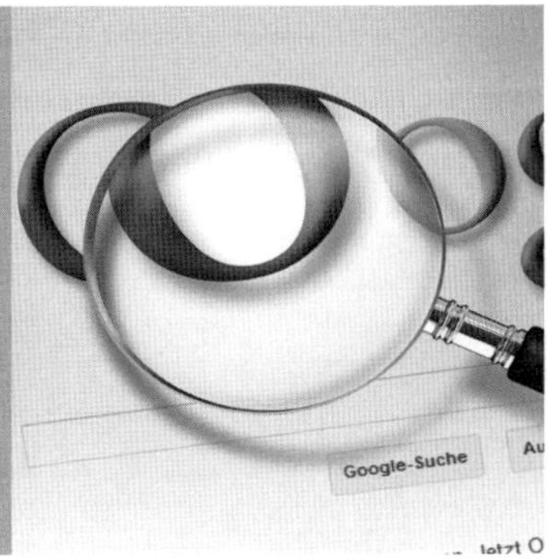

Nachdem wir uns die Optimierungsmöglichkeiten im Bereich SEO angeschaut haben, widmen wir uns nun den Google-AdWords-Kampagnen, also den Marketing-Möglichkeiten mit SEA (Search Engine Advertising). Der größte Anteil der AdWords-Werbung besteht aus den Textanzeigen. Diese erscheinen, wie wir uns erinnern, bei der Google-Suche hauptsächlich auf der Suchergebnisseite oberhalb der Suchergebnisse und auf der rechten Seite.

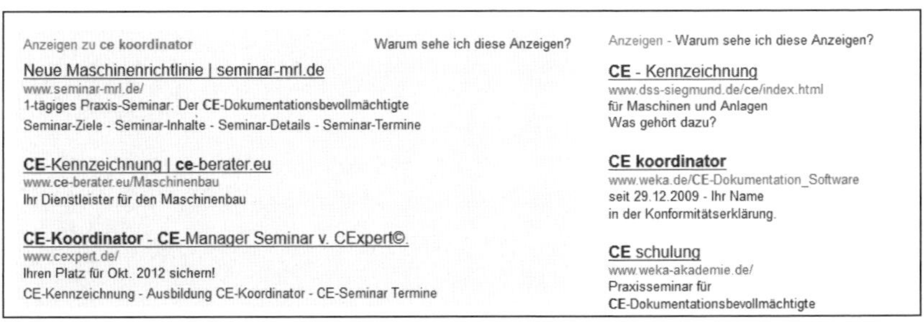

Anzeigen zu ce koordinator — Warum sehe ich diese Anzeigen?

Neue Maschinenrichtlinie | seminar-mrl.de
www.seminar-mrl.de/
1-tägiges Praxis-Seminar: Der CE-Dokumentationsbevollmächtigte
Seminar-Ziele - Seminar-Inhalte - Seminar-Details - Seminar-Termine

CE-Kennzeichnung | ce-berater.eu
www.ce-berater.eu/Maschinenbau
Ihr Dienstleister für den Maschinenbau

CE-Koordinator - CE-Manager Seminar v. CExpert©.
www.cexpert.de/
Ihren Platz für Okt. 2012 sichern!
CE-Kennzeichnung - Ausbildung CE-Koordinator - CE-Seminar Termine

Anzeigen - Warum sehe ich diese Anzeigen?

CE - Kennzeichnung
www.dss-siegmund.de/ce/index.html
für Maschinen und Anlagen
Was gehört dazu?

CE koordinator
www.weka.de/CE-Dokumentation_Software
seit 29.12.2009 - Ihr Name
in der Konformitätserklärung.

CE schulung
www.weka-akademie.de/
Praxisseminar für
CE-Dokumentationsbevollmächtigte

Abbildung 4.1: *AdWords-Textanzeigen in der Google-Suche*

Außerdem können die Textanzeigen aber auch auf verschiedenen anderen Google-Partner-Seiten geschaltet werden. Zusätzlich bietet das AdWords-Werbeprogramm auch die Möglichkeit, Bild- und Videoformate im sogenannten Display-Netzwerk auf unterschiedlichen Webseiten zu schalten. Innerhalb dieses Werbenetzwerks bieten zum Beispiel Google AdSense-Partner bestimmte Bereiche auf ihren Webseiten als Werbeflächen an.

Abbildung 4.2: *AdWords-Textanzeigen bei Werbepartnern im Google-Display-Netzwerk*

Abbildung 4.3: *AdWords-Display-Anzeigen bei Werbepartnern im Google-Display-Netzwerk*

4.1 Umsetzung in AdWords

Die Online-Plattform *Google AdWords* mit ihren verschiedenen Werbemöglichkeiten ist ein Thema für ein komplettes Buch. Wir möchten uns daher hier auf die wichtigsten Tipps und Tricks beschränken, damit Sie Google AdWords optimal einsetzen können. Diese Tipps helfen Ihnen, mit AdWords sehr zielgerichtet Ihre potenziellen Kunden zu erreichen und dabei möglichst wenig Geld auszugeben.

Die Google AdWords-Werbemöglichkeiten unterteilen sich in das *Such-Werbenetzwerk* und das *Display-Netzwerk*. Die bekanntere Möglichkeit ist die Nutzung des Such-Werbenetzwerkes. Bei dieser Werbeform geht es darum, zielgenau die passende Werbung zu den angefragten Suchbegriffen zu schalten. Das Such-Werbenetzwerk enthält zum einen die verschiedenen Google-Plattformen bzw. -Produkte, wobei die Google-Suche natürlich am bekanntesten ist. Aber auch *Google Earth* oder *Google Groups* etc. enthalten Suchfunktionen, die entsprechende Google-Textanzeigen auslösen.

4.1.1 Google-Partner im Such-Werbenetzwerk

Zusätzlich besitzt Google Partner im Such-Werbenetzwerk. Als bekanntester Partner ist hier T-Online zu nennen. Die Suche bei T-Online beruht zum einen auf den organischen Treffern der Google-Datenbank, zum anderen schaltet T-Online aber auch AdWords-Text-Anzeigen auf den Ergebnisseiten.

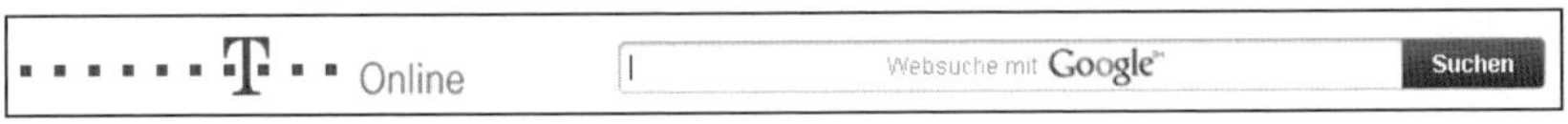

Abbildung 4.4: *Google-Suche bei T-Online*

Eine komplett andere Werbeform bietet das Display-Netzwerk. Hier kann man über das AdWords-Werbeprogramm Anzeigen in Text-, Bild- oder Videoformaten auf sogenannten Content-Seiten schalten. Diese Anzeigen erscheinen nicht bei Suchanfragen, sondern werden themenbezogen geschaltet, zum Beispiel auf Webseiten von Foren, Fachportalen, Online-Magazin etc. Über das Display-Netzwerk können Sie auch neben kleinen Videoanzeigen die Anzeigenformate im Videokanal YouTube steuern. Der große Unterschied des Display-Netzwerkes besteht darin, dass die Betrachter der Anzeigen vorher nicht selbst aktiv nach einem Begriff gesucht haben und daher auch weniger Interesse an den Werbeeinblendungen haben. Dies erkennt man sehr deutlich an der Klickrate, die im Display-Netzwerk viel geringer als im Such-Werbenetzwerk ist.

4.1.2 Die wichtigsten Begriffe bei Google AdWords

Das ganze Thema Suchmaschinenmarketing ist, wie Sie bereits bemerkt haben, mit vielen Fachbegriffen gespickt. Das Google AdWords-Tool hat zudem noch seine eigene Sprache, die sich natürlich auf englische Begriffe stützt. Die folgende Liste mit den wichtigsten AdWords-Fachbegriffen wird Ihnen den Einstieg erleichtern.

- **Impressions** (Impressionen): Die Impressions geben an, wie oft Ihre Anzeige eingeblendet wurde. Die reine Einblendung einer Textanzeige zu den Google-Suchanfragen ist kostenlos.
- **Clicks** (Klicks): Die Klicks geben an, wie oft Ihre Anzeige angeklickt wurde. Da Google standardmäßig die angebotene Werbung nach dem PPC-Modell (Pay per Click) anbietet, verursacht nur der Klick auf die Werbung Kosten, der den Suchenden auf die Website führt.
- **CTR** (Click-Through-Rate – Klickrate in %): Die Klickrate ist einer der wichtigsten Benchmarks im AdWords-Konto. Sie gibt die Anzahl der Klicks pro 100 Impressionen in Prozent an. Zehn Klicks bei 100 Werbeeinblendungen ergeben also eine Klickrate von 10 %. Obwohl einige Experten sagen, dass man keinen generellen Durchschnittswert für eine gute Klickrate angeben kann, sollten bei Ihnen die Alarmglocken schrillen, wenn die Klickrate unter 1 % fällt. Es ist zwar richtig, dass die Klickrate immer vom jeweiligen Thema und der Konkurrenz abhängig ist, aber bei 1 % und weniger sollten Sie schon einmal genauer hinschauen und zumindest die Ursache für die geringe Klickrate erforschen. Google empfiehlt im Durchschnitt eine Klickrate von 2 bis 3 %, und gute Keywords erreichen Klickraten von 5 % und mehr.
- **CPC** (Cost per Click – Kosten pro Klick): Dies sind die Kosten, die Sie jeweils pro Klick bezahlen. Bei jeder neuen Suchanfrage werden in Sekundenschnelle die Position, die Konkurrenz und letztlich die Klickkosten für die Anzeigen-Klicks berechnet. Klicks zum gleichen Keyword können zu unterschiedlichen Zeiten auch leicht abweichende Kosten verursachen. Die Statistik im AdWords-Konto zeigt daher auch immer nur den durchschnittlichen CPC an.
- **Max. CPC** (maximale Kosten pro Klick): Der maximale CPC markiert die Obergrenzen an Klickkosten, die Sie vorher festlegen – also was Sie maximal pro Klick auf das jeweilige Keyword bezahlen

möchten. Diese Grenze wird jedoch selten erreicht und auch nie überschritten. Falls das AdWords-System bei der Suchanfrage Kosten errechnet, die über Ihrem maximalen CPC liegen, dann nehmen Sie für diese Anfrage einfach nicht an der Anzeigenauktion teil. Ihre Textanzeige wird dann nicht geschaltet.

- **CPM** (Cost per Mille – Tausender-Kontakt-Preis): Der Tausenderkontaktpreis ist eine Ausnahme im Google-AdWords-System, der nur für das Display-Netzwerk als Gebot abgegeben werden kann. Hierbei können Sie nämlich auch auf 1000 Werbeeinblendungen bieten. Mit dem CPM geben Sie also Ihr Gebot für 1000 Einblendungen an. Werden Ihre Anzeigen geschaltet, dann wird der Betrag fällig, egal ob Ihre Anzeige keinmal, einmal oder 1000-mal angeklickt wird. Der CPM eignet sich im Display-Netzwerk vor allem für eine Branding-Kampagne. CPM sollten Sie also nutzen, wenn es vor allem darum geht, dass eine Anzeige möglichst oft auf interessanten Webseiten eingeblendet wird.
- **Quality Score** (Qualitätsfaktor): Der Qualitätsfaktor ist ein ganz wichtiger Punkt im AdWords-System, um den wir uns später noch genauer kümmern werden. Der Qualitätsfaktor drückt vereinfacht gesagt aus, wie gut Ihre Keywords, Ihre Textanzeigen und Ihre Landing-Page aufeinander abgestimmt sind. Wenn dies auch noch die Erwartung des Google-Nutzers trifft, wird Google Ihre AdWords-Werbung „lieben" und mit einem hohen Qualitätsfaktor belohnen.
- **Conversion-Rate** (Konversionsrate): *Konversion* bedeutet im Online-Marketing die Umwandlung eines Webseitenbesuchers in einen Kunden. Mit einem AdWords-Code können Sie die Konversion messen. Vereinfacht gesagt wird dabei kontrolliert, ob ein bestimmtes Ziel (zum Beispiel ein Einkauf im Webshop) erreicht wurde. Neben der Klickrate ist die Konversionsrate der wichtigste Kontrollpunkt in Ihrem AdWords-Konto. Während die CTR anzeigt, ob interessierte Besucher über die AdWords-Werbung auf Ihre Seite gekommen sind, verrät die Konversionsrate, ob die Besucher danach auch zu Kunden geworden sind. Da eine Konversion für sehr unterschiedliche Aktionen stehen kann (vom Einkauf über die Newsletter-Anmeldung bis hin zum Besuch einer bestimmten Webseite) ist es hier im Vergleich zur CTR noch schwieriger, einen Durchschnittswert festzulegen. Laut einem Google-Mitarbeiter liegt eine normale Konversionsrate jedoch im Schnitt bei 2 %! Das heißt, von2 bis 3 % der Google-User, die auf eine Textanzeige klicken, werden im Durchschnitt 2 % zu Kunden.

Hier liegt viel Optimierungspotenzial, denn es gibt durchaus Webseiten, die höhere Konversionsraten als 2 % haben.

4.1.3 Anmeldung bei Google AdWords

Um sich beim Google-AdWords-Programm anzumelden, gehen Sie zunächst auf die Webseite *adwords.google.de*. Hier können Sie sich zum Beispiel mit einem bestehenden Google-Login anmelden. Alternativ können Sie auch einen neuen Google-Login einrichten.

Zu Beginn werden Sie dann durch einen Anmeldeprozess geführt, bei dem auch direkt die erste Kampagne und Anzeige erstellt wird. Wir empfehlen jedoch, den Vorgang nach den Anmeldeformalitäten abzubrechen und dann später in Ruhe mit den notwendigen Informationen zu Zielen, Produktvorteilen und gewünschter Zielgruppe die einzelnen Werbekampagnen aufzusetzen.

Abbildung 4.5: *Die Anmeldeseite für das Google-AdWords-Programm*

4.1.4 Aufbau des AdWords-Kontos

Das AdWords-Konto selber enthält zurzeit sechs verschiedene Hauptregister. Den Zusatz „zurzeit" muss man hinzufügen, da das Google-AdWords-Backend ein Online-Tool ist, das in der Vergangenheit in sehr kurzen Zeitabschnitten und ohne Vorankündigung mit neuen Features, Registern und zusätzlichen Tools ausgestattet wurde. Auf diese Weise sieht das Google-AdWords-Backend fast monatlich etwas anders aus. In einem Buch ist es darum schwierig, den jeweils aktuellen Stand zu beschreiben.

Abbildung 4.6: *Das Hauptregister von Google AdWords*

Die Register ABRECHNUNG und MEIN KONTO fallen in den Verwaltungsbereich des AdWords-Kontos. Hier finden Sie zum Beispiel die monatlichen Abrechnungen und die Einstellungsmöglichkeiten für die Zugriffsrechte. Ein wichtiges Register nennt sich TOOLS UND ANALYSEN. Hier verbergen sich die wichtigen AdWords-Tools, die Ihnen bei der Optimierung Ihres Kontos helfen. Außerdem ist hier ein Verbindungslink zu Google Analytics hinterlegt, dem Webanalyse-Tool von Google.

Das Register WERBECHANCEN enthält verschiedene Hinweise mit neuen Keyword-Vorschlägen und Gebotseinstellungen, die jedoch automatisiert durch das Google-Tool erstellt werden. Untersuchen Sie die Vorschläge daher kritisch, und treffen Sie Ihre eigene Auswahl. Auf der STARTSEITE können Sie sich entsprechend Ihren Wünschen verschiedene Konto-Statistiken zusammenstellen.

4.1.5 Kampagnen – das Herz des AdWords-Kontos

Das Herz des AdWords-Kontos ist jedoch das Hauptregister KAMPAGNEN. Hier können Sie Ihre Werbekampagnen einrichten sowie die entsprechenden Statistikberichte abrufen. Dieses Hauptregister enthält wieder verschiedene Unterregister. Die wichtigsten Unterregister zum Aufbau einer neuen Werbung sind die Kampagnen, Anzeigengruppen, Anzeigen und Keywords.

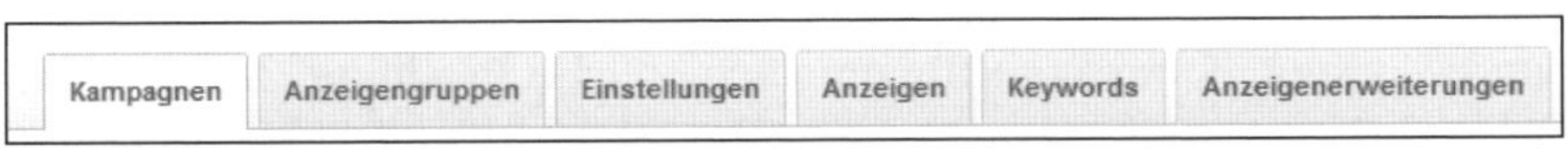

Abbildung 4.7: *Die Unterregister des Hauptregisters KAMPAGNEN*

Dass das Hauptregister KAMPAGNEN wieder ein Unterregister KAMPAGNEN aufweist, ist etwas verwirrend. Dazu muss man die Grundaufteilung des AdWords-Kontos kennen. Die Werbekampagnen im AdWords-Konto werden zunächst in Kampagnen unterteilt, die wiederum verschiedene Anzeigengruppen enthalten können. Zu einer Anzeigengruppe gehören dann zum einen die Keywords, die eine Anzeigenschaltung auslösen, und die Anzeigen, die entsprechend zum Suchergebnis eingeblendet werden.

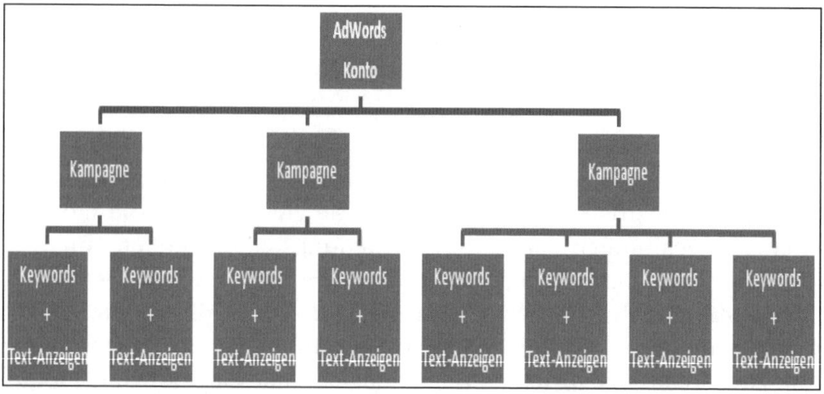

Abbildung 4.8: *Schematische Aufteilung des AdWords-Kontos*

AdWords-Kontolimits

Die Anzahl an Kampagnen, Anzeigengruppen, Keywords etc. im AdWords-Konto unterliegt Beschränkungen. Diese wurden im Laufe der Zeit ständig nach oben verschoben. Aktuell gelten folgende Limits:

- 10.000 Kampagnen (aktiv oder pausiert)
- 20.000 Anzeigengruppen pro Kampagne
- 10.000 Keywords pro Anzeigengruppe
- 4 Millionen Textanzeigen pro Konto (aktiv oder pausiert)
- 5 Millionen Keywords pro Konto

Diese Grenzwerte sollten für alle mittelständischen Unternehmen ausreichen. Eigentlich benötigen die meisten AdWords-Kunden meist nur eine Handvoll unterschiedlicher AdWords-Kampagnen. Der Begriff *Kampagne* wird im AdWords-Konto nämlich nicht wie sonst üblich im Sinne einer Marketingkampagne für unterschiedliche Produkte genutzt, sondern wird von Google rein „kontotechnisch" verwendet. Sie benötigen immer eine neue Kampagne, sobald Sie unterschiedliche grundlegende Einstellungen für unterschiedliche Werbeaktionen nutzen möchten.

Die folgenden Beispiele verdeutlichen, wann Sie eine eigenständige Kampagne in AdWords benötigen:

- **Ausrichtung auf verschiedene Werbenetzwerke** – z.B. eine Kampagne für das Such-Werbenetzwerk und eine Kampagne für das Display-Netzwerk
- **Ausrichtung auf verschiedene Zielregion** – z.B. eine Kampagne für Deutschland und eine Kampagne für Österreich mit eigenständigen Keywords und speziellen auf das Land ausgerichteten Textanzeigen

- **Ausrichtung auf verschiedene Endgeräte** – z.B. eine Kampagne für Computer/Laptops und eine spezielle Kampagne für Smartphones
- **unterschiedliche zeitliche Ausrichtung** – z.B. eine Frühjahrskampagne und eine Herbstkampagne

Sie erkennen, dass mehr Ihre Online-Strategie als die Anzahl Ihrer Produkte für die Einrichtung einer neuen Kampagne verantwortlich ist.

Eine eigene Kampagne für die „Produkt-Stars"

Es gibt jedoch eine Strategie, bei der eine AdWords-Kampagne eng an ein einzelnes Produkt (oder auch eine Dienstleistung) gekoppelt ist. Falls Sie eigene Werbebudgets für spezielle Produkte bzw. Dienstleistungen festgelegt haben, dann sollten Sie für diese jeweils eigene Kampagnen aufsetzen. Auf diese Weise erhält also Ihr „Verkaufsschlager" ein eigenes Werbebudget, damit die weniger wichtigeren Suchanfragen nicht das ganze Werbebudget der wichtigsten Produkte aufbrauchen. Durch die Einrichtung einer eigenen Kampagne können Sie die Zuordnung der kostenpflichtigen Klicks zu den Produkten/Dienstleistungen besser steuern.

4.1.6 Wichtige Kampagnen-Einstellungen

Jede neue AdWords-Kampagne erhält zunächst wichtige Vorgaben: die Grundeinstellungen einer Kampagne. Bearbeiten Sie diese Einstellungen sorgfältig, denn hier verbirgt sich bereits Optimierungspotenzial zur Schonung Ihres Werbebudgets.

Die folgenden Praxis-Tipps sollen Ihnen helfen, Ihre bestehenden Kampagnen zu optimieren bzw. bei der Erstellung einer neuen Kampagne die richtigen Optionen zu wählen.

1. Tipp: Kampagnenname

Vergeben Sie immer einen eindeutigen Namen für Ihre Kampagne. Der Kampagnenname hängt natürlich von Ihrer Strategie und den grundsätzlichen Einteilungen Ihrer Kampagnen ab.

1. Beispiel: Möchten Sie einen Webshop in Deutschland, Österreich und der Schweiz individuell bewerben, so könnten Sie Ihre Kampagnennamen folgendermaßen vergeben:

- Webshop-D
- Webshop-A
- Webshop-CH

2. Beispiel: Möchten Sie Ihre Seminare auf das Such-Werbenetzwerk und das Display-Netzwerk ausrichten, so könnten Sie Ihre Kampagnen folgendermaßen nennen:

- Seminare-Suche
- Seminare-Display

3. Beispiel: Möchten Sie hingegen Kampagnen für verschiedene Produkte erstellen, die jeweils ein eigenes Werbebudget besitzen, so könnten Sie die Kampagnennamen nach folgendem Schema vergeben:

- Laufschuhe-Adidas
- Laufschuhe-Nike
- Laufschuhe-Ascis

Die einzelnen Beispiele kann man auch kombinieren. Eine Kampagne im Such-Werbenetzwerk würde für Deutschland dann z.B. „Webshop-Suche-D" heißen.

2. Tipp: Kampagnentyp

Unterteilen Sie Ihre Kampagnen auf jeden Fall in die Kampagnen, die im Such-Werbenetzwerk und diejenigen, die im Display-Netzwerk geschaltet werden. Da beide Ausrichtungen völlig unterschiedliche Ziele verfolgen, sollten Sie hier genau trennen, um die Kampagnen besser steuern und auch eigene Budgets vergeben zu können. Google hat auf diese nützliche, von den AdWords-Nutzern schon länger praktizierte Unterteilung reagiert, indem man nun bei der Neuanlage bereits die Kampagnentypen auswählen kann. Früher waren die beiden Kampagnentypen grundsätzlich in der Standardeinstellung einer Kampagne verbunden. So haben viele „AdWords-Neulinge" im Display-Netzwerk geworben, ohne es zu wissen.

3. Tipp: Geräteausrichtung

Bitte bedenken Sie bei der Einrichtung Ihrer Kampagne auch, für welche Endgeräte diese sichtbar sein soll. Schalten Sie eine Kampagne gleichzeitig für Laptops und Tablet-PCs, so sollten Sie sich auf jeden Fall vergewissern, ob Ihre Seite auch auf den kleineren Tablets gut zu lesen ist und ob man auch gut auf ihr navigieren kann. Ist dies nicht der Fall, so macht eine Kampagne auf dem Tablet-PC keinen Sinn. Sie sollten dann lieber zunächst Ihre Webseiten für Tablets optimieren und anschließend eine eigene Werbekampagne – eventuell mit eigenen Zielen – darauf ausrichten. Bedenken Sie, dass bei mobilen Geräten eher lokal gesucht wird und die Zeit (z.B. auch die Reaktionszeit) eine wichtige Rolle spielt.

Falls Sie auch Werbung für Smartphones schalten möchten, so sollten Sie hierfür ebenfalls eine eigene Kampagne erstellen. Für manche Angebote, z.B. im Dienstleistungsbereich kann es sogar sinnvoll sein, für die Smartphones eine sogenannte Click-to-Call-Funktion zu nutzen. Dies bedeutet, dass auf Smartphones die Anzeigen so eingestellt werden, dass der Klick auf die Google-Anzeige das Smartphone direkt mit Ihrer Hotline verbindet.

4. Tipp: Zielregion nach Strategie wählen

Da Sie vorher schon in Ihrer Strategie festgelegt haben, in welchen Zielregionen Sie Ihre potenziellen Kunden erreichen möchten, müssen Sie nun die Standorte nur noch über die Kampagnen-Einstellungen festlegen. Momentan nutzt Google seine Suchmaschinenerfahrungen und steuert die Auswahl der Länder, Bundesländer, Regionen oder Städte über eine Suchfunktion. Tippen Sie also einfach wie bei der Suche in Google-Maps die gewünschte Zielregion in das entsprechende Suchfeld ein. Sofort werden zum Suchbegriff passende Zielregionen angezeigt, die Sie dann nur noch hinzufügen müssen.

Außer bestimmten Städten, Bundesländern oder Ländern können Sie auch Gebiete, die in einem festgelegten Radius um eine Stadt liegen, als Zielregion wählen.

Bei der Festlegung der Zielregion sollten Sie immer daran denken, dass diese über eine IP-Adresse ermittelt wird. Die IP-Adresse des Suchenden ist der Standort des nächsten „freien" Interneteinwahlknotens. Dieser kann auf dem Lande auch in der nächsten Großstadt liegen. Die Festlegung der Zielregion ist also nicht so eindeutig, wie es oft suggeriert wird. Bei der Eingabe der Zielregion müssen Sie entscheiden, ob Sie auf Nummer sicher gehen wollen – und dann auch noch größere Städte in der Nähe Ihrer Zielregion hinzufügen – oder ob Sie bei der Auswahl einer Fläche oder kleinerer Städte in Kauf nehmen, dass Sie nicht 100 % der Internetnutzer in der dargestellten Zielregion erreichen können.

Beachten Sie die Möglichkeit, dass Sie auch einzelne Bereiche aus Ihrem Zielgebiet bewusst ausschließen können. Dies kann zum einen dann interessant sein, wenn Sie Ihr eigenes Offline-Geschäft nicht durch die Online-Werbung kannibalisieren möchten oder wenn Sie einen direkten Konkurrenten über Ihre Online-Aktivitäten im Unklaren lassen möchten. Sie können dann Regionen gezielt ausschließen, sodass am Standort des Konkurrenten Ihre AdWords-Anzeigen nicht erscheinen. Auch für Grenzregionen kann es notwendig sein, bestimmte Bereiche auszuschließen.

Bitte beachten Sie: Je genauer Sie Ihre Werberegion bestimmen, desto zielgerichteter können Sie Ihr Werbebudget einsetzen.

5. Tipp: Standortoptionen richtig wählen

Nachdem Sie bestimmte Standorte ausgewählt haben, können Sie mit den Standortoptionen noch genauer festlegen, wie Google mit den ausgewählten Zielregionen umgehen soll. Dabei können Sie grundsätzlich festlegen, ob neben dem physischen Standort des Suchenden (der durch die IP-Adresse festgelegt ist) z.B. auch Städtenamen in der Suchanfrage eine Anzeigenschaltung auslösen sollen:

- Für eine Kfz-Werkstatt in Frankfurt sollte eine AdWords-Werbung nur für eine Zielregion rund um Frankfurt erscheinen. Ein Nutzer aus Berlin, der nach „Kfz Werkstatt Frankfurt" sucht, wird höchstwahrscheinlich nicht zu Ihrer Zielgruppe zählen.
- Für ein Hotel in Frankfurt sieht die Sache schon wieder anders aus. Hier sollte die Anzeige auch in München erscheinen, wenn jemand nach „Hotel Frankfurt" sucht. Bei dieser Zielgruppe macht es also Sinn, die Anzeige auch dann zu schalten, wenn die Zielregion in der Suchanfrage auftaucht.

Auf ähnliche Weise können Sie auch Optionen für ausgeschlossene Zielgebiete festlegen. Wählen Sie Ihre Einstellungen daher immer so, dass Sie Ihre gewünschte Zielgruppe über möglichst viele passende Suchanfragen erreichen und dabei von vornherein ungewollte Besucher ausschließen. Bei allen Einstellungen sollten Sie daher immer Ihre Zielgruppe vor Augen haben. Es gibt nicht „die richtige Kampagneneinstellung". Manche Optionen sind für die eine Zielgruppe sinnvoll, während sie bei einer anderen Kampagne zu viele Klicks generieren, die dann keine Kunden bringen.

6. Tipp: Spracheinstellungen

Auch die Spracheinstellung hat sehr wesentlich mit Ihrer Zielgruppe zu tun. Die Spracheinstellung der Google-Benutzeroberfläche bestimmt, wer Ihre Anzeige zu Gesicht bekommt. Im Normalfall reicht hier die Landessprache der Zielregion. Aber es gibt Ausnahmen, die Sie bei der Kampagneneinstellung bedenken sollten. Wenn z.B. mehrere

Sprachen in einer Zielregion gesprochen werden, wie z.B. in der Schweiz, oder wenn Sie in Deutschland Businesskunden aus internationalen Unternehmen als Zielgruppe haben, sieht die Sache schon anders aus. Wenn also deutschsprachige Mitarbeiter mit einer englischsprachigen Browsereinstellung nach deutschen Begriffen suchen, werden die Anzeigen nur angezeigt, wenn Sie neben Deutsch auch Englisch für Ihre Kampagnen in der Zielregion Deutschland gewählt haben. Treffen solche Ausnahmen auf Ihre Zielgruppe zu, so sollten Sie in den Spracheinstellungen per Checkbox mehrere Sprachen gleichzeitig auswählen.

Vorsicht ist geboten, wenn Sie Englisch in Deutschland zusätzlich einstellen, aber auch viele englischsprachige Suchbegriffe schalten. Dann kann es nämlich passieren, dass Ihre deutschsprachigen Anzeigen oft bei englischsprachigen Google-Nutzern erscheinen, die mit der Werbung nichts anfangen können. Dies schadet auf Dauer Ihrer Kampagne, denn Impressionen ohne Klicks mag Google nicht, wie Sie noch sehen werden. Stellen Sie also auch die passende(n) Sprache(n) Ihrer Kampagne mit Blick auf Ihre potenziellen Kunden ein.

7. Tipp: Gebotsoptionen wählen

Bei der Abgabe Ihrer Keyword-Gebote können Sie sich grundsätzlich entscheiden, ob Sie die Gebote selbst festlegen oder die Aufgabe an das AdWords-System übertragen. Soll AdWords die Aufgabe erledigen, können Sie noch unterscheiden, ob das System Ihnen möglichst viele Klicks oder möglichst viele Konversionen liefern soll.

Die Erfahrung aus der Analyse vieler AdWords-Konten lautet jedoch: „Mensch schlägt Maschine." Durch die eigenen Erfahrungen sind Sie den automatisierten AdWords-Geboten überlegen. Viele AdWords-Neulinge vertrauen jedoch darauf, dass das AdWords-System die Aufgabe besser erledigt. Dabei sollten Sie immer bedenken, dass die Google-Mitarbeiter Statistiken lieben. Auch die programmierten Tools „verlassen" sich auf Statistiken! Sollte aus irgendeinem Grund eine Ihrer Anzeigen von den potenziellen Kunden falsch verstanden worden sein, so wird das AdWords-System gnadenlos auf die Keyword-Textkombination bieten, die „scheinbar" Erfolg hatte. Der Mensch kann diesen Fehler durch Hintergrundwissen entdecken – die Maschinen können dies nicht. Googles Statistikprogramme richten sich nur nach Zahlen, die vor allem zu Beginn einer AdWords-Kampagne eventuell noch nicht das optimale Abbild der Ziele und Suchinteressen wiedergeben. Darum sollten Sie zunächst immer selbst Ihre Gebote manuell einstellen und anpassen, wobei Sie beim Start einer neuen Kampagne täglich und nach der ersten Woche alle sieben Tage ins Konto schauen sollten. Später reicht für die meisten AdWords-Konten eine monatliche Kontrolle.

Erst nachdem Ihre neue Kampagne optimiert ist, können Sie einmal ausprobieren, ob das AdWords-Programm es besser kann. Bei der Gebotsoptimierung anhand von Conversions müssen Sie ohnehin abwarten, bis 15 Conversions innerhalb von 30 Tagen von AdWords gemessen wurden. Erst danach können Sie auf die entsprechend automatisierten Gebote umstellen.

8. Tipp: Das richtige Budget wählen

Die häufigste Frage, die man von AdWords-Neulingen hört, bezieht sich auf das Werbebudget: Welches Budget soll ich zu Beginn wählen?

Dabei wird auch immer argumentiert, dass ein Budget eigentlich keine Rolle spielt, wenn durch die Werbung genug zahlende Neukunden generiert werden. „Wenn" ist hier das entscheidende Wort! Bei den meisten AdWords-Nutzern spielt das Budget zunächst jedoch eine wichtige Rolle. Bedenken Sie bitte, dass Sie erst einmal nur Besucher auf Ihre Webseite holen. Aus diesen Besuchern müssen Sie dann Ihre Kunden generieren. Dazu muss eventuell Ihre Webseite noch angepasst und benutzerfreundlicher gestaltet werden. Es kann auch sein, dass Sie erst im Laufe der Zeit lernen, welche Keyword- und Anzeigenkombinationen Ihnen interessierte Kunden bringen. Viele Internetnutzer suchen auch nur kostenlose Ratschläge. Diese Gruppe müssen Sie erst ausfiltern.

Ein zu großes Budget zu Beginn macht kleine Fehler noch teurer. Darum raten wir dazu, das Budget erst mit wachsender Erfahrung und einem optimierten Konto zu steigern.

Einen ersten Hinweis zum benötigten Tagesbudget gibt der *Google Traffic Estimator*. Sie finden dieses Tool im AdWords-Konto unter TOOLS UND ANALYSEN. Geben Sie dort Ihre wichtigsten Keywords in das Formularfeld des Estimators ein, und Sie erhalten Einschätzungen zu den zu erwartenden Impressionen, den Klicks, den Positionen und zu den zugehörigen Tages- und Monatsbudgets.

Nehmen Sie diese Schätzung jedoch nur als Anhaltspunkt. Google AdWords kann nicht über Ihr Werbebudget bestimmen. Diese Verantwortung tragen Sie ganz alleine! Als Kaufmann wissen Sie, dass Sie nur einen gewissen Teil Ihrer Einnahmen wieder in die Werbung stecken können. Alternativ können Sie noch frei werdende Budgets aus der Offline-Werbung in die Online-Werbung umschichten. Starten Sie immer mit einem überschaubaren Budget, und testen Sie lieber Ihre Werbung in kleineren Zielregionen, zu eingeschränkten Tageszeiten oder nur an bestimmten Wochentagen.

9. Tipp: Schaltungsmethode – Wie verteile ich die Anzeigen über den Tag?

Beim Unterpunkt SCHALTUNGSMETHODE der Kampagneneinstellungen können Sie festlegen, wie Sie die Schaltung Ihrer Anzeigen über den Tag verteilen möchten. In der Standardeinstellung werden die Einblendungen, die Sie – abhängig vom festgelegten Budget – pro Tag erreichen können, über den ganzen Tag verteilt. AdWords berechnet die Gesamtzahl der Einblendungen anhand Ihrer persönlichen Vorgaben (Budget, Anzahl und Art der Keywords, Zielregion etc.). Aus statistischen Werten der Vergangenheit wird die Gesamtzahl der möglichen Einblendungen und daraus wiederum die Anzahl der Klicks geschätzt. So wird das Maximum Ihrer Impressionen für jedes Keyword berechnet. Wenn also ein Keyword am Tag in Ihrer Region 20-mal angefragt wird und Ihre Anzeigen nur 10-mal angezeigt werden können, so würden Sie nur bei jeder zweiten Anfrage mit Ihrer Anzeige in den Google-Suchergebnissen gelistet werden.

Als Alternative zur gleichmäßigen Verteilung können Sie auch festlegen, dass Ihre Anzeigen stets hintereinander bei jeder Anfrage geschaltet werden. Dies geschieht so lange, bis durch die entsprechenden Klicks Ihr Tagesbudget verbraucht ist. Analog zu dem vorangegangenen Beispiel würden Ihre Anzeigen dann ungefähr bis zum Mittag reichen. Danach würden bis zum nächsten Tag dann keine Anzeigen von Ihnen mehr erscheinen. Diese Alternative macht aus unserer Erfahrung nur Sinn, wenn Sie ein bestimmtes Klickverhalten in einem festgelegten Zeitfenster testen möchten. Mit der breiten Streuung, verteilt über den ganzen Tag, werden Sie bei beschränktem Budget wahrscheinlich mehr interessierte Besucher erreichen.

Denken Sie jedoch daran, dass Google AdWords-Werbung auch bedeutet, dass die Werbenden laufend testen und analysieren, um die optimale AdWords-Kampagne zu erhalten. Falls Sie in Ihren Statistiken Zeitfenster mit höherer Klickwahrscheinlichkeit finden, kann eine Kombination bestimmter Werbezeiten mit aufeinanderfolgenden Werbeschaltung eine interessante Option sein.

10. Tipp: Zeitfenster festlegen

Die gerade erwähnten Zeitfenster können Sie in der Kampagneneinstellung unter ANZEIGENPLANUNG festlegen. Dort finden Sie den sogenannten *Werbezeitplaner*. Mithilfe dieses Planers können Sie ein oder mehrere Zeitfenster pro Tag festlegen, während denen Ihre Werbung geschaltet werden soll (sie sind als dunkle Kästchen dargestellt). Zu den anderen Zeiten (helle Kästchen) pausieren Ihre Anzeigen dann. Zusätzlich kann über die Gebotsanpassung noch festgelegt werden, dass Ihre Gebote zu bestimmten Zeiten automatisch um einen gewissen Prozentsatz erhöht oder reduziert werden.

Mit dem Werbezeitplaner können Sie zum Beispiel Werbung für Ihre Zielgruppe „Businesskunden" schalten, die nur während der Woche in der Zeit von 8:00 bis 19:30 Uhr angezeigt wird. Zusätzlich könnten Sie dann freitags Ihre Gebote prozentual (auf 150 %) erhöhen, weil an diesem Tag eine stärkere Konkurrenz zu erwarten ist.

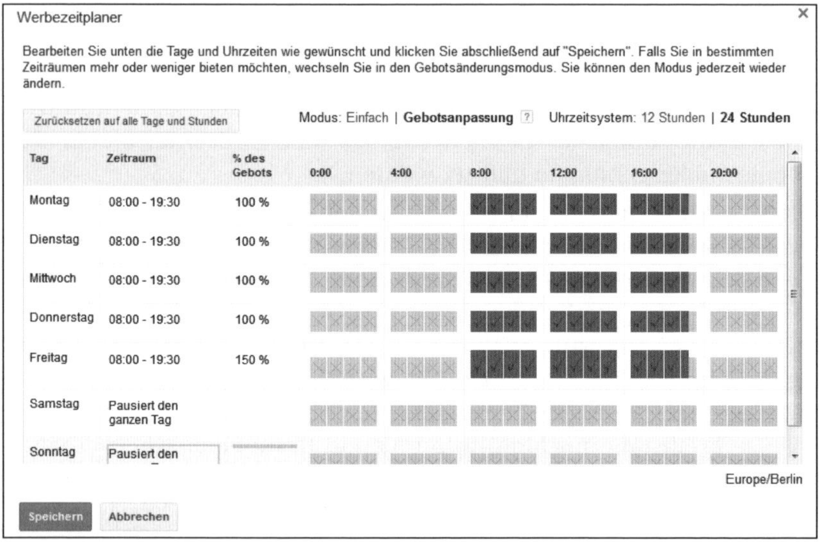

Abbildung 4.9: *Der Werbezeitplaner zur Auswahl von Werbezeiten und Gebotsanpassungen*

Exkurs

Wurden die Gebote auf die automatische Verwaltung durch AdWords umgestellt, dann funktioniert der Werbezeitplaner nicht, weil in dieser Einstellung das AdWords-System „entscheidet", zu welchen Zeiten die Anzeigen verstärkt geschaltet werden. Diese Schaltung beruht dann auf den automatisch berechneten Erfolgsaussichten und lässt sich nicht zusätzlich manuell einschränken.

4.2 Qualitätsfaktor

Der Qualitätsfaktor ist ein wichtiges Kriterium in Ihrem AdWords-Konto, der auch über Ihre AdWords-Kosten bestimmt. Wie bereits erwähnt wurde, zeigt AdWords Ihnen mithilfe des Qualitätsfaktors, wie gut Ihre Anzeigen, Ihre Keywords und Ihre Webseite zur Suchabsicht des Google-Nutzers passen. Ein hoher Qualitätsfaktor wird von Google letztlich durch niedrige Klickpreise belohnt.

Das Ranking Ihrer Anzeigen beruht auch auf dem Qualitätsfaktor, denn das Anzeigenranking wird aus dem Quotient von maximalen CPC und dem Qualitätsfaktor berechnet, also:

Max. CPC x Qualitätsfaktor = Anzeigenranking

Je höher Ihre Qualität ist, desto weniger müssen Sie letztlich für Ihre Position bezahlen bzw. desto höher steigen Sie im Anzeigenranking bei gleichen Klickkosten.

4.2.1 Was ist für den Qualitätsfaktor verantwortlich ?

Google nennt hier leider nicht alle Qualitätsmerkmale, aber einige Faktoren sind bekannt:

- **Die Klickrate**

  Eine gute Klickrate Ihrer Keywords und Anzeigen zeigt AdWords, dass die Google-Nutzer sich für Ihre Suchbegriffe und Ihre Anzeigen interessieren. Dies wird mit einem hohen Qualitätsfaktor belohnt.
- **Die historischen Werte zu Ihren Keywords, Anzeigen und Anzeigengruppen**

  Haben Keywords und Anzeigen in der Vergangenheit gut funktioniert, so wird dieser Bonus beibehalten, auch wenn die Anzeigen oder Keywords zwischendurch pausierten. Eine Löschung hingegen entfernt die historische Leistung, und Sie starten bei einer neuen Kampagne mit den gleichen Keywords wieder bei null.

- **Die Abstimmung zwischen Keywords und Anzeigentexten**
  Das Google-System analysiert Ihre Keywords und die zugehörigen Anzeigentexte. Eine Optimierungsmöglichkeit besteht auf jeden Fall darin, dass Sie Ihre wichtigsten Keywords in der Anzeige und am besten in der Titelzeile der Anzeige unterbringen.
- **Die Abstimmung zwischen Keyword und Landing-Page**
  Die beste Textanzeige nützt nichts, wenn sie die Google-User auf eine Webseite lenkt, die nicht zum Keyword passt. Auch Ihre Landing-Page wird also von den Google-Crawlern besucht, wobei der Webseiteninhalt in Bezug auf die geschalteten Keywords analysiert wird. Stimmen Sie also Ihre Webseite, z.B. durch passende Überschriften, auf Ihr jeweiliges Haupt-Keyword ab.
- **Die Ladezeit der Webseite**
  Die Ladezeit einer Landing-Page hat Google genau wie beim SEO als ein wichtiges Kriterium genannt. Dieses Kriterium sollte jedoch nicht überbewertet werden. Es ist eher ein Hinweis darauf, dass die Landing-Page so gestaltet werden sollte, dass Ihre Besucher dort auch bleiben und nicht direkt wieder abspringen. Google-Nutzer, die auf einer Webseite verweilen, sind für Google ein starkes Indiz dafür, dass das Gesuchte auch gefunden wurde. Diese positive Nutzererfahrung ist das wichtigste Kriterium, das Google als Suchmaschinenbetreiber erfüllen möchte.

4.2.2 Kann man den Qualitätsfaktor im Konto sehen?

Google AdWords zeigt Ihnen Ihren Qualitätsfaktor, der ja aus verschiedenen Teilen besteht, nicht explizit an. Der Qualitätsfaktor der Keywords wird Ihnen jedoch im AdWords-Konto im Unterregister KEYWORDS angezeigt. (Hinweis: Der Qualitätsfaktor muss eventuell unter SPALTEN ausgewählt werden.) Der Qualitätsfaktor wird als Zahl zwischen 1 und 10 (ähnlich dem PageRank) angezeigt. Ein Wert 10/10 ist optimal, und bei 7/10 hat man einen guten Durchschnittswert. Der Qualitätsfaktor zu den Keywords ist ein wichtiger Anhaltspunkt und weist deutlich auf den Optimierungsbedarf hin.

Der AdWords-Qualitätsfaktor ist ein beliebtes Diskussionsthema in den Google-AdWords-Foren. Bei den vielen wertvollen Tipps dazu, wie der Qualitätsfaktor zu optimieren ist, wird eigentlich nie in Betracht gezogen, dass der Qualitätsfaktor bei bestimmten Konstellationen nicht weiter zu optimieren ist.

Beispiel

Hier ein konkretes Beispiel, das zeigt, warum ein bestimmtes Keyword in Kombination mit Textanzeige und Landing-Page keinen höheren Qualitätsfaktor erreichen kann. Möchten Sie z.B. als Hotelvermittler den Suchbegriff „Mallorca" zu einer Anzeige für Hotelbuchungen auf Mallorca schalten, erhalten Sie einen Qualitätsfaktor von ungefähr 3. Trotz aller Optimierungsmaßnahmen, die wir nachfolgend noch aufzeigen, klettert der Qualitätsfaktor für das Keyword höchstens auf 5. Warum steigt der Qualitätsfaktor nicht weiter? Die ernüchternde und einfache Antwort lautet: weil Google AdWords das Keyword „Mallorca" als nicht passend für eine Anzeige und dem Link zur Webseite mit dem Thema „Hotelbuchung Mallorca" betrachtet.

Zur Verdeutlichung des Zusammenhanges schauen wir uns einmal an, auf welche Statistiken Google AdWords zurückgreift, um den Qualitätsfaktor zu ermitteln.

Zunächst einmal schaut Google natürlich auf die Klickraten der Keywords und der Textanzeigen in Ihrem AdWords-Konto. Hier setzen Ihre Optimierungsmaßnahmen im AdWords-Konto an. Zusätzlich analysiert AdWords auch den Aufbau und Inhalt Ihrer Landing-Page. AdWords beobachtet dabei auch, ob die Google-User das Gesuchte auf der Webseite finden oder schnell zur Google-Suche zurückkehren.

Die genannten Punkte können Sie optimieren, denn auf diese Bereiche haben Sie Einfluss.

Zusätzlich greift Google aber auch auf Erfahrungen zurück, die andere AdWords-Kampagnen-Manager mit Ihrem Thema „Mallorca und Hotelbuchung" gemacht haben. Wenn die Kombination von Keyword und Produkt bzw. Dienstleistung grundsätzlich geringe Klickraten erbracht hat, so erhält auch Ihre AdWords-Anzeige Minuspunkte. Darauf haben Sie keinen Einfluss mehr!

Der vielleicht wichtigste Punkt ist jedoch die grundsätzliche Erfahrung, die Google bei der Beobachtung von Suchanfragen und Surfverhalten gemacht hat. Was die Google-User laut Google wirklich interessiert, erkennen Sie daher am besten, wenn Sie einmal die organischen Ranking-Ergebnisse zum Thema „Mallorca" betrachten.

Bei den objektiv erstellten Ergebnissen zur Suchanfrage „Mallorca" im organischen Ranking finden Sie aktuelle Meldungen zu Mallorca, einen Wikipedia-Eintrag und „Reisetipps" oder Ähnliches.

Auf der ersten Seite des organischen Google-Rankings sind Hotelangebote für Mallorca zur Suchanfrage „Mallorca“ nicht vertreten. Dieser Umstand wird einen großen Einfluss auf den Qualitätsfaktor haben, denn Google vergibt in AdWords nur dann sehr hohe Qualitätsbewertungen, wenn das Keyword das Interesse eines überwiegenden Teils der Google-Nutzer trifft. In unserem Beispiel ordnet Google den Begriff „Mallorca“ nicht dem Themengebiet „Mallorca und Hotel“ zu. Ein höherer Qualitätsfaktor als 4, eventuell 5, ist daher bei AdWords wohl nicht zu erreichen.

Fazit

Obwohl es wichtige Optimierungsfaktoren gibt, die wir auf den nächsten Seiten vorstellen, hängt ein Teil der Google-Qualitätsbeurteilung ganz stark davon ab, was die Google-Nutzer als Ergebnis zur Suchanfrage erwarten. Diesen Punkt können Sie nicht durch Optimierungsmaßnahmen beeinflussen.

4.3 Optimierte Anzeigengruppen

Anzeigengruppen verbinden Ihre Keywords mit den passenden Textanzeigen für die Google-Ergebnisseiten. Jede Anzeigengruppe erhält dazu ein Standardgebot, also einen maximalen CPC (maximalen Klickpreis), der dann für jedes zugeordnete Keyword gilt. Sie können jedoch auch auf Keyword-Ebene einen individuellen Klickpreis festlegen. Dieser „überschreibt“ dann das Klickgebot der Anzeigengruppe jeweils für das einzelne Keyword. Keywords ohne ein eigenes Gebot übernehmen das Gebot der Anzeigengruppe.

Tipp

Geben Sie zumindest Ihre wichtigsten Keywords in den Traffic Estimator ein. So erhalten Sie die geschätzten Gebote und zugehörigen Ranking-Positionen der einzelnen Keywords und haben einen ersten Anhaltspunkt zur Höhe der Gebote. Wenn Sie gewisse Erfahrungen mit den Klickpreisen zu Ihrem Themengebiet gesammelt haben, werden Sie später bei neuen Keywords auch selber schnell eigene Schätzwerte eingeben können. Kontrollieren Sie Ihre Kampagne immer am nächsten Tag nach der Neuanlage. So erkennen Sie schnell, ob Sie die Gebote für die neuen Keywords richtig eingeschätzt haben. Korrigieren Sie Gebote, die zu hoch, sind oder erhöhen Sie Gebote für Keywords, die unter dem Mindestgebot liegen bzw. eine zu niedrige Ranking-Position erzielt haben.

4.3.1 Einstiegsstrategie

Als Einstiegsstrategie für eine neue Kampagne oder Anzeigengruppe empfehlen wir ein extrem hohes Gebot für Ihre wichtigsten Keywords. Dies sollte 25 bis 50 % über dem geschätzten Gebot des Traffic Estimators liegen.

Für dieses Szenario gibt es zwei Gründe:

- So sichern Sie sich zu Beginn eine gute Position und erhöhen dadurch Ihre Klickchancen. Dies verbessert Ihre CTR und führt zu einem hohen Qualitätsfaktor, der Ihnen dann langfristig bei der Reduzierung Ihrer AdWords-Kosten hilft.
- An der vorderen Position haben Sie aufgrund des erhöhten Traffics und der vielen Klicks eine bessere statistische Grundlage. So können Sie Ihre Suchbegriffe, das Klickverhalten der Kunden und auch das Verhalten auf Ihrer Webseite nach einem kürzeren Zeitraum analysieren.

4.3.2 Anzeigengruppe fein aufteilen

Die wichtigste Optimierungsmöglichkeit auf Anzeigengruppenebene besteht darin, dass Sie möglichst kleine, passende Wortgruppen zu einem Thema bilden, die dann mit passenden Anzeigentexten auf die Suchabsicht des potenziellen Kunden abgestimmt werden können.

Beispiel

Wenn Sie Toner für Drucker online verkaufen, dann ist es sinnvoll, neben einer übergeordneten, allgemeinen Anzeigengruppe zum Hauptsuchbegriff „Toner“, eine Anzeigengruppe in „Toner für Farbdrucker“ und „Toner schwarz“ zu unterteilen. Eine weitere Untergliederung in einzelne Druckermarken, bis hin zu den Druckermodellen deckt die verschiedenen Angebote Ihres Webshops mit vielen kleinen Anzeigengruppen ab.

Sucht ein Kunde dann z.B. nach „toner hp laserjet 1020“, so können Sie ihn mit einer Anzeige empfangen, bei der die Titelzeile „Toner HP 1020 ab 18,90 €“ verspricht. Wenn alle Keywords in einer allgemeinen Anzeigengruppe stecken würden, dann könnte die Anzeige auch nur ein allgemeines Thema wie z.B. „Toner schnell & günstig“ teasern.

Tipp

Verfeinern Sie dort, wo entsprechende Nachfrage herrscht, Ihre Anzeigengruppen immer mehr, sodass diese später nur noch ca. 5–10 Keyword-Kombinationen enthalten. Diesen Keywords können Sie dann eine Anzeige zuordnen, die sehr genau auf die Keywords abgestimmt ist. Je besser die Anzeige der Suchanfrage entspricht, desto häufiger wird die Anzeige auch angeklickt. Bei starkem Bezug der Textanzeige zur Suchanfrage erhöht sich so auch die Chance auf eine folgende Konversion.

4.4 Keyword-Optionen

Ein sehr wichtiger Punkt des Google AdWords-Programms sind die sogenannten Keyword-Optionen. Diese Optionen bestimmen vereinfacht gesagt, wie genau eine Suchanfrage zu dem geschalteten Keyword passen muss, um eine Anzeigenschaltung in den Google-Suchergebnissen auszulösen. In Ihrem AdWords-Konto können Sie für jedes Keyword bzw. jede Keyword-Phrase drei grundlegende Keyword-Optionen wählen:

- Weitgehend passend → keyword
- Passende Wortgruppe → "keyword"
- Genau passend → [keyword]

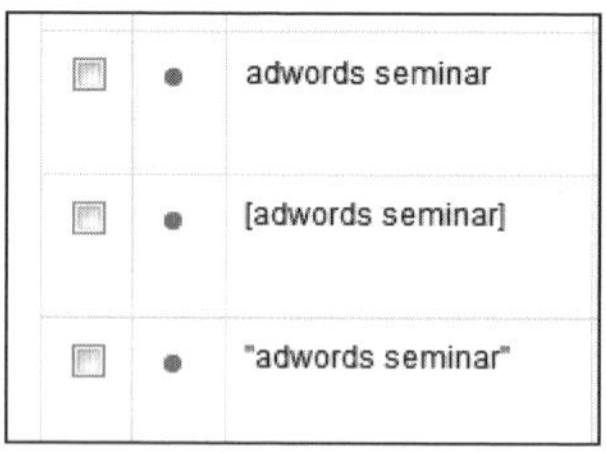

Abbildung 4.10: *Verschiedene Keyword-Optionen im AdWords-Konto*

Die beiden Optionen „PASSENDE WORTGRUPPE" und [GENAU PASSEND] werden mit zusätzlichen Zeichen markiert. Die Anführungszeichen weisen auf die passende Wortgruppe hin, während die eckigen Klammern genau passende Keywords kennzeichnen. Diese Darstellung Ihrer Suchbegriffe finden Sie auch in Ihrer Kontoübersicht wieder. Bei der manuellen Eingabe neuer Keywords über das Keyword-Formular in Ihrem AdWords-Konto müssen Sie die Anführungszeichen oder eckigen Klammern mit eingeben.

Hinweis

Wenn Sie in Ihrem AdWords-Konto die Keyword-Option bei einem bestehenden Keyword ändern möchten, so können Sie einfach auf das entsprechende Keyword klicken. Daraufhin öffnet sich ein Dropdown-Menü, das alle drei Optionen enthält.

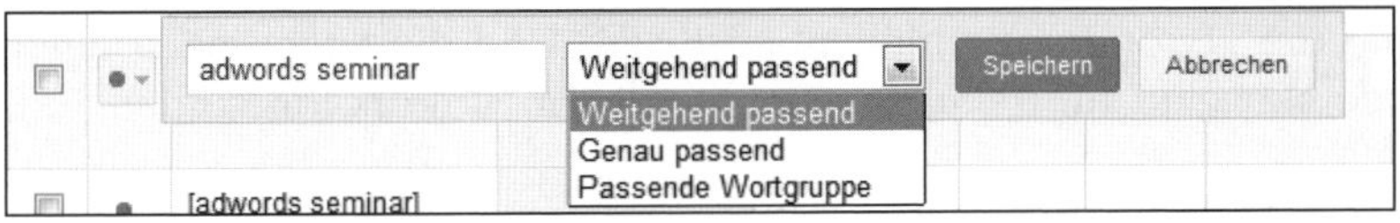

Abbildung 4.11: *Dropdown-Menü zur Einstellung der Keyword-Option*

4.4.1 Weitgehend passend

Bei der Recherche über das Keyword-Tool und bei der Standardeingabe der Keywords in das entsprechende Formular bietet Google AdWords in der Voreinstellung zunächst immer nur die Variante WEITGEHEND PASSEND an. Darum ist dies auch die meist genutzte Keyword-Option bei AdWords-Neulingen. Auf der anderen Seite ist diese Keyword-Option jedoch sehr gefährlich, weil sehr viele Anzeigenschaltungen ausgelöst werden und diese oft auch bei unpassenden Suchanfragen erscheinen. Dies führt dann dazu, dass die Anzeigen Produkte bewerben, die nicht im Produkt-Portfolio des Werbenden enthalten sind. Weitgehend passende Keywords erzeugen zwar viele Klicks und Webseitenbesucher. Diese werden aber meistens nicht zu Kunden.

Bitte bedenken Sie auch, dass viele Impressionen ohne Klicks ebenfalls ungünstig sind. Hohe Impressionen bei wenigen Klicks schwächen die CTR. Eine schlechte CTR bewirkt wiederum einen niedrigeren Qualitätsfaktor. Dies wird durch höhere maximale CPCs ausgeglichen und führt zu entsprechend höheren Klickkosten – ein Teufelskreis, der durch zu viele unpassende Einblendungen ausgelöst wird.

Warum kann die Keyword-Option „Weitgehend passend" Anzeigen zu unpassenden Suchanfragen auslösen?

Bei WEITGEHEND PASSEND bezieht sich Google AdWords für die Suchanfrage eben nicht nur auf das vorgegebene Keyword (oder die Keyword-Phrase), sondern schaltet die Anzeigen auch zu einzelnen Begriffen aus der gebuchten Keyword-Kombination. Außerdem werden Anzeigen zu Singular- und Pluralformen, Falschschreibweisen, Synonymen und ähnlichen Begriffen geschaltet. Es wird sogar auf die

Google-Statistik der Vergangenheit zurückgegriffen. Wurde schon öfter ein anderer Begriff im Zusammenhang mit Ihrem Begriff gesucht, dann kann Ihre Anzeige ebenfalls zu einem ganz anderen Begriff geschaltet werden. Dies kann zu sehr unglücklichen Einblendungen führen.☺

Der weitgehend passende Suchbegriff „Tennisschläger" kann zum Beispiel auch eine Anzeigenschaltung bei der Suchanfrage nach „Tennisnetz" oder „Badmintonschläger" auslösen. Und die Suche nach einer „Kinderskijacke" führte auch schon zu einem Skikurs für Kinder.

4.4.2 Modifizierer

Als Ausweg aus dem Dilemma zwischen „hoher Keyword-Abdeckung" und „besserer Keyword-Kontrolle" hat Google im Juli 2012 den sogenannten Modifizierer eingeführt. Dabei werden bestimmte Begriffe aus einer weitgehend passenden Kombination mit einem vorangestellten Pluszeichen versehen. Die Begriffe mit dem Pluszeichen müssen dann so (bzw. leicht verändert) in der Suchanfrage vorkommen. Werden die Begriffe durch Synonyme oder verwandte Begriffe ersetzt, dann wird keine Anzeigenschaltung ausgelöst. Leichte Variationen sind aus Google-Sicht die Plural- und Singularformen sowie bekannte Fehlschreibweisen oder Abkürzungen.

Beispiel

Das weitgehend passende Keyword

ferienhaus mallorca mieten

kann zu folgenden Suchanfragen eine Anzeigenschaltung auslösen:

- ferienhaus mallorca
- mallorca haus mieten
- finca auf mallorca
- haus mieten
- malle ferien

Die Keyword-Phrase

+ferienhaus +mallorca mieten

schränkt die Möglichkeiten der Variationen schon stark ein. Folgende Anfrage würde einen potenziellen Kunden also auch zu unserer Anzeige führen:

ferienhäuser mallorca buchen

Dies bedeutet, dass die Begriffe „Ferienhaus" und „Mallorca" unbedingt in der Suchanfrage enthalten sein müssen. Diese können jedoch leicht verändert werden (also passt auch „ferienhäuser" zum Keyword). Der Begriff „mieten" darf stärker variiert, verändert oder auch weggelassen werden. In unserem Beispiel wird das Synonym „buchen" statt „mieten" genutzt.

4.4.3 Passende Wortgruppe

Bei der Option PASSENDE WORTGRUPPE ist sichergestellt, dass der gebuchte Begriff (eine „Wortgruppe" kann auch nur aus einem Begriff bestehen) in der Suchanfrage in der vorgegebenen Reihenfolge vorkommen muss. Vor oder hinter der Wortgruppe können ein oder mehrere Begriffe ergänzt werden.

Beispiel

Die hinterlegte Keyword-Phrase „ferienhaus mallorca" passt nicht nur zur Suchanfrage nach „ferienhaus mallorca", sondern auch zu den Anfragen „ferienhaus mallorca mieten" oder auch „günstiges ferienhaus mallorca ostern". Wichtig ist, dass die Kombination „ferienhaus mallorca" immer in der Suchanfrage vorkommt.

4.4.4 Genau passend

Bei der Option GENAU PASSEND muss das Keyword genau in der vorgegebenen Schreibweise und Reihenfolge als Suchanfrage eingegeben worden sein, damit die Anzeigenschaltung ausgelöst wird.

Seit Mai 2012 hat Google den Spielraum für Keywords mit den Übereinstimmungstypen PASSENDE WORTGRUPPE und GENAU PASSEND erweitert. Nun werden auch Singular-/Pluralformen, nahe Varianten, Abkürzungen und auch Akzente den beiden Optionen zugeordnet. Aus Google-Sicht ist das logisch – es werden nun bei gleicher Keyword-Schaltung mehr Anzeigen ausgeliefert.☺ Aber auch aus Sicht der AdWords-Nutzer ist diese Änderung in den meisten Fällen sinnvoll, denn diese Variationen passen zur Zielgruppe und erweitern die Möglichkeiten, potenzielle Kunden auf die Webseite zu führen. Falls Sie diese Variationen jedoch nicht wollen, können Sie die Standardeinstellung deaktivieren, und zwar in den Kampagneneinstellungen der jeweiligen Kampagne.

Rufen Sie dazu den Unterpunkt ERWEITERTE EINSTELLUNGEN → KEYWORD-ÜBEREINSTIMMUNGSTYPEN auf, und wählen Sie die Option NAHE VARIANTEN NICHT EINSCHLIESSEN!

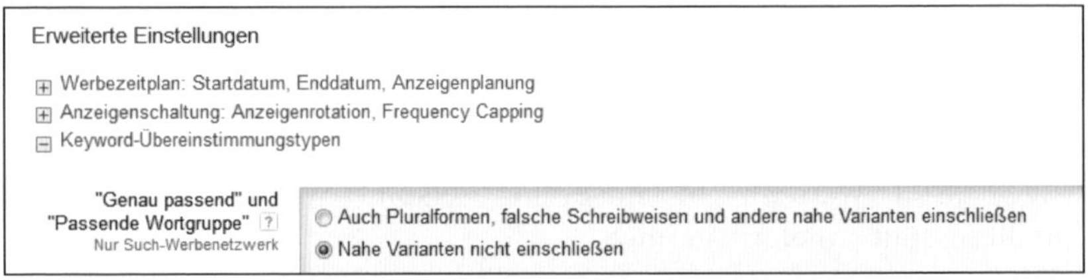

Abbildung 4.12: *Erweiterte Einstellungen zu den Kampagneneinstellungen*

Auch wenn Google warnt, dass weniger Anzeigen ausgeliefert werden, so kann es doch in bestimmten Fällen von Vorteil sein, dass die Varianten nicht automatisch genutzt werden. Als Onlineshop für Holztüren werden Sie zum Beispiel merken, dass bei einem Kaufinteresse stärker nach „Türen" gesucht wird, während ein grundsätzlicher Informationsbedarf eher mit dem Keyword „Tür" verbunden wird.

Die Deaktivierung der automatischen Schaltung kann daher für bestimmte Konstellationen sinnvoll sein!

4.4.5 Fünf Tipps zum richtigen Einsatz der unterschiedlichen Keyword-Optionen

Viele AdWords-Nutzer fragen, warum man unterschiedliche Keyword-Optionen benötigt und ob nicht grundsätzlich eine Option ausreicht?

Diese Frage ist jedoch nicht eindeutig zu beantworten und hängt von Ihren Zielen ab. Hier folgen nun fünf Tipps, wie man die einzelnen Optionen sinnvoll für die jeweilige Marketingstrategie einsetzen kann.

1. Tipp: Marktforschung betreiben

Die Keyword-Option WEITGEHEND PASSEND hilft Ihnen, einen großen Bereich an Suchanfragen zu einem Themengebiet abzudecken. Nutzen Sie daher diese Option zumindest zu Beginn einer neuen AdWords-Kampagne als Marktforschungsinstrument. Beobachten Sie dabei jedoch täglich Ihre Keywords, um schnell die Chancen und die Risiken zu erkennen. Alle Keywords, die für Ihr Geschäft interessant sind (Chancen), werden mit eigenen Keyword-Optionen in die Kampagne aufgenommen. Unpassende Keywords (Risiken) werden ausgeschlossen. Wie man Keywords ausschließt, werden wir im nächsten Kapitel besprechen.

Bei den meisten Kampagnen reicht es aus, wenn Sie die Marktforschung eine Woche bis zu maximal einen Monat lang betreiben. Danach werden die Keywords und die Keyword-Optionen angepasst!

Für das zielgerichtete Suchmaschinenmarketing sind die weitgehend passenden Keyword-Optionen nicht mehr nötig. Ausnahmen sind die Tests neuer Keyword-Ideen und spezielle Branding-Kampagnen, die eine hohe Reichweite benötigen.

2.Tipp: Modifizierer ergänzend einsetzen

Fügen Sie das Pluszeichen (den Modifizierer) zu Ihren weitgehend passenden Keywords hinzu. Auf diese Weise gehen Sie einen Kompromiss zwischen Reichweite und Kontrolle ein. So können Sie die weitgehend passenden Keywords auch über eine längere Zeit ohne allzu breite Streuung und zu viele unnötige Klicks schalten.

3. Tipp: Mehrere Optionen gleichzeitig nutzen

Alle drei Keyword-Optionen haben grundsätzlich ihren Sinn. Daher verwenden einige AdWords-Nutzer die Optionen auch gleichzeitig. Dies birgt jedoch die Gefahr, dass bei bestimmten Suchanfragen diese nicht genau den Keywords zugeordnet werden können, für die die Optionen eigentlich vorgesehen waren. Google tendiert immer dahin, eine Anfrage dem Keyword zuzuordnen, das in der Vergangenheit die beste Performance gezeigt hat. Daher kann eine genau passende Anfrage dem weitgehend passenden Keyword zugeordnet werden. Um die beste Option zu testen, können Sie alle drei Optionen gleichzeitig in unterschiedlichen Anzeigengruppen nutzen. Dabei sollten Sie doch mit ausschließenden Keywords auf Anzeigengruppenebene arbeiten, um AdWords zu zwingen, die Anfragen richtig zuzuordnen. Zusätzlich sollten Sie den maximalen CPC nach Optionen staffeln, sodass die weitgehend passende den niedrigsten CPC und die genau passende Keyword-Option den höchsten CPC erhält.

Beispiel

Vergeben Sie den maximalen CPC in Stufen von ca. 25 %, z.B.:

- 0,50 € für die weitgehend passenden Keywords
- 0,65 € die Keywords der passenden Wortgruppe
- 0,80 € für die genau passenden Keywords

4. Tipp: Passende Wortgruppe als Standard

Nutzen Sie am besten die passende Wortgruppe. Mit dieser Keyword-Option kommen Sie in den meisten Fällen gut zurecht. Dies bedeutet, dass Sie eine gute Abdeckung bei entsprechender Kontrolle haben. Neben den gebuchten Keywords können die Suchenden noch Begriffe ergänzen, und trotzdem wird Ihre Anzeige geschaltet. Auf der anderen Seite bestimmen Sie durch die Wahl der Wortgruppe, welche Begriffe auf jeden Fall in der Suchanfrage vorkommen müssen. Der Nachteil der passenden Wortgruppe besteht darin, dass Sie zu Beginn etwas mehr Arbeit als bei der weitgehend passenden Option haben, da Sie die Keywords in verschiedenen Kombinationen und in wechselnder Reihenfolge (also neben „Hotel München" auch „München Hotel" usw.) eingeben müssen.

5. Tipp: „Genau passend" für Money Keys

Bestimmte Keywords, die sehr häufig in der gleichen Kombination angefragt werden und später oft zu Käufen oder anderen Konversionen führen, nennt man *Money Keys*. Diese Keywords oder Suchphrasen, die Ihnen die meisten Kunden bringen und die oft auch stark umkämpft sind, sollten Sie mit der Option GENAU PASSEND schalten. Der Vorteil liegt darin, dass Sie in dem hart umkämpften und wahrscheinlich teureren Bereich keinen zusätzlichen (unnötigen) Traffic erzeugen und so Ihr Budget sehr zielgerichtet auf die wichtigsten Keywords und somit potenzielle Kunden ausrichten können. Möchten Sie zusätzlich noch andere Keywords und Keyword-Optionen mit einer größeren Reichweite testen, so stecken Sie Ihre Money Keys in eine eigene Kampagne. Die wichtigen Keywords erhalten auf diese Weise ein eigenes Budget. Dies ist wichtig, damit die allgemeineren Keywords nicht das Budget der Money Keys aufbrauchen.

Tipp

Damit Sie Google zwingen, die Suchbegriffe auch der richtigen Kampagne und Anzeigengruppe zuzuordnen, sollten Sie Ihre Money Keys in den anderen Kampagnen genau passend ausschließen. Wie dies funktioniert, erfahren Sie im nächsten Abschnitt.

Beispiel zu Money Keys

Als Besitzer eines Golf-Onlineshops erkennen Sie aus Ihrer Statistik, dass die Suchphrase „golfschläger kaufen" in der Vergangenheit sehr häufig zu Online-Verkäufen geführt hat. Schalten Sie dieses Keyword dann GENAU PASSEND in Ihrem AdWords-Konto in einer eigenständigen Kampagne. Die entsprechende Anzeigengruppe enthält keine oder nur wenige, zusätzliche (genau passende) Keyword-Kombinationen, wie z.B. [golfschläger online] oder [golfschläger webshop]. Dazu wird eine Textanzeige passend zum Thema „Golfschläger kaufen" getextet.

Hinweis

Kandidaten für die genau passenden Keyword-Optionen finden Sie auch in den Google-Suggest-Vorschlägen. Ist eine Kombination bei Google Suggest gelistet, so kann man davon ausgehen, dass die Google-Nutzer sehr oft direkt den Suggest-Vorschlag anklicken, ohne selber die Suchanfrage auszuformulieren.

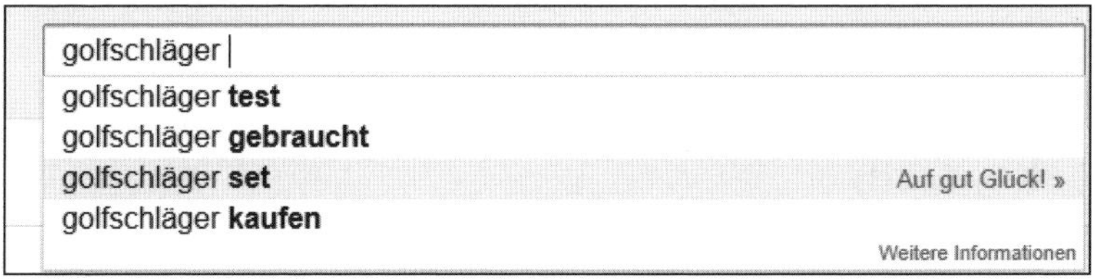

Abbildung 4.13: *Google Suggest zum Thema Golfschläger*

4.5 Ausschließende Keywords

Eine zusätzliche Option ist fast noch wichtiger als die vorgestellten drei Standard-Keyword-Optionen. Diese Option nennt sich „ausschließende Keywords“ oder auch „negative Keywords“. In dieser Gruppe werden diejenigen Suchbegriffe gesammelt, zu denen Ihre Anzeige *nicht* erscheinen soll. Ausschließende Keywords sind sinnvolle Ergänzungen zu den Keyword-Optionen WEITGEHEND PASSEND und PASSENDE WORTGRUPPE.

Nehmen wir an, Sie möchten Notebooks online verkaufen. Um unnötige Anzeigeneinblendungen zu vermeiden, sollten Sie neben der Schaltung Ihrer Keywords zum Thema Notebook von vornherein Begriffe wie z.B. „testbericht“, „vergleich“, „gewinnen“, „verlosung“ usw. ausschließen. Eine Kombination dieser Begriffe mit dem Keyword „Notebook“ bringt Ihnen nämlich in den meisten Fällen keine potenziellen Käufer für Ihre Notebooks.

Testberichte sind zwar bei der Recherche im Vorfeld des Kaufs interessant, kosten jedoch in der Kombination mit „Notebook“ viel Geld. Ausschließende Keywords helfen Ihnen, die Anzeigenauslieferung bei irrelevanten Suchanfragen zu reduzieren. Somit tragen sie wesentlich zur Optimierung der AdWords-Kampagne bei. Durch negative Keywords werden Impressionen reduziert und somit die Klickrate (CTR) erhöht. Daneben werden natürlich auch unnötige und teure Klicks vermieden, sodass das Budget geschont wird.

Ausschließende Keywords werden mit einem vorangestellten Minuszeichen markiert, und zwar auch in Kombination mit bekannten Keyword-Optionen, also:

- -keyword
- -"keyword1 keyword2"
- -[keyword]

Bei den negativen Keywords lässt AdWords übrigens keine Variationen zu. Diese müssen Sie in allen Formen und Falschschreibweisen ausschließen.

4.5.1 Vier Tipps zum Umgang mit ausschließenden Keywords

- **1. Tipp:** Bei der Keyword-Recherche zeigt Ihnen das Keyword-Tool Suchbegriffe an, die oft im Zusammenhang mit Ihren Haupt-Keywords gesucht werden. Nutzen Sie diese Vorschläge auch, um parallel eine Liste mit negativen Keywords zu erstellen, die Sie dann ausschließen können.
- **2. Tipp:** Der Aufbau negativer Keywords ist eine laufende Pflegearbeit und sollte mindestens einmal im Monat wiederholt werden. Beobachten Sie dazu die Suchanfragen zu Ihren Keywords, und filtern Sie ständig die negativen Keywords heraus, um Ihre „Negativliste" zu erweitern.
- **3. Tipp:** Setzen Sie die negativen Keywords geschickt ein, indem Sie nicht immer die komplette Phrase ausschließen, sondern die entscheidenden Keywords aus einer Suchanfrage extrahieren.

  Beispiel: Bei der Suchanfrage „teilnahme notebook gewinnspiel" ist „gewinnspiel" der entscheidende Begriff, der ausgeschlossen werden sollte, wenn Sie Notebooks verkaufen, aber kein Gewinnspiel anbieten. Schließen Sie daher den Begriff „gewinnspiel" weitgehend aus, so wird auch eine zukünftige Suchanfrage, die z.B. „gewinnspiel notebook focus online" lautet, nicht mehr zu einer Auslieferung Ihrer Anzeige führen.
- **4. Tipp:** Keywords können als passende Wortgruppe geschaltet und gleichzeitig genau passend ausgeschlossen werden, um unerwünschten Traffic zu vermeiden. Hierzu ein entsprechendes Beispiel:

  Sie können als Computer-Webshop den Begriff „laptop" als passende Wortgruppe schalten und gleichzeitig genau passend –[laptop] ausschließen. Dadurch vermeiden Sie teuren Traffic und auch unnötige Klicks zur Suchanfrage „Laptop“. Oft werden Begriffe bei Google z.B. nur zur Kontrolle der Rechtschreibung eingegeben!☺

Durch die Schaltung der Wortgruppe ist auf der anderen Seite gewährleistet, dass verschiedene Variationen zum Thema „Laptop“, wie z.B. „laptop kaufen“ oder „laptop online shop“ eine Anzeigenschaltung auslösen. Bei diesem Begriff sind die Strategien natürlich noch komplexer, aber dieses Beispiel verdeutlicht die Wirkung des genau passenden Ausschlusses.

4.5.2 Nutzen Sie die Keyword-Listen zur einfacheren Verwaltung

Sie können ausschließende Keywords auf Kampagnenebene und auf Anzeigengruppenebene einstellen. Für die Kampagnenebene bietet das AdWords-Programm die Möglichkeit der Keyword-Listen an. Mithilfe dieser Keyword-Listen können Sie die negativen Keywords einfach gruppieren und verschiedenen Kampagnen gleichzeitig zuordnen. Bei der zukünftigen Pflege der negativen Keywords müssen Sie dann nur jeweils eine Liste pflegen und nicht mehrmals die gleichen Keywords bei unterschiedlichen Kampagnen einstellen. Wenn Sie zusätzlich die Listen noch in verschiedene Themen einteilen, so können Sie individuell entscheiden, ob eine Kampagne mit ausschließenden Keywords zu einem Thema verbunden wird oder nicht.

Auch hierzu ein kleines Beispiel: Sie betreiben einen Webshop für Laptops und möchten mit einer neuen Werbekampagne Ihr Unternehmen in der Zielgruppe bekannter machen. Dazu haben Sie in einer Übersicht die verschiedenen Möglichkeiten Ihrer Laptops auf einer Infoseite zusammengefasst. Neben den Vor- und Nachteilen der einzelnen Laptop-Modelle zeigt die Seite der interessierten Zielgruppe natürlich auch, dass alle diese Modelle zu günstigen Preisen in Ihrem Webshop erhältlich sind. Möchten Sie diese Unterseite nun mit einer Kampagne über AdWords bewerben, so wären hier die Begriffe „vergleich, testberichte“ etc. ja sinnvoll. Daher wird diese spezielle Werbekampagne nicht mit der Negativliste zum Thema Informationen verbunden. Bei allen anderen Kampagnen, die direkt die Laptop-Modelle bewerben, werden natürlich die „Info-Keywords“ über die entsprechende Liste ausgeschlossen.

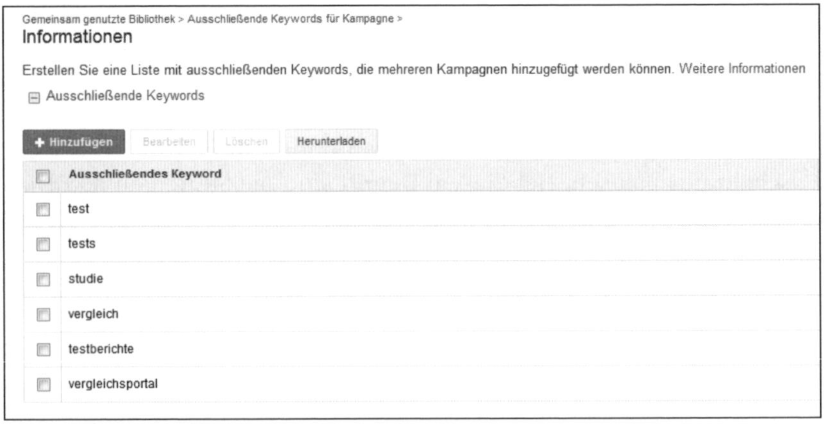

Abbildung 4.14: *Beispielliste mit ausschließenden Keywords zum Thema „Informationen"*

Die Liste für ausschließende Keywords im AdWords-Konto

Die Keyword-Listen finden Sie im linken Navigationsmenü Ihres AdWords-Kontos unter GEMEINSAM GENUTZTE BIBLIOTHEK. Hier können Sie zum einen neue Listen erstellen und zum anderen die vorhandenen Listen mit neuen Negativ-Keywords füllen.

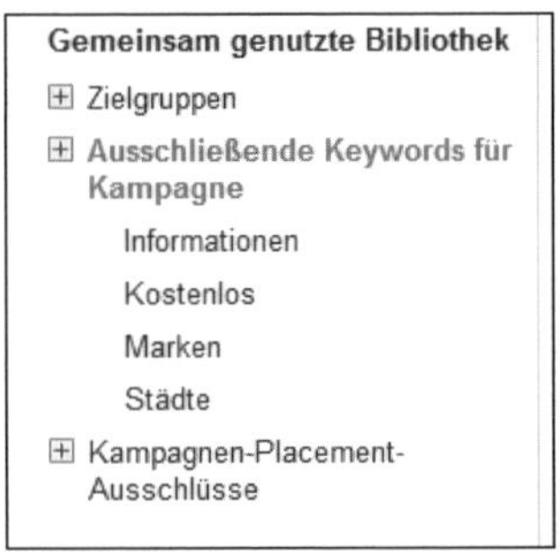

Abbildung 4.15: *Liste mit ausschließenden Keywords im AdWords-Konto*

4.6 AdWords-Textanzeigen

Der zweite wichtige Baustein neben den passenden Keywords sind die Textanzeigen, die auf der Google-Ergebnisseite geschaltet werden. Diese Textanzeigen sind der wichtige „Link", über den Google-Nutzer zu Ihrer Webseite gelangen. Mithilfe der Textanzeigen wird der Grundstein für ein späteres Online-Geschäft gelegt. Darum sollten Sie an dieser Stelle etwas Zeit für gute Textanzeigen investieren!

Damit Sie Ihre Anzeigen immer weiter optimieren können, sollten Sie herausfinden, welche Textanzeigen Ihre Zielgruppe optimal ansprechen. Dazu nutzen Sie am besten einen sogenannten A/B-Test. Schalten Sie in jeder Anzeigengruppe mindestens zwei Textanzeigen gleichzeitig, um in einem Live-Test zu erfahren, welche Anzeige die beste Wirkung (beste Klick- oder Konversionsrate) erzielt.

Sie können auch drei oder vier Anzeigen im Wechsel schalten. Nutzen Sie jedoch zu viele Textanzeigen gleichzeitig, so verlieren Sie die Übersicht. Außerdem benötigen Sie eine längere Testphase, um entscheiden zu können, welche Anzeige die optimale ist.

4.6.1 Einstellung der Anzeigenrotation

Damit die Anzeigen abwechselnd geschaltet werden (die sogenannte Anzeigenrotation), müssen Sie eine entsprechende Einstellung auf Kampagnenebene vornehmen. Beim Unterpunkt ANZEIGENSCHALTUNG können Sie drei Möglichkeiten für die Anzeigenrotation auswählen:

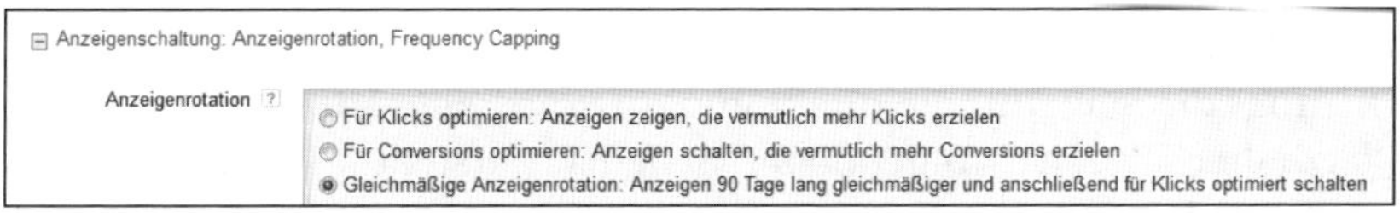

Abbildung 4.16: *Einstellung der Anzeigenrotation*

Analog zur CPC-Einstellung können Sie auch hier bestimmten, dass AdWords automatisch Ihre Anzeigenschaltung auf Klicks oder Konversionen hin optimiert. Bei diesen Einstellungen werden nach einer kurzen Zeit der gleichmäßigen Rotation automatisch die Anzeigen vom AdWords-System bevorzugt, die entweder zu mehr Klicks oder zu mehr Konversionen führen.

Wir empfehlen jedoch die Option, bei der alle Anzeigen innerhalb der Anzeigengruppe im gleichmäßigen Verhältnis geschaltet werden. Nach zwei bis drei Monaten können Sie anhand der Klickraten oder Konversionen entscheiden, welches die beste Anzeige für Ihre Ziele ist. Die Gewinnerin wird dann weiter geschaltet. Zusätzlich wird noch eine leicht veränderte Variation getestet – dies führen Sie so lange fort, bis Sie die „optimale Anzeige“ für Ihre Zwecke gefunden haben. Denken Sie immer daran: Die Optimierung der CTR Ihrer Anzeigen hilft bei der Verbesserung des Qualitätsfaktors!

4.6.2 10 Tipps für gute Textanzeigen

Es gibt nicht den optimalen Anzeigentext, aber es gibt einige Tipps, die Sie zumindest einmal ausprobieren sollten, um der optimalen Anzeige für Ihre Zielgruppe möglichst nahe zu kommen. Denken Sie daran, dass die Anzeigentexte bei Ihrer Zielgruppe die gewünschten Reaktionen erzielen sollen – und dies kann je nach Produkt oder Thema der Webseite sehr unterschiedlich sein.

1. Tipp: Dynamische Anzeigentexte (DKI) testen

Dynamic Keyword Insertion (DKI) bietet eine spezielle Möglichkeit, um zielgerichtete Textanzeigen zu erstellen. Die Besonderheit besteht darin, dass die jeweilige Suchanfrage in die Textanzeigen aufgenommen wird. So entsteht für jeden Suchenden der Eindruck, dass die Textanzeige genau die passende Antwort zu seiner Suchanfrage enthält.

Diese dynamischen Testanzeigen nutzen sogenannte Platzhalter, die in der Titelzeile, den Textzeilen oder auch der angezeigten URL eingesetzt werden. Die Platzhalter können Sie auch an mehreren Stellen in Ihrer Textanzeige nutzen, wobei Sie jedoch nicht übertreiben sollten. DKI fügt die Suchanfrage direkt in die Textanzeige ein. Dazu muss der Platzhalter nach folgendem Schema erstellt werden: {Keyword:ERSATZBEGRIFF}.

Bitte denken Sie daran, dass eine AdWords-Textanzeige aus 25 Zeichen im Titel und jeweils 35 Zeichen für die erste und zweite Textzeile sowie für die Anzeigen-URL besteht. Bei manchen Suchanfragen kommt man dann schnell an die Grenze der möglichen Zeichen pro Zeile. In diesen Fällen wird statt der Suchanfrage dann der Ersatzbegriff für den Platzhalter übernommen. Dabei steht ERSATZBEGRIFF für ein Wort, das sinnvoll in die Anzeige eingefügt werden kann. Nehmen Sie sich für die dynamischen Anzeigen etwas Zeit, und testen Sie die unterschiedlichen Texte, die entstehen könnten.

So sieht eine Textanzeige mit DKI aus:

Abbildung 4.17: *Dynamische Textanzeige mit Platzhalter im Titel*

Beachten Sie, dass die Schreibweise von keyword Einfluss auf die Darstellung des gesuchten Begriffes in der Anzeige hat.

- keyword ford focus
- Keyword Ford focus
- KeyWord Ford Focus
- KEYword FORD focus
- KEYWord FORD Focus
- KEYWORD FORD FOCUS

Hinweis

Beschränken Sie durch Keyword-Optionen und negative Keywords die Suchbegriffe, die automatisch in die Anzeige übernommen werden können.

Die folgende Anzeige, die bei der Suchanfrage nach „geklaute handys" erscheint, lockt wahrscheinlich ungewollte Besucher auf Ihre Webseite: ☺

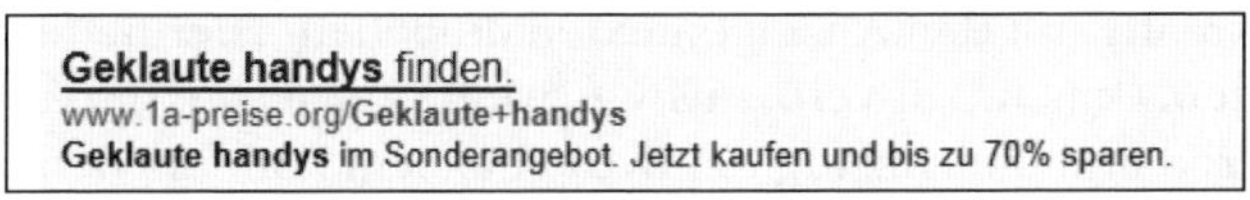

Abbildung 4.18: *„Panne" mit dynamischen Anzeigentexten*

2. Tipp: Nutzen Sie Sonderzeichen

Auf der Suchergebnisseite halten sich die Nutzer nur wenige Sekunden auf. Als Werbender müssen Sie Aufmerksamkeit erzeugen und den Blick der Google-Nutzer auf Ihre Anzeige lenken. Sonderzeichen bieten sich hier als Blickfang (Eyecatcher) an. Leider hat Google die Möglichkeit zur Nutzung von Sonderzeichen stark eingeschränkt. Die Möglichkeiten, die noch übrig sind, sollten Sie jedoch an passenden Stellen nutzen. Bauen Sie z.B. die Sonderzeichen & ; € ; % ; ! ; ©, * sinnvoll in Ihre Anzeigentexte ein!

Abbildung 4.19: *Erregen Sie Aufmerksamkeit durch Sonderzeichen.*

Da manche Symbole nur bei bestimmten Kombinationen genutzt werden dürfen, sollten Sie immer einen Blick in die AdWords-Richtlinien werfen:

http://support.google.com/adwordspolicy/bin/answer.py?hl=de&answer=1316548&rd=1

3. Tipp: Akzente setzen

Texten Sie Anzeigen mit Großbuchstaben – auch an Stellen, wo es grammatikalisch nicht erlaubt ist:

Abbildung 4.20: *Aufmerksamkeit auf Kosten der Grammatik*

4. Tipp: Abkürzungen als Blickfang

Da die Textanzeigen nur wenig Platz bieten (25 Zeichen im Titel, je 35 Zeichen in Textzeile 1 und 2 sowie 35 Zeichen in der angezeigten URL) müssen Sie sehr kreativ mit den Anzeigentexten umgehen. Hier helfen bekannte Abkürzen (kg; u., unverb., usw.), weil sie die Textgröße erheblich reduzieren und gleichzeitig ein Eycatcher sein können, denn AdWords-Textanzeigen werden mehr gescannt als gelesen. Nutzen Sie die Möglichkeit der schnellen Kommunikation mit Abkürzungen!

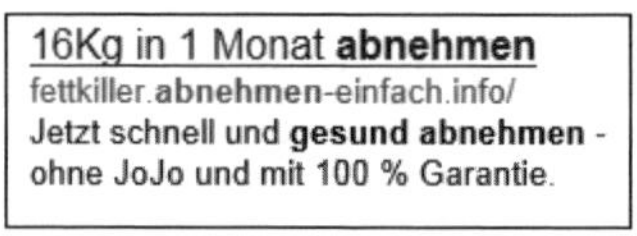

Abbildung 4.21: *Abkürzungen helfen beim Anzeigen-Scann*

5. Tipp: Druck aufbauen

Ist ein Angebot knapp und nur noch kurze Zeit verfügbar, erhöht dies den Druck auf die Interessenten. Kommunizieren Sie knappe Ressourcen und eine beschränkte Reaktionszeit, um potenzielle Kunden zum Handeln zu bewegen.

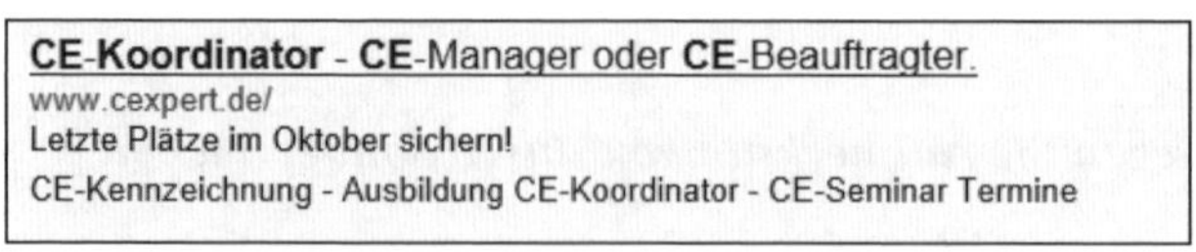

Abbildung 4.22: *Kurzfristiges Handeln ist gefragt.*

6. Tipp: Erstellen Sie aktuelle Textanzeigen

Greifen Sie aktuelle Geschehnisse auf, und bauen Sie diese in die Textanzeigen ein, oder erschaffen Sie eine eigene Aktualität für Ihre Anzeigen. Bei der Suche interessieren sich Google-Nutzer oft für aktuelle Informationen. So schlagen Sie die Brücke von der Suche zu Ihrer Werbung.

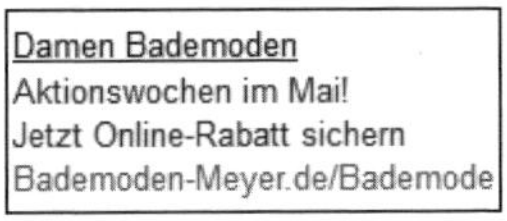

Abbildung 4.23: *Aktuellen Bezug herstellen*

7. Tipp: Übertreibung

Bei bestimmten Zielgruppen können Sie auch durch leichte Provokation oder eine Übertreibung Aufmerksamkeit erregen. Beobachten Sie dabei immer die Anzeigen der Konkurrenz, und stimmen Sie Ihre AdWords-Anzeigen entsprechend ab!

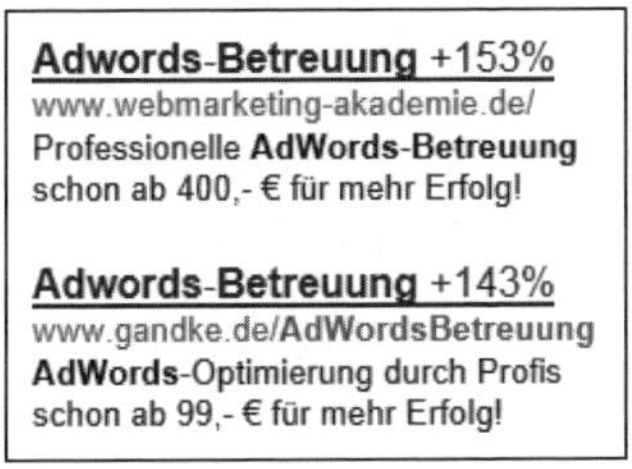

Abbildung 4.24: *Inflation der Steigerungsmöglichkeiten* ☺

8. Tipp: Arbeiten Sie mit Preisen, aber achten Sie auf die Konkurrenz

Arbeiten Sie mit Preisen und Prozenten. Verwandeln Sie Ihre AdWords-Anzeigen in Werbeplakate, die Aufmerksamkeit erregen. Dabei müssen Sie jedoch unbedingt wissen, was Ihre Konkurrenz bewirbt! 20 % Preisnachlass ist dann wenig, wenn direkt neben Ihrer Anzeige mit der Reduzierung um 21 % geworben wird. Dies ist kein Plädoyer für ruinöse Rabattschlachten, sondern ein Hinweis, dass Sie bei ungünstigeren Rabattmöglichkeiten den Endpreis oder die kostenlose Lieferung in den Vordergrund stellen sollten.

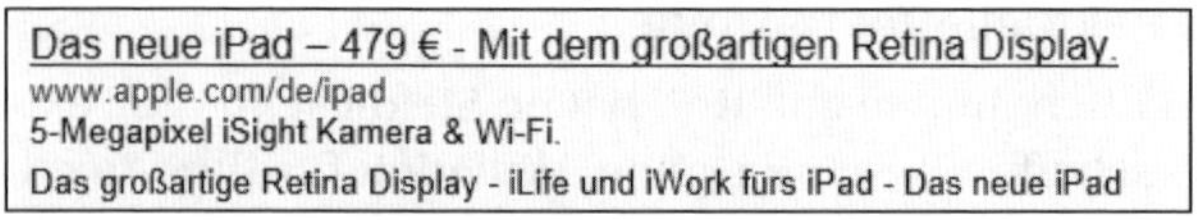

Abbildung 4.25: *Mit Preisen werben*

9. Tipp: Zaubern Sie mit Zahlen

Visuelle Effekte durch die verstärkte Nutzung von Zahlen heben Ihre Anzeigen aus der Masse hervor!

Abbildung 4.26: *Zahlen benötigen wenig Platz und bieten hohen Informationsgehalt.*

10. Tipp: Arbeiten Sie mit der Anzeige-URL

Nutzen Sie auch den Platz der angezeigten URL (grüne Zeile), um Haupt-Keywords unterzubringen oder eine zusätzliche, einfache Botschaft zu vermitteln. Die Domain in der Anzeige muss zwar mit Ihrer Ziel-Domain übereinstimmen, der weitere Pfad (z.B. */null-nix-leasing*) muss jedoch nicht existieren, sondern kann als „Werbefläche" in der AdWords-Anzeige eingesetzt werden.

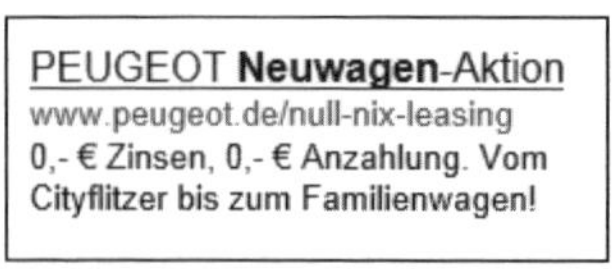

Abbildung 4.27: *Anzeige-URL geschickt einsetzen*

4.7 Das Display-Netzwerk

Die bisherigen Ausführungen und Tipps zum AdWords-Werbeprogramm bezogen sich auf die Textanzeigen, die auf den Suchergebnisseiten bei Google erscheinen. Diese Werbeform wird am häufigsten genutzt und daher auch direkt mit dem Begriff *AdWords* in Verbindung gebracht. Es gibt aber, wie bereits erwähnt, noch einen zweiten Bereich: die Werbemöglichkeiten im AdWords-Display-Netzwerk. Dort erscheint die AdWords-Werbung auf den sogenannten Content-Seiten. Diese Werbung ist nicht so zielgerichtet wie die Werbung im Such-Werbenetzwerk, weil die Webseitenbesucher vorher nicht aktiv nach einem bestimmten Begriff gesucht haben. Dafür ist die Verweildauer im Display-Netzwerk jedoch höher und daher hervorragend geeignet, um sogenannte Branding-Effekte zu erzielen. Die AdWords-Werbung taucht themenbezogen in einer Umgebung auf, wo sich Internetnutzer über bestimmte Themen näher informieren möchten und interessante Informationen (Nachrichten, Hilfestellungen, Testberichte o. Ä.) erwarten.

4.7.1 Image-Anzeigen nutzen

Die Seiten im Display-Netzwerk eignen sich hervorragend, um auf Ihr Unternehmen aufmerksam zu machen. Dies funktioniert zwar auch über Textanzeigen, den stärkeren Effekt erreichen Sie jedoch, wenn Sie Image-Anzeigen als Werbeform nutzen.

4.7.2 Passende Placements für Display-Anzeigen suchen

Starten Sie Ihr Engagement im Display-Netzwerk mit einer eigenen Strategie. Falls Sie eine spezielle Nische bewerben, erzielen Sie über das Display-Netzwerk den größten Erfolg, wenn Sie die passenden Seiten für Ihre Werbung selbst manuell recherchieren. Während Webshops für Damenschuhe fast überall funktionieren, sprechen Sie zum Thema „Laufschuhe" auf Freizeit- und Fitness-Seiten Ihre Zielgruppe bei geringeren Klickkosten viel effektiver an.

Anmerkung

Bitte bedenken Sie, dass im Display-Netzwerk nicht gezielt gesucht wird. Klickraten (CTR) von deutlich unter einem 1 % sind ganz normal und nicht mit der CTR im Such-Werbenetzwerk vergleichbar.

4.7.3 Empfehlungen für das Display-Netzwerk

1. Tipp: Erstellen Sie eine eigene Kampagne für das Display-Netzwerk

Richten Sie eine spezielle Kampagne nur für das Display-Netzwerk ein. Wählen Sie dazu in den Grundeinstellungen der Kampagne beim Unterpunkt Typ die Ausrichtung Nur Display-Netzwerk.

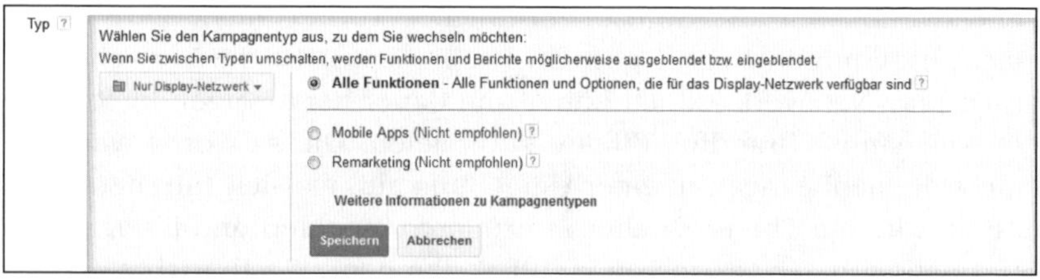

Abbildung 4.28: *Der Kampagnentyp* Nur Display-Netzwerk

Alle Einstellungen zu diesem Kampagnentyp nehmen Sie im AdWords-Konto dann im Unterregister Display-Netzwerk vor.

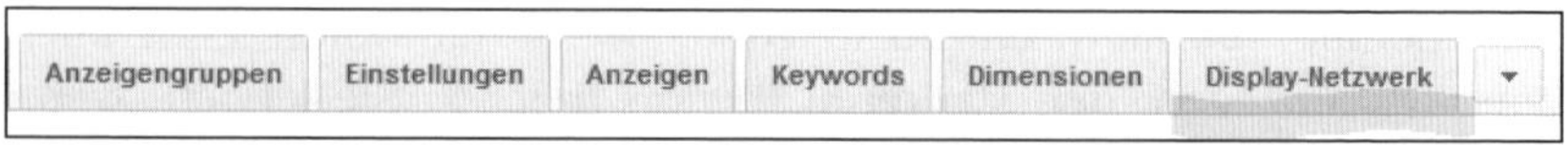

Abbildung 4.29: *Das Unterregister* Display-Netzwerk

Grundsätzlich können Sie Ihre Display-Kampagnen über vier unterschiedliche Ausrichtungsmethoden steuern. Folgende Ausrichtungsmethoden stehen aktuell (Stand November 2012) zur Verfügung:

- Ausrichtung mithilfe von Keywords
- Ausrichtung über Placements (Webseiten)
- Ausrichtung über die Themen der jeweiligen Content-Webseiten
- Ausrichtung über die Interessen der jeweiligen Google-Nutzer

Die einzelnen Ausrichtungsmethoden können dabei noch untereinander kombiniert werden. Die beiden wichtigsten Ausrichtungsmethoden stützen sich auf die vorgegebenen Keywords (ähnlich wie im Such-Werbenetzwerk) und auf die sogenannten Placements – das sind die Werbeflächen auf den Content-Webseiten.

2. Tipp: Auswahl der Keywords für das Display-Netzwerk

Weil die Keywords im Display-Netzwerk nicht über die aktive Suche der Internetnutzer gesteuert werden, sollten Sie hier nur wenige Keywords bestimmen und dabei auf allgemeinere Keywords setzen.

3. Tipp: Auswahl der Placements für das Display-Netzwerk

Versuchen Sie, soweit es möglich ist, Ihre Display-Anzeigen auf Placements zu schalten, die Sie vorher selbst ausgewählt haben. Auf diese Weise können Sie besser steuern, in welchem Umfeld Ihre Anzeigen erscheinen. Zur Recherche und Auswahl der Placements sollten Sie das Placement-Tool nutzen, das Sie wie alle AdWords-Tools unter

Tools und Analysen finden. Die Funktionsweise ähnelt dem AdWords-Keyword-Tool.

4. Tipp: AdWords-Vorschläge analysieren

Da die Recherche nach passenden Placements sehr zeitintensiv sein kann, können Sie auch einen Kompromiss wählen. Geben Sie zunächst nur Keywords oder Themen an. Google schaltet dann automatisch Ihre Anzeigen auf Placements im Display-Netzwerk. Analysieren Sie nach einem Monat, welche der automatisiert vorgegebenen Placements gute Ergebnisse (Impressionen, Klicks oder Konversionen) erzielt haben, und übernehmen Sie diese Seiten dann in Ihre manuelle Auswahl.

4.7.4 Unterschied zwischen Themen und Interessen

Während für die Einteilung in Themen die verschiedenen Placements von AdWords analysiert werden, werden für die Auswahl der Interessen Daten zu den Google-Nutzern erhoben. Google protokolliert, auf welchen Webseiten sich die Nutzer aufgehalten haben und welche Fragen die Internetnutzer an Google gestellt haben. Diese Informationen können Sie noch mit einer eigenen Remarketing-Aktion verknüpfen. Beim Remarketing werden die Besucher der eigenen Webseite über einen Cookie markiert. So können diese im Netz auf Content-Seiten aufgespürt werden. Diese Nutzer werden dann mit einer individuellen Werbung zielgerichtet (Targeting) angesprochen. (Darum sehen Sie ständig Zalando-Werbung im Internet, nachdem Sie einmal auf der Zalando-Webseite waren! ☺)

Tipp: Remarketing dosiert einsetzen

Wenn Sie selber Remarketing-Aktionen testen, sollten Sie darauf achten, dass Sie Ihre potenziellen Kunden nicht „belästigen". Beschränken Sie daher in den Kampagnen-Grundeinstellungen die Häufigkeit, mit der ein ehemaliger Webseitenbesucher mit Ihrer Werbeeinblendung „konfrontiert" wird. Stellen Sie dazu unter Anzeigenschaltung → Frequency Capping die Anzeigenhäufigkeit z.B. auf 3 Impressionen pro Tag pro Anzeigengruppe. So erhält ein ehemaliger Webseitenbesucher und zukünftiger Kunde Ihre Werbung in einem dosierten Ausmaß. So verhindern Sie, dass Internetnutzer verärgert werden und Ihr Unternehmen in schlechter Erinnerung behalten.

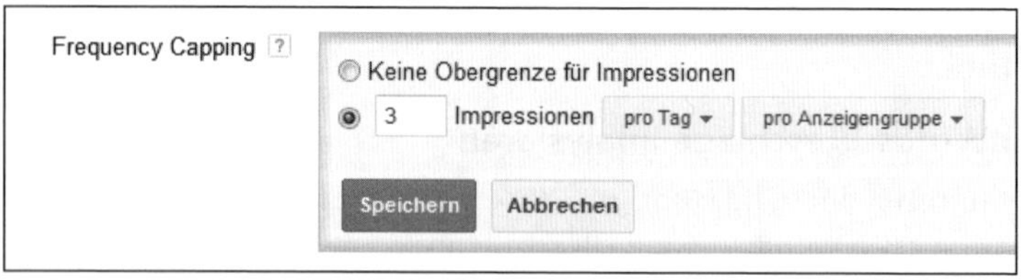

Abbildung 4.30: *So legen Sie die Obergrenze der Einblendungen im Display-Netzwerk fest.*

4.8 Mobile Kampagnen

Das mobile Internet wird zukünftig eine wichtige Rolle spielen. Nutzen Sie die Werbemöglichkeiten in Google AdWords, um erste Erfahrungen zu sammeln. Werben Sie jedoch nur dann mit einer mobilen Kampagne, wenn auch Ihre Webseite für die mobile Nutzung gerüstet ist.

„2013 werden mehr Leute über Smartphones ins Internet gehen als über PCs. Aber nur 37 % aller Unternehmen, die eine Website besitzen, haben sie auch mobil optimiert." (Quelle: http://www.startmobile.de/de/d/warum-start-mobile/#vorteile)

Tipp

Unter folgender URL können Sie testen, wie Ihre Webseite auf einem Smartphone aussieht:
http://www.startmobile.de/de/d/website-testen/#mobilerfitnesstest

Falls es keine grundlegenden technischen Schwierigkeiten gibt und Ihre Seite dargestellt wird, so sind die wichtigsten Testkriterien die gute Lesbarkeit und die einfache Navigationsmöglichkeit auf dem Smartphone. Erst wenn beides gegeben ist, macht es Sinn, AdWords-Werbung für Smartphones zu schalten. Anderenfalls bezahlen Sie für Besucher, die Ihre Webseite gar nicht richtig nutzen können.

4.8.1 Eine eigene mobile Kampagne erstellen

Zur besseren Steuerung und Verwaltung in AdWords sollten Sie immer eine eigene Kampagne für Ihre mobile Werbung anlegen. Navigieren Sie dazu in den Kampagneneinstellungen zum Unterpunkt GERÄTE. Wählen Sie die Endgeräte selbst aus. Stellen Sie je nach Strategie als Zielgeräte Smartphones und/oder Tablet PCs ein.

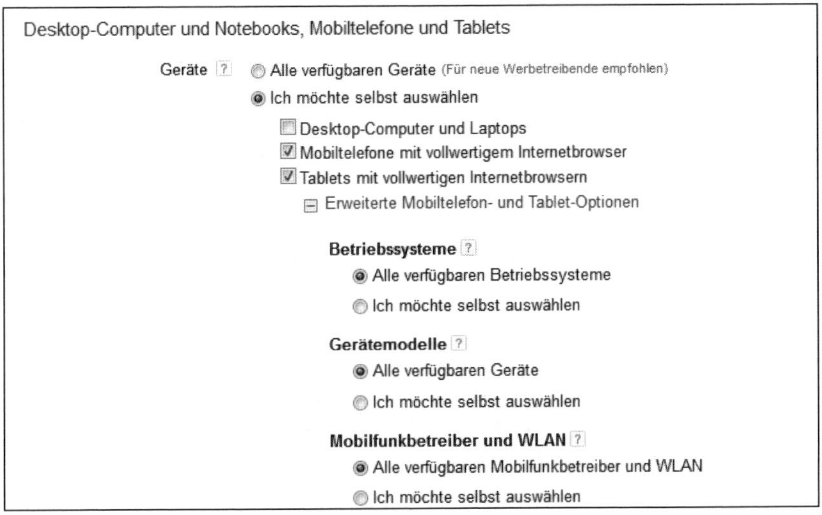

Abbildung 4.31: *Mobile Geräte selbst festlegen*

4.8.2 Drei interessante Strategien für mobile AdWords-Kampagnen

Nutzen Sie die mobilen Kampagnen in AdWords immer passend zur Ihrer Online-Strategie. Sie sollten sich dabei stets bewusst sein, welche Zielgruppe Sie mit der jeweiligen Kampagne erreichen möchten und welche Aktion der Beworbene durchführen soll. Beachten Sie, dass mobile Nutzer oft in einer besonderen Situation sind (unterwegs, unter Zeitdruck etc.).

1. Strategie: Textanzeigen mit lokalem Bezug

Die Textanzeigen auf mobilen Endgeräten (Smartphones und Tablet-PCs) sind von der Darstellung her mit den Anzeigen für Desktop-Computer vergleichbar. Bei mobilen Suchanfragen bezieht sich jede dritte jedoch auf Informationen zu lokalen Unternehmen. Mobile Internetnutzer suchen also nach einem Geschäft in der Umgebung, nach einer Wegbeschreibung oder einer Telefonnummer.

Fügen Sie Ihrer mobilen Kampagne daher auf jeden Fall eine Standorterweiterung hinzu. Dann werden Adresse und Telefonnummer bei der mobilen Suche angezeigt.

2. Strategie: Click-to-Call-Anzeigen

AdWords bietet auch die sogenannte Click-to-Call-Werbung an. Dabei werden potenzielle Kunden auf mobilen Geräten per Klick nicht zur Webseite weitergeleitet, sondern direkt per Anruf mit dem Unternehmen verbunden. Dies ist vor allem interessant, wenn Sie beratungsintensive Produkte bewerben. Ein Anruf ist für Sie interessant, weil Kunden am Telefon näher an einer Verkaufsentscheidung sind. Sie können potenzielle Kunden telefonisch direkt und genau zu ihren Bedürfnissen beraten.

Achten Sie bei der Click-to-Call-Werbung jedoch darauf, dass Sie diese zeitlich so steuern, dass die verlinkte Telefonzentrale mit Mitarbeitern besetzt ist. Es sollte auf jeden Fall ein Ansprechpartner und nicht der Anrufbeantworter am anderen Ende der Leitung warten. Bereiten Sie Ihre Mitarbeiter auch auf die möglichen Anrufe vor. Die Telefonberater sollten zum Beispiel wissen, mit welchen Anzeigen Sie über AdWords geworben haben, um die genutzten Argumente passend aufzugreifen.

Fügen Sie eine entsprechende Click-to-Call-Anzeigenerweiterung mit der eigenen Telefonnummer hinzu. Diese erscheint dann als Link in der Anzeige. Wenn Sie die Option NUR LINK ZU MEINER TELEFONNUMMER ANZEIGEN auswählen, erfolgt der direkte Anruf beim Klick auf die AdWords-Anzeige.

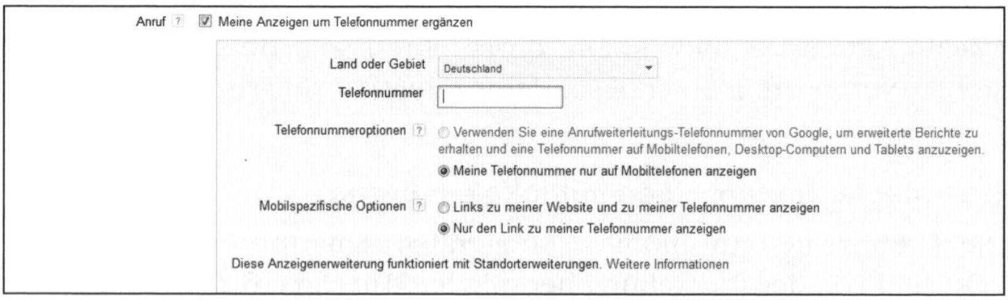

Abbildung 4.32: *Anzeigenerweiterung mit Telefonnummer für Click-to-Call*

Click-to-Call-Anzeigen können sowohl im Such- als auch im Display-Netzwerk erscheinen.

3. Strategie: Click-to-Download-Anzeigen

Gleichzeitig mit der stärkeren Nutzung der mobilen Endgeräte verbreiten sich auch die sogenannten Apps immer mehr. Auch für diese spezielle Vermarktungsmöglichkeit bietet Google AdWords nun Anzeigen, die per Klick direkt auf die eigene App bei Android Marketplace oder im Apple App Store verlinken.

So kann der Google-Nutzer die App ohne große Umwege direkt herunterladen. Wenn Sie eine eigene App bewerben und in den Anzeigen verlinken möchten, so müssen Sie Ihrer Kampagne die ERWEITERUNGEN FÜR MOBILE APPS hinzufügen.

Diese stellen Sie im Unterregister ANZEIGENERWEITERUNGEN ein. In den Einstellungen müssen Sie das Betriebssystem, den Paketnamen oder die Apple ID sowie Linktext und Ziel-URL für die jeweilige App eintragen.

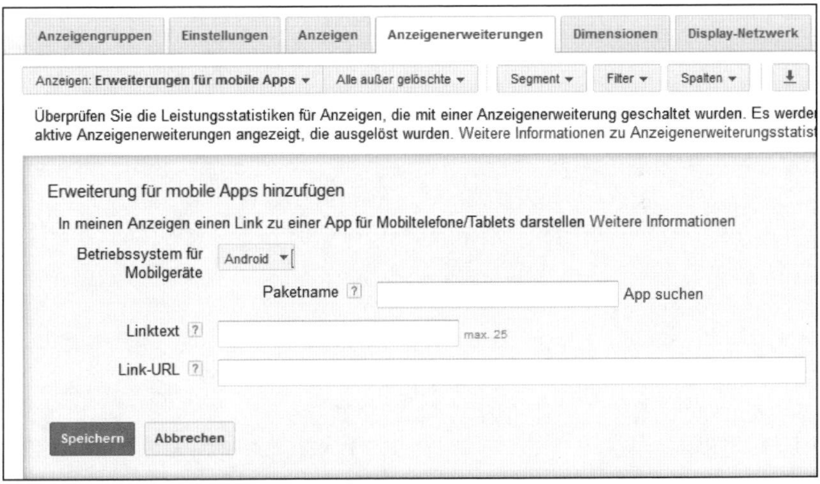

Abbildung 4.33: *Anzeigenerweiterung für mobile Apps*

4.9 Was ist zu tun?

- Planen Sie Ihre AdWords-Kampagne vorher.
- Gehen Sie alle Kampagnen-Einstellungen durch, und richten Sie Ihre Kampagne auf Ihr Ziel aus.
- Unterscheiden Sie genau zwischen Such-Werbenetzwerk und Display-Netzwerk.
- Schalten Sie Branding-Kampagnen im Display-Netzwerk.
- Achten Sie auf den Qualitätsfaktor, und nutzen Sie alle Optimierungsmöglichkeiten.
- Setzen Sie die Keyword-Optionen zielgerichtet ein.
- Nutzen Sie die ausschließenden Keywords.

- Arbeiten Sie mit Keyword-Listen für die ausschließenden (negativen) Keywords.
- Testen Sie die verschiedenen Tipps, um Ihre optimalen Textanzeigen zu finden.
- Testen Sie verschiedene Textanzeigen im A/B-Test.
- Erstellen Sie Image-Anzeigen im Display-Netzwerk für Branding-Zwecke.
- Testen Sie die unterschiedlichen Möglichkeiten mobiler Kampagnen.

Kapitel 5

SEO vs. SEA

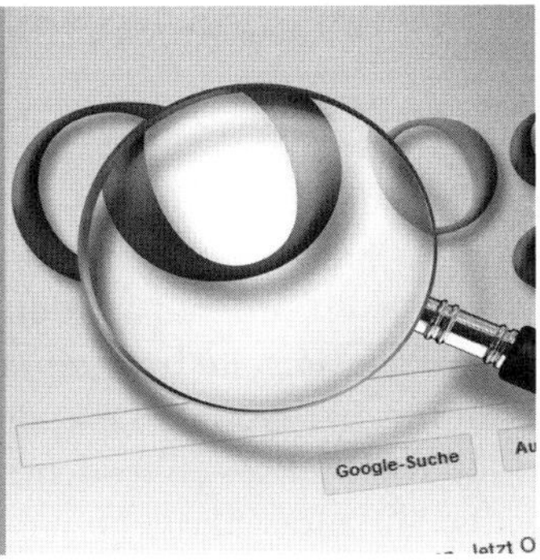

SEO oder SEA – also Suchmaschinenoptimierung oder bezahlte Anzeigen auf der Suchergebnisseite? Über diese zwei verschiedenen Möglichkeiten des Suchmaschinenmarketings entbrennt oft ein großer Streit. Vor allem aus dem Lager der Suchmaschinenoptimierer wird angeführt, dass SEO die bezahlten Anzeigen über Google AdWords vollständig ersetzen kann – nach dem Motto: „Warum soll ich für etwas bezahlen, was kostenlos zu haben ist?"

Auf der anderen Seite argumentieren die AdWords-Vermarkter, dass AdWords eine viel größere Menge an Keywords und Unterseiten in den Ergebnissen der Suchmaschinen positionieren kann.

Um ein sich entsprechendes Urteil bilden zu können, wollen wir uns zunächst die Stärken und die Schwächen der beiden unterschiedlichen Möglichkeiten des Suchmaschinenmarketings genauer anschauen. Danach können Sie Ihr Urteil bilden und die passende SEM-Strategie für Ihre Bedürfnisse auswählen.

5.1 Welche Vorteile bietet SEO?

5.1.1 Kostenlose Werbung in den Suchmaschinen

Der wesentliche Vorteil von SEO liegt in der kostenlosen Nutzung der Google-Suchergebnisse als Marketingplattform für Ihre Webseite – wenn Sie erst einmal auf den ersten Google-Seiten auftauchen. Falls Sie mit Ihrer Webseite bzw. einer Unterseite Ihrer Webpräsenz ein vorderes Ranking bei Google belegen, so ist es Ihnen letztlich egal, ob Sie 10 oder 100 Webseitenbesucher pro Tag über das Suchergebnis erhalten. Falls Sie eine ähnliche Position in den Suchergebnissen mit Ihrer Google AdWords-Werbung belegen, so macht es an dieser Stelle für Ihren Geldbeutel schon einen großen Unterschied, ob Sie 10 oder 100 Klicks über die AdWords-Anzeige erhalten. Im Sinne der Kundengewinnung ist es natürlich immer wichtiger, möglichst viel Besucher über die Suchergebnis-Seite zu erhalten, also: je mehr Besucher, desto besser!

5.1.2 Vertrauensvorschuss und Konversionen

Ein weiterer Vorteil von SEO besteht darin, dass die SEO-Ergebnisse, also eine Listung im organischen Ranking, grundsätzlich einen großen Vertrauensvorschuss bei Google-Nutzern erhalten. Eng verbunden mit dem Vertrauensvorschuss ist die Erkenntnis, dass die organischen Google-Ergebnisse im Schnitt bessere Konversionen (z.B. Kundenanfragen) erzielen als die bezahlten Suchanzeigen.

In diesem Zusammenhang sollte nicht unerwähnt bleiben, dass „Suche“ nicht gleich „Suche“ ist. Die verschiedenen Suchabsichten müssen fein voneinander getrennt werden. Ein sogenannter Informationssucher wird sich eher im linken Bereich der Google-Suchergebnisseite umschauen, also dem organischen Ranking mehr Beachtung schenken. Steckt hinter der Suchanfrage bei Google jedoch ein verstärktes Interesse an Webshops oder anderen kommerziellen Webseiten, so schauen die meisten User eher auf die bezahlten Textanzeigen. Der Blick richtet sich also stärker auf die rechte Seite oder auf die Top-Listung direkt unterhalb des Google-Suchfeldes.

Bitte bedenken Sie bei Ihrer Suchmaschinen-Marketingstrategie immer daran, dass Sie genau wie Google zwischen den verschiedenen Absichten der Suchenden – also dem *User Intent* – unterscheiden sollten.

5.1.3 Kennt Google die Suchabsicht?

Ja, Google kennt sehr oft die Absicht des Suchenden und arbeitet sehr intensiv an der Optimierung der Eingabeanalyse. Das erklärte Fernziel von Google besteht darin, Antworten auf Fragen zu liefern, die der Suchende selbst noch gar nicht formuliert hat. (Eine etwas beunruhigende Vorstellung.)

Eine Analyse der Suchanfrage mit entsprechend abgestimmten Ergebnissen erkennen Sie am einfachsten anhand der lokalen Suchanfragen. Während Sie früher eine Keyword-Kombination mit Städtenamen eingeben mussten, um ein lokales Suchergebnis für die Stadt zu erzielen, so reicht es heutzutage, dass Sie zum Beispiel nur „Anwalt“ oder „Friseur“ eingeben, um lokale Suchtreffer zu dem Thema zu erhalten. Google sucht unter Berücksichtigung Ihrer aktuellen IP-Adresse die passenden Ergebnisse und blendet Ihnen dann unter den ersten Ergebnissen Webseiten der näheren Umgebung inklusive einer Google-Map mit den markierten Standorten ein. Dies funktioniert jedoch nur, wenn Google eine lokale Suchabsicht vermutet! Wenn Sie z.B. nach „Tintenpatronen“ suchen, werden Ihnen keine lokalen Ergebnisse geliefert. Google hat aus den eigenen Beobachtungsdaten der Vergangenheit gelernt, dass z.B. bei Tintenpatronen kein lokales Interesse besteht. Google erkennt auch noch in vielen anderen Bereichen die Suchabsicht des Users. Neben der Unterscheidung in lokale und globale Suchabsicht differenziert Google auch z.B. nach Kriterien wie Informationsbedarf, Marken, Persönlichkeiten, Produkte, Bücher, Musik, Neuigkeiten usw.

Bitte bedenken Sie dies immer bei Ihrer Marketingstrategie! Während Sie zu einem aktuellen Thema plötzlich ein gutes Ranking erzielen, gelingt es Ihnen nicht, mit einem Oberbegriff zu Ihrem Produkt einen vorderen Platz bei Google zu belegen. Hier bewertet Google dann andere Aspekte stärker.

Es ist richtig, dass bei der Informationssuche oder auch bei der lokalen Suche die organischen Ergebnisse eher angeklickt werden, aber es gibt auch Suchergebnisse, die besser mit AdWords-Anzeigen funktionieren. Dies sollten Sie vorher genau analysieren. Darum kommen wir nun zu den Schwächen der Suchmaschinenoptimierung.

5.2 Hat SEO auch Schwächen?

5.2.1 SEO-Projekte kosten Zeit und Geld

Zunächst muss man sagen, dass auch SEO nicht kostenlos zu haben ist. Je nach Branche und Keyword können SEO-Projekte große Budgetsummen verschlingen. Beim Thema SEO ist es auch nicht damit getan, dass man einmalig Optimierungsmaßnahmen (z.B. bei der Programmierung) durchführt. Die sogenannte On-Page-Optimierung ist das wichtige Fundament für den Erfolg im organischen Google-Ranking, aber alleine nützen diese Maßnahmen wenig. SEO bedeutet letztendlich einen laufenden Prozess und ein ständiges Arbeiten an der Webseite, z.B. durch eine laufende Aktualisierung der Inhalte.

Wenn Sie SEO-Maßnahmen an eine externe Agentur auslagern, so müssen Sie für die Betreuung bezahlen; führen Sie die Maßnahmen und die laufende Betreuung selber durch, so bezahlen Sie dies mit der eigenen Arbeitszeit.

SEO kostet Zeit! Dabei muss man zum einen die Zeit berechnen, die für die On-Page-Optimierungsmaßnahmen an der Webpräsenz anfällt. Zum anderen wird ein noch viel größerer Teil der Zeit, die Sie in ein SEO-Projekt investieren, durch Off-Page-Maßnahmen aufgefressen. Ein guter Link-Aufbau zum Beispiel nimmt sehr viel Zeit in Anspruch. Beim Link-Aufbau müssen externe Partner recherchiert und kontaktiert werden. Die Link-Texte und Logos müssen passend ausgewählt werden, und der Link-Code muss vorbereitet werden. Zum Schluss muss laufend das Link-Netzwerk kontrolliert werden, damit fehlende oder nicht funktionierende Links direkt entdeckt werden.

Neben dem Link-Aufbau muss zukünftig auch Zeit für das Engagement in sozialen Netzwerken eingeplant werden. Die Pflege unterschiedlicher Social-Network-Plattformen nimmt noch mehr Zeit als der Link-Aufbau in Anspruch. Es müssen interessante Themen recherchiert oder Texte zu den eigenen Themen erstellt werden. Fremde Beiträge müssen kommentiert und geteilt werden – mit dem Ziel, die Reputation der eigenen Marke im sozialen Netzwerk zu stärken. Durch die Verbreitung der eigenen Inhalte können Diskussionen entstehen, die dann ebenfalls wieder Zeit in Anspruch nehmen.

Da in Zukunft beim SEO der Brand bzw. die Marke einen wichtigen Einfluss auf das Ranking besitzt, werden auch Offline-Maßnahmen, wie z.B. das Schreiben von Pressemitteilungen und Fachartikeln für Zeitschriften jede Menge Zeit in Anspruch nehmen.

Die Ergebnisse im organischen Bereich durch Suchmaschinenoptimierung sind zwar hochwertiger und besitzen einen längerfristigen Effekt, aber erfordern im Gegensatz zur Pflege eines AdWords-Kontos auch einen viel größeren Zeitaufwand.

5.2.2 SEO-Ergebnisse sind nicht genau vorhersagbar

Ein weiterer wichtiger Punkt der SEO-Nachteile hat mit den Ergebnissen zu tun. Der Erfolg der SEO-Maßnahmen ist letztlich nicht vorherzusagen. Bei der SEO ist man noch viel stärker als bei den bezahlten Textanzeigen von der Konkurrenzsituation abhängig. Besitzt Ihr Keyword-Konkurrent eine ältere Webseite, die schon viele Backlinks aufweist, so kann diese Konkurrenz-Webseite, die sich jahrelang nicht um SEO gekümmert hat, durch wenige On-Page-Maßnahmen ein gerade neu aufgebautes SEO-Projekt hinter sich lassen, weil immer das Zusammenspiel der unterschiedlichen Faktoren letztlich für das Gesamtergebnis verantwortlich ist.

5.2.3 Die Google-Regeln ändern sich

Außer von der sich ständig veränderten Konkurrenzsituation sind SEO-Maßnahmen auch sehr stark von Googles Spielregeln abhängig. Diese „Regeln“ sind gerade in den letzten Monaten (Februar 2011 bis November 2012) öfter verändert bzw. verschärft worden. So sind viele Webseiten, die ein gutes Google-Ranking besaßen, plötzlich im Nirwana verschwunden. In der SEO-Szene lautet die Erklärung dann: Der „Panda“ oder der „Pinguin“ hat diese Seiten erwischt. Diese „gefährlichen Tiere“ stehen für die etwas ungewöhnlichen Namen der Google-Updates. Das „Panda-“ und noch stärker das „Pinguin-Update“ haben Webseiten bestraft und im Ranking abgestuft, die

- minderwertigen Content bieten (Panda) und
- minderwertige Backlinks besitzen (Pinguin).

Unter *minderwertigem Content* versteht Google Webseiteninhalte ohne großen Mehrwert für den Leser. Diese beinhalten eine unnatürliche Anhäufung von Keywords; die Texte sind zum Teil kopiert oder auch ohne Sinn und Nutzen – auch dies erkennt Google schon durch Abgleich mit Webseiten, die von Usern und Qualitätskontrolleuren als gut eingestuft werden. Minderwertige Webseiten enthalten zudem oft viele Schreib- und Grammatikfehler. Der wichtigste Punkt sind wohl auch hohe Absprungraten. Google beobachtet, ob die Nutzer schnell wieder zur Google-Ergebnisseite zurückkommen, um sich ein anderes Ergebnis anzuschauen.

Bei *minderwertigen Links* handelt es sich um gekaufte oder getauschte Links, Footer-Links (dies sind die Links, die öfter am unteren Ende von Web- und speziell Blog-Seiten stehen), Kommentar-Links usw.

Auch Links, die sehr mechanisch nach dem immer gleichen Schema und vor allem mit gleichen Link-Texten von Mitarbeitern oder Service-Firmen aufgebaut werden, fallen unter die Kategorie der nutzlosen und zukünftig eher schädlichen Verlinkungsmethoden. Google erkennt durch die laufende Optimierung der eigenen Qualitätstests und auf Grundlage der Google-eigenen Statistiken die verbotenen Optimierungen und stuft die entdeckten Webseiten herunter. Es kann Ihnen beim SEO passieren, dass bestimmte SEO-Methoden (z.B. ein Link-Aufbau über gekaufte Links oder der Einsatz von Footer-Links), die vielleicht vor ein paar Jahren noch gut funktioniert haben, nun nicht mehr helfen – und im Gegenteil zur Abstrafung führen. Für manche SEO-Agenturen besteht nun ein Teil Ihres Geschäftsmodells darin, die aufgebauten Backlinks wieder aus den unerwünschten Link-Quellen zu entfernen. Auch zukünftig wird Google ständig an der qualitativen Verbesserung arbeiten und auch andere Automatismen in SEO-Maßnahmen aufdecken. Dabei kann es durchaus sein, dass bestimmte Maßnahmen zum jetzigen Zeitpunkt noch sinnvoll sind, weil der Konkurrenzkampf um gute Ranking-Plätze dies erfordert. Dies kann in einigen Monaten dann völlig anders aussehen. Aus diesen Gründen ist das Ergebnis der SEO-Arbeit sehr schwer vorherzusagen.

5.2.4 Beurteilung von SEO-Maßnahmen

Eine Schwäche von SEO besteht auch darin, dass die Maßnahmen aus Kundensicht schwer zu beurteilen sind, was dann zu starker Verunsicherung bei den Kunden führt. Es gibt leider bei SEO viele „Experten“ bzw. Agenturen, die mit gefährlichem Halbwissen arbeiten. Für Firmenverantwortliche, die nicht im SEO-Thema zu Hause sind, ist es leider sehr schwer zu unterscheiden, wer Experte im SEO-Bereich ist und wer nur vorgibt, einer zu sein. Die seriösen und qualitativ hochwertigen Agenturen, die es natürlich auch gibt, finden teilweise „verbrannte Erde“ vor, weil Kunden mit schlechter Vorerfahrung den SEO-Maßnahmen natürlich sehr misstrauisch gegenüberstehen.

Beim Thema Suchmaschinenoptimierung muss man ständig die neuen Entwicklungen im Auge haben und die SEO-Projekte anpassen. Immer neue Google-Updates erfordern stetige Anpassungen der eigenen Strategie.

5.3 Welche Vorteile bietet SEA?

5.3.1 Unbegrenzte Keyword-Anzahl

Bei den bezahlten AdWords-Anzeigen besteht der Vorteil ganz klar in der Menge an Keywords, die Sie bei AdWords eingeben und testen können. Daher sollten Sie – auch wenn Sie strategisch die Suchmaschinenoptimierung und das organische Ranking bevorzugen – Ihre wichtigsten Keywords aus der Keyword-Recherche zunächst einmal mit einer Google AdWords-Kampagne testen. Mit AdWords können Sie ganz einfach ausprobieren, welche Keywords verstärkt in der angepeilten Zielgruppe via Google gesucht werden. Vor allem können Sie mithilfe von AdWords und einem Webanalyse Tool überprüfen, welche Keywords in Ihrem Sinne funktionieren, das heißt, über welche Keywords die gewünschten Ziele (Conversions) erreicht werden bzw. bei welchen Keywords ein größeres Interesse an Ihrer Webseite besteht. Das Interesse können Sie mithilfe der Anzahl an besuchten Webseiten sowie der Aufenthaltszeit auf den Webseiten messen.

Neben der Anzahl und der Kombination an Keywords sollten Sie mit AdWords auch das *Wording* Ihrer Werbung testen, indem Sie verschiedene Anzeigentexte nutzen und die Reaktionen protokollieren. Auf diese Weise können Sie testen, wie Sie Ihre Zielgruppe am besten ansprechen, damit diese die gewünschten Schritte (z.B. einen Kauf oder eine Kontaktanfrage) durchführt. Zusätzlich können Sie mithilfe von AdWords sehr einfach die Wirkung der Kombination aus Keyword und Landing-Page testen. Dies bedeutet, dass Sie über verschiedene Kombinationen testen können, auf welcher Landing-Page sich die Besucher in Bezug auf das vorher gesuchte Keyword am besten aufgehoben fühlen.

5.3.2 Zeitfaktor

AdWords-Werbung ist nach der Erstellung direkt innerhalb weniger Minuten auf der ersten Seite bei Google sichtbar, während SEO-Maßnahmen auch schon einmal 6 Monate oder länger benötigen, bis sich ein vorderer Platz in den SERPs einstellt.

5.3.3 Individuelle Werbetexte

Mithilfe der AdWords-Werbung haben Sie die Möglichkeit, individuelle Werbeaussagen zu schalten. Die Anzeigentexte können außerdem noch schnell geändert werden. Bei neuen Aktionen, Angeboten oder bei einer Änderung Ihres Werbe-Slogans können Sie die AdWords-Werbung innerhalb einer Viertelstunde anpassen.

5.3.4 Kurzfristige Trends bewerben

Bei aktuellen Suchtrends, nach denen nur für eine beschränkte Zeit gesucht wird (wie z.B. „Schweinegrippe"), kommt nur eine bezahlte Werbung infrage. Der Trend-Suchbegriff ist nämlich nach relativ kurzer Zeit für Suchende wieder uninteressant. Diese Zeit steht Ihnen für eine Optimierung im organischen Ranking nicht zur Verfügung.

5.3.5 Bewerbung von Webshops

Ein kleiner Vorteil der bezahlten Textanzeigen besteht für die AdWords-Nutzer, die Webshops bewerben, weil Google-Nutzer sich darauf eingestellt haben, dass interessante Webshops zu den gesuchten Produkten meistens in der rechten Leiste bzw. oberhalb der organischen Treffer bei Google gelistet werden. Dieser Effekt wird durch teilweise Einblendung von Produkt-Fotos und durch die Einführung des *Google Trusted Stores*-Siegels noch verstärkt.

5.4 Welche Schwächen hat SEA?

5.4.1 Klickkosten und unnütze Klicks

Die Schwächen von SEA liegen ganz eindeutig bei den anfallenden Kosten. Jeder Klick (bzw. fast jeder Klick – mehrmaliges Klicken kostet nicht extra) auf eine AdWords-Anzeige erzeugt Werbekosten. Darum sollten Sie als Werbender auch die Keywords sehr zielgerichtet schalten und ständig an der Optimierung Ihres AdWords-Kontos arbeiten.

Falls Sie das AdWords-Konto nicht laufend optimieren, geben Sie sehr schnell größere Geldbeträge für sogenannte *unnütze Klicks* aus. Bei diesen Klicks erhalten Sie zwar viele Besucher über die AdWords-Anzeigen, aber diese Besucher finden auf Ihrer Webseite nicht das, was sie gesucht haben. Darum verlassen die Webseitenbesucher auch schnell wieder Ihre Seite, und Sie haben nur Geld in die AdWords-Anzeige investiert, aber keinen Nutzen daraus gezogen.

Falls Sie z.B. eine Dienstleistung über Google AdWords anbieten, aber den Suchbegriff „Job“ bzw. „Jobs“ nicht ausgeschlossen haben, so werden viele Besucher über die bezahlten Textanzeigen auf Ihre Webseite kommen, die nach Jobs in Ihrer Branche suchen. Da Sie diese Jobs nicht anbieten, zahlen Sie letztlich für Besucher, die Ihnen keinen Umsatz bescheren und Sie außerdem noch in schlechter Erinnerung behalten, weil Sie die Besucher mit Ihrer Webseite enttäuscht haben. Schlimmer ist vielleicht noch, dass das AdWords-System den schnellen Absprung der Besucher auch bemerkt und so die Qualität Ihrer Keywords reduziert, was wiederum zu höheren Klickkosten führt.

5.4.2 Verpasste Chancen durch Ihr Budget oder Geo-Targeting

Beim SEA kann es auch vorkommen, dass Sie, obwohl Sie Anzeigen schalten, bestimmte Suchende nicht erreichen, weil Ihr Budget oder auch Ihr Geo-Targeting so eingestellt sind, dass Ihre Anzeigen nicht regelmäßig und nicht in allen Regionen ausgeliefert werden. Dieses Manko besteht beim SEO nicht bzw. in nur sehr geringem Maße. Eine vordere SEO-Platzierung ist zumindest in einem Land zu jeder Zeit und an jedem Ort präsent (Ausnahmen: spezielle Kombinationen mit lokalem oder regionalem Bezug). Beim SEA kann es auch passieren, dass Ihre Anzeigen aufgrund einer niedrigen Budget-Einstellung teilweise nicht ausgeliefert werden.

5.4.3 Schlechte CTR

Eine weitere Schwäche des SEA besteht darin, dass grundsätzlich die Klickraten auf die Anzeigen für die meisten Suchbegriffe geringer sind als die Klickraten auf die organischen Ergebnisse.

5.4.4 Geringeres Vertrauen in bezahlte Anzeigen

Die Nutzer bringen den Ergebnissen der bezahlten Anzeigen weniger Vertrauen entgegen und stufen auch die Qualität der Ergebnisse wird im Vergleich zum organischen Bereich niedriger ein. Teilnehmer unserer Seminare haben uns berichtet, dass sie die oberen AdWords-Anzeigen nicht oder nur selten anklicken, da sie an diesen Positionen die vergleichsweise teureren Produkte vermuteten. Diese Vermutung begründeten sie mit den höheren Werbeausgaben bei Google AdWords in Bezug auf die Anzeigenschaltung.

5.5 Fazit zum Vergleich SEO–SEA

Folgende Vorteile von SEO und SEA sollten Sie in Ihre Entscheidung für Ihre Suchmaschinen-Marketingstrategie einbeziehen.

Für SEO spricht:

- Webseitenbesuche ohne zusätzliche Klickkosten
- Vertrauensvorschuss beim „organischen Ranking
- bessere Konversionen beim organischen Ranking
- langfristiges Google-Ranking

Für SEA spricht:

- schnelle Umsetzung des Google-Rankings
- beliebige Anzahl an Keywords
- schneller Austausch oder Änderung der Keywords
- spezielle, auf das Keyword abgestimmte Anzeigentexte
- exakte Zuordnung der Landing-Page zum Keyword

Wie Sie erkennen, gibt es für beide Optionen, die Sie beim Suchmaschinenmarketing haben, gute Gründe – aber auch Gefahren, die Sie beachten müssen. Sie müssen die Methode wählen, die zu Ihren Ressourcen (vor allem Geld und Zeit) passt. Aus unserer Erfahrung können wir nur sagen, dass es meistens auf eine Kombination beider Maßnahmen hinausläuft. Dabei führt eine gute Präsenz (im organischen und im bezahlten Ranking) bei unterschiedlichen Keywords zu einer Stärkung der Marke, was wiederum das Vertrauen in die Marke und in ein Unternehmen steigert.

5.6 SEO und SEA aus Google-Sicht

Als Ergänzung wollen wir uns die Themen SEO und SEA einmal aus der Google-Sicht anschauen.

Setzen wir einmal die Google-Brille auf. Stellen Sie sich vor, dass Sie eine Suchmaschine entwickelt haben und viele Ressourcen (Zeit und Geld) in das Projekt Suchmaschine gesteckt haben. Wenn Sie nun den Ratschlag eines Suchmaschinenoptimierers hören, der von der bezahlten Suchmaschinenwerbung abrät und Unternehmen nur die SEO-Arbeit empfiehlt, so dürfte Ihnen als Betreiber der Suchmaschine diese Aussage nicht schmecken. Die bezahlte Suchmaschinenwerbung ist schließlich Ihre Haupteinnahmequelle. Falls wirklich alle Webseitenbesitzer nur noch auf SEO setzen, könnten Sie die Suchmaschine nicht mehr wirtschaftlich betreiben.

Ähnliche Gedanken dürfte auch Google haben. Zum einen benötigt Google qualitativ hochwertige Webseiten im organischen Ranking, weil diese Qualität die Suchmaschine attraktiv für Nutzer macht – zum anderen muss Google auch Partner finden, die Werbung schalten, um die Suchmaschine weiter betreiben zu können. Es muss in Hardware investiert werden, um die riesigen Mengen an neuen Daten zu speichern. Google muss auch Personal bezahlen, das ständig den Suchalgorithmus verbessert und neue Anwendungen entwickelt.

Der Suchmaschinen-Riese wird also viel Energie darauf verwenden, dass die AdWords-Nutzer weiter Werbung schalten und diese mit zusätzlichen Vorteilen motivieren. Nach Aussagen von Google gibt es keine Verbindung zwischen einem hohen Werbebudget in AdWords und einem guten organischen Ranking.

Es gibt jedoch indirekte Vorteile, die AdWords-Werbende erhalten. Diese wollen wir uns im Folgenden näher anschauen.

5.6.1 Markenbildung als SEO-Kriterium

Google betont in letzter Zeit immer häufiger, dass die Markenbildung ein SEO-Kriterium ist. Dies wurde vor allem durch das Brand-Ranking deutlich. Google hat plötzlich Marken auf den ersten Seiten gelistet, ohne dass die Betreiber der betreffenden Webseiten nachweisbare Optimierungen an ihren Seiten vorgenommen hatten. Die vordere Google-Platzierung wurde allein mit der Stärke der Marke zu einem bestimmten Thema begründet.

Die Schaltung von AdWords kann die Markenbildung durchaus fördern. Wenn Unternehmen oft über die AdWords-Anzeigen in der Suchmaschine auftauchen, so stärken sie die Markenbekanntheit und haben auf Dauer auch Vorteile beim organischen Ranking.

5.6.2 Zusätzliche AdWords-Features

Google fügt spezielle Features in AdWords hinzu, um die Werbe-Positionen für Unternehmen attraktiver zu gestalten. Ein Beispiel sind die Top-Positionen, also die Positionen oberhalb des organischen Rankings, die zukünftig noch weiter ausgebaut werden, indem die sogenannten Site-Links zu eigenen Anzeigen vergrößert werden. Weiterhin werden in Zukunft zum Beispiel im Reisebereich die Vergleichsportale direkt durch die Google AdWords-Werbung ersetzt. Dies bedeutet, dass dann die Suche nach Hotels oder Flugverbindungen inklusive Preisvergleichen direkt innerhalb der AdWords-Werbung durchgeführt werden kann. Dadurch verlieren die organischen Rankings der Vergleichsportale natürlich an Bedeutung. Ähnliche Angebote kann man sich auch noch zu anderen Suchanfragen vorstellen.

5.6.3 Vertrauensbildung für Webshops

Ein weiterer Schritt zur Förderung der kommerziellen Seiten ist das *Trusted Store*-Siegel, das in das Google AdWords-Programm aufgenommen wird. Dadurch wird das Vertrauen der Google-User in die Shops gestärkt, die bei AdWords werben.

5.6.4 Eigenes Bezahlsystem

Zukünftig wird auch das Google-Bezahl-System *Google Checkout*, bzw. Google Wallet in die Anzeigenwerbung integriert und so einen weiteren Pluspunkt für die Werbeform darstellen. Auf der Google-Ergebnisseite kann man also zukünftig direkt aus der AdWords-Werbung Produkte vergleichen, bestellen und dann direkt über Google bezahlen. Dies ist ein enormer Zeitvorteil, der ja einen sehr wichtigen Faktor im Online-Marketing darstellt. Als nächster logischer Schritt arbeitet Google bereits an einem eigenen Logistik- und Lieferservice für die Webshops – also alles aus einer Hand, um den Online-Kauf noch bequemer zu machen. Dies sind natürlich weitere Argumente für die AdWords-Werbung.

5.7 Was ist zu tun?

- Analysieren Sie, welche Suchabsicht hinter dem jeweiligen Keyword steckt.
- Überprüfen Sie, wie Google das Keyword einordnet.
- Recherchieren Sie Ihre Konkurrenz zum Keyword.
- Loten Sie Ihre Chancen aus.
- Suchen Sie Ihre Keyword-Nische.
- Achten Sie auf Veränderungen bei den SEO-Regeln.
- Passen Sie Ihre Optimierungsmaßnahem dem aktuellen Stand an.
- Testen Sie bestimmte Keywords vorab mit AdWords – auch wenn Sie später auf das organische Ranking setzen.
- Entscheiden Sie individuell pro Keyword, und wählen Sie aus SEO, SEA oder einem Mix die passende Strategie.
- Kontrollieren Sie Ihre Maßnahmen laufend, und ergänzen Sie abhängig von den Ergebnissen Ihre Suchmaschinenstrategie.

Kapitel 6

Lokales Marketing mit Google

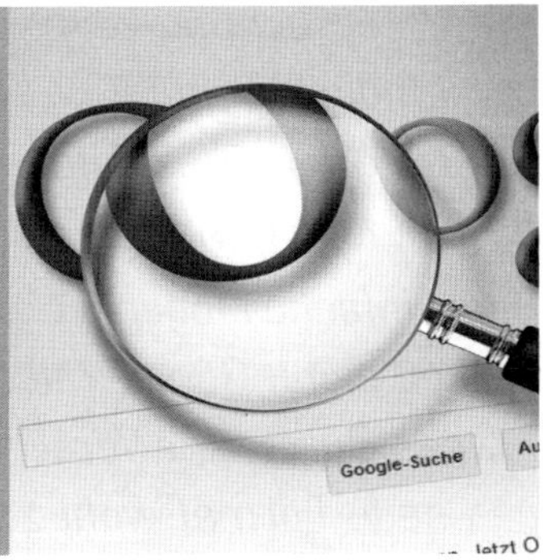

Eine besondere Form der Google-Suche ist die lokale Suche. Vor allem durch die Zunahme der mobilen Endgeräte, wie z.B. Smartphones oder Tablet PCs, wird die lokale Suche zukünftig noch stärker an Bedeutung für das Online-Marketing gewinnen. Bereits für das Jahr 2013 rechnet Google damit, dass die mobile Suche die Suchanfragen von stationären Geräten übertrifft. Als Unternehmer sollten Sie sich darauf vorbereiten, dass die Zukunft des Internets mobil, lokal und sozial sein wird.

Mobile Nutzer geben sehr häufig Suchanfragen mit lokalem Charakter ein, weil sie von unterwegs zum Beispiel ein Restaurant, ein Hotel, ein Taxi, einen Blumenladen, ein Kino etc. suchen. Die Hotelbuchungen über Smartphones steigen bereits seit Anfang 2012 an.

Beispiel

Auf Basis der Mobile App *BookitNow* beobachtet die BookitNow Services GmbH seit Februar 2012 das mobile Buchungsverhalten von Reisenden.

Dabei stellte sich heraus, dass vor allem junge Männer Hotels über Smartphones und Tablet-PCs buchen. Circa 62 % dieser Buchungen erfolgen am selben Tag. 53 % der Buchungen werden zwischen 12:00 und 18:00 Uhr getätigt. Die Hotels, die von unterwegs gebucht werden, liegen hauptsächlich in Großstädten wie Berlin, Hamburg und München.

Die Untersuchung zeigt, dass die mobilen Geräte ganz selbstverständlich genutzt werden und dass auch die Übermittlung von Daten für Bezahlfunktionen via Smartphone kein Problem für die neue Generation der mobilen User darstellt.

Eine einfache Möglichkeit zur Verbesserung der lokalen Auffindbarkeit bietet Google mit seinem lokalen Branchenbuch *Google Places*. Durch eine Verschmelzung von *Google+* und *Places* wird das neue Format wohl zukünftig *Google+ Local* heißen – falls Google nicht wieder ein neuer Name einfällt. Da die Begriffe (*Google Branchencenter*, *Google Places* und *Google+ Local*) alle genutzt werden, verwenden wir diese auf den nächsten Seite parallel.

Google bietet die Möglichkeit einer speziellen Unternehmenspräsentation bei lokalen Suchanfragen mithilfe des Branchencenters kostenlos an. Darum sollte jedes Unternehmen – und vor allem diejenigen Unternehmen mit lokalen Produkten oder Dienstleistungen – diesen Google-Eintrag nutzen.

Im Internet erkennen Sie die Google-Ergebnisse mit lokalem Bezug z.B. daran, dass auf der Google-Ergebnisseite gleichzeitig auch eine Karte, die Google-Map mit Ortsmarkierungen (Markern), eingeblendet wird.

Abbildung 6.1: *Google-Maps-Einblendung bei Suchanfragen mit lokalem Bezug*

Zusätzlich erscheint im organischen Ranking der ersten Seite eine Liste mit sieben Einträgen (*7 Pack Map Result*) oder auch drei Einträgen (*3 Pack Map Result*), die aus dem Google Branchencenter stammen. Früher gab es öfter auch das *10 Pack Map Result*. An den Änderungen erkennen Sie, dass Google laufend die optimale Darstellung testet.

Ein Klick auf die Karte oder auf einen Marker neben den Brancheneinträgen leitet auf die Google-Maps-Suche weiter. Hier erfolgt eine größere Darstellung der Karte mit gleichzeitiger Einblendung der Unternehmen auf der linken Seite (inklusive Bilder und Bewertungen). Die alphabetisch gekennzeichneten Marker finden sich neben den Brancheneinträgen und als Pin an der entsprechenden Firmenadresse auf der Karte wieder.

Abbildung 6.2: *Brancheneinträge im organischen Ranking*

Abbildung 6.3: *Darstellung der Brancheneinträge in Google Maps*

Der Google+ Local-Eintrag kann mit bezahlten AdWords-Anzeigen kombiniert werden. Auf diese Weise verschaffen Sie sich eine bessere lokale Präsenz und werden noch prominenter in Google Maps angezeigt.

So verbinden Sie Google Places und Google AdWords

Den Branchenbucheintrag bei Google Places können Sie mit AdWords folgendermaßen über die Anzeigenerweiterungen verbinden:

1. Klicken Sie zunächst auf die Anzeigenerweiterungen (siehe Abbildung 6.4).
2. Wählen Sie die Standorterweiterungen als Anzeigenerweiterung aus.
3. Wählen Sie die gewünschte AdWords-Kampagne aus.
4. Wählen Sie das Places-Konto, das Sie verbinden möchten. Normalerweise nutzen Sie den gleichen Login bei Places, AdWords und den anderen Google-Tools. Sie können hier jedoch auch einen anderen Login mit E-Mail-Adresse und zugehörigem Passwort verknüpfen.
5. Speichern Sie die Einstellung ab.

Nach der Erweiterung um die Standorte können Sie diese (falls gewünscht) mit einzelnen Anzeigen verknüpfen. Bei lokalem Interesse und passendem Standort (IP-Adresse) werden die Adressangaben aus Google Places passend zur Anzeige ausgeliefert.

Hinweis

Bei der Werbung werden die Marker in der Map durch Standard-Piktogramme aus AdWords ersetzt. Mit ein wenig grafischen Fähigkeiten können Sie aber auch ein eigenes Piktogramm (16 x 16 Pixel) erstellen und hochladen, wie zum Beispiel das kleine Symbol in Abbildung 6.4.

Ein weiterer wichtiger Punkt und ein Grund für die Nutzung der lokalen Brancheneinträge sind die Apps, die die lokalen Google-Daten nutzen. So kann man mit der Android-App Local *z.B. nach Restaurants, Cafés, Kneipen oder anderen Attraktionen in der Nähe suchen. Auch hier werden dann die passsenden Brancheneinträge angezeigt.*

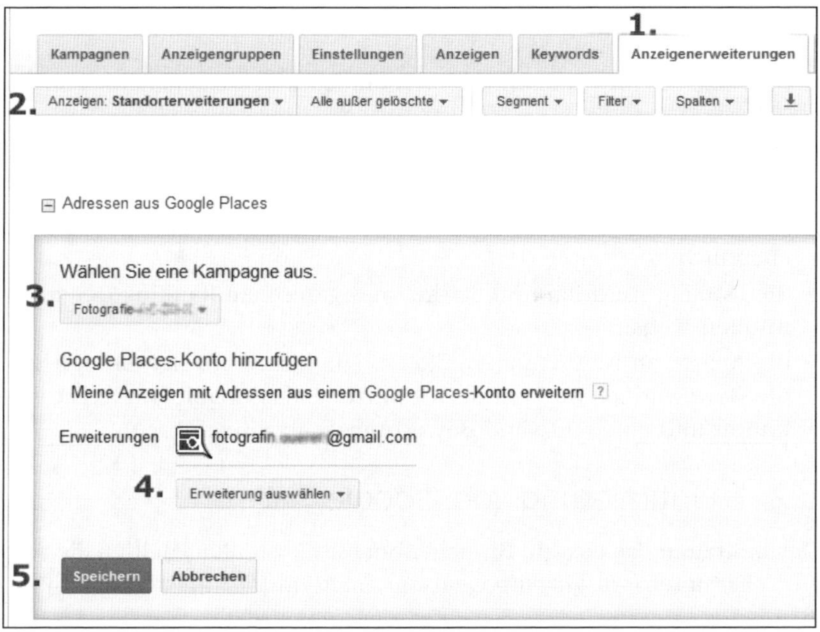

Abbildung 6.4: *Verknüpfung von Google Places und Google AdWords*

6.1 Ranking-Faktoren für Google Places

Welche Ranking-Faktoren beeinflussen die Platzierung im lokalen Branchencenter? Für das lokale Ranking gibt es analog zum organischen Ranking keine offizielle Liste mit Google-Vorgaben. Durch verschiedene Tests und Ranking-Analysen haben sich jedoch einige wichtige Punkte herausgestellt, die Einfluss auf das lokale Ranking der Unternehmen besitzen. Manche Faktoren (wie z.B. geografische) sind objektiv gegeben, während andere Optimierungsmöglichkeiten bereits beim Eintrag in das Branchencenter durch den Geschäftsinhaber beeinflusst werden können. Wie Sie Ihr Ranking bei Google+ Local verbessern, werden wir uns daher im nächsten Unterkapitel näher anschauen.

Hier ist zunächst eine Zusammenfassung der Faktoren, die einen positiven Einfluss auf das Ranking besitzen:

- eine individuelle, durch den Eigentümer bestätigte Places-Seite
- In Zukunft: die Zuordnung von Google Places zu einem Google+-Unternehmensprofil
- die Nähe der physikalischen Unternehmensadresse zum Stadtzentrum
- die richtige Zuordnung einer Kategorie zum Unternehmen
- der Bezug einer lokalen Telefonvorwahl auf der Places-Seite zur Stadt
- die Übereinstimmung von Name, Adresse und Telefonnummer des Places-Eintrages mit der Webseite und anderen Einträgen in Branchenbüchern
- die Domain-Autorität und Stärke im organischen Ranking der zugehörigen Website
- die Anzahl an Bewertungen, die Google Places anzeigt (Google hat die Bewertungen nun mit der Bewertungsdatenbank von Zagat verknüpft und eine 30-teilige Bewertungsskala eingeführt.)

6.2 Optimierung von Google Places

Der Eintrag in das Google Branchenbuch ist kostenlos. Melden Sie sich zunächst unter *http://www.google.com/local/add/businessCenter* an.

Ordnen Sie Ihr Unternehmen einer passenden Branche zu, und füllen Sie alle gewünschten Informationen sorgfältig aus, um möglichst viele Optimierungspunkte zu sammeln. Versuchen Sie dabei immer, Ihre wichtigsten Keywords an passenden Stellen im Beschreibungstext oder auch bei den zusätzlichen Kategorien unterzubringen. Vorsicht:

Der Einbau eines Keywords in den Namen des Unternehmens kann durch Google abgelehnt werden. Auch bei dieser Form der Optimierung gilt also wieder: Übertreiben Sie nicht!

6.2.1 Adressangaben

Bei den Angaben zu Ihrer Firmenadresse sollten Sie stets auf die gleichen Daten und auch Schreibweisen zurückgreifen. Dies bedeutet, dass Sie immer dieselbe Telefonnummer nennen (und nicht einmal die Durchwahl zum Vertrieb und das andere Mal die Durchwahl zum Service). Achten Sie auch darauf, dass Sie sogar den Straßennamen zu Ihrer Firmenadresse immer gleich schreiben. Wenn Sie manchmal eine Abkürzung wie z.B. „Str." nutzen oder die Straße einmal mit „ß" und einmal mit Doppel-s schreiben, kann das von den Google-Robots als drei unterschiedliche Adressen interpretiert werden. Dies führt zu Irritationen und zu Minuspunkten für Ihr Ranking.

Nutzen Sie also immer die gleiche Schreibweise Ihrer Adressdaten – bei Ihrem Impressum auf der Website, bei Google Places, bei anderen Online-Branchenbüchern, aber auch bei Einträgen im Printbereich.

Füllen Sie also das Formular im Branchencenter vollständig aus, und geben Sie Google so viele Informationen zu Ihrem Unternehmen wie möglich.

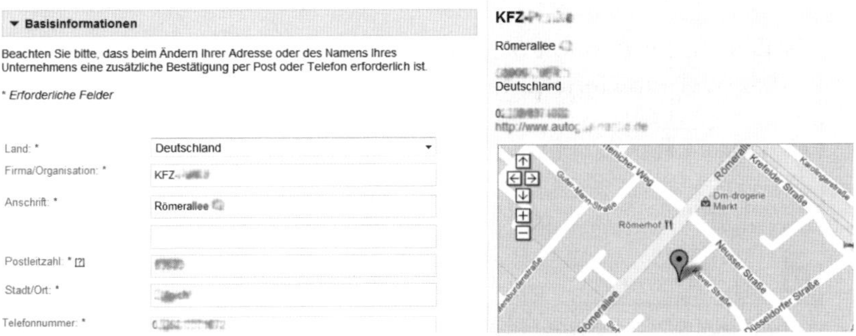

Abbildung 6.5: *Das Formular zur Dateneingabe für Google Maps*

Beachten Sie beim Anlegen Ihres Brancheneintrags folgende Optimierungsmöglichkeiten:

- Bauen Sie Ihr wichtigstes Keyword in die 200 Zeichen lange Beschreibung ein.
- Wählen Sie passende Kategorien zu Ihrer Branche bzw. Ihren Produkten.

- Geben Sie Ihr Einzugsgebiet (realistisch) an. Setzen Sie Ihr Einzugsgebiet nicht zu klein an, aber auch nicht zu groß. Für Ihre potenziellen Kunden muss die Entfernung zu Ihrem Geschäft realistisch sein. Ansonsten verlieren die potenziellen Besucher Ihres Geschäfts schon online das Interesse – was Google dann wieder negativ registriert.
- Geben Sie – falls Sie ein Ladengeschäft betreiben – Ihre Öffnungszeiten und die Zahlungsmöglichkeiten an.
- Laden Sie mindestens drei Fotos zu Ihrem Unternehmen hoch. Achten Sie dabei darauf, dass die Fotos auch in kleiner Ausgabe auf der Ergebnisseite bei Maps noch erkennbar sind. Nutzen Sie Fotos, die nicht überladen sind und die etwas über Ihr Unternehmen aussagen und den potenziellen Kunden einen Mehrwert bieten bzw. Neugier auf Ihr Unternehmen erzeugen. Für zukünftige Besucher könnte z.B. eine Außenansicht Ihres Unternehmens interessant sein. Auch Produkte oder Dienstleistungen, die Sie anbieten, eignen sich als Foto für das Branchencenter.

Abbildung 6.6: *Produktpräsentation in Google Maps*

Als Restaurant können Sie z.B. ein Bild von Ihrem Biergarten einstellen oder ein Gericht, für das Ihr Restaurant berühmt ist.

Abbildung 6.7: *Aussagekräftiges Bild zum lokalen Geschäft*

- Filme werden immer wichtiger für die Internetnutzer. Falls Sie Videos zu Ihren Produkten oder zu Ihrem Unternehmen besitzen, sollten Sie diese ebenfalls mit Ihrem Brancheneintrag verknüpfen. Dies geht am einfachsten über einen eigenen YouTube-Kanal.

Hinweis

Falls Sie noch keine Videos besitzen, sollten Sie sich zukünftig unbedingt damit beschäftigen.

- Nutzen Sie vor allem den Unterpunkt ZUSÄTZLICHE DETAILS im Google Branchencenter, um weitere interessante Keywords unterzubringen.

Hinweis

Nachdem Sie Ihren neuen Eintrag angelegt oder Ihre Adresse verändert haben, müssen die Einträge mithilfe eines Pin-Codes verifiziert werden. Je nachdem, welche Daten bei Google bereits bekannt sind, erhalten Sie diesen Pin-Code per automatisierten Anruf, als SMS auf Ihr Handy oder auf dem klassischen Weg per Postkarte an die angegebene Adresse. So möchte Google gewährleisten, dass die Angaben im Google Branchencenter von berechtigten Personen vorgenommen werden.

6.3 Externe Optimierungsmöglichkeiten

Neben den Optimierungen, die Sie selbst beim Eintrag in das Google Branchencenter durchführen können, gibt es auch externe Faktoren zur Optimierung. Beachten Sie daher auch die folgenden Punkte, um eine möglichst hohe Platzierung Ihres Brancheneintrags bei Google zu erreichen:

- Melden Sie Ihr Unternehmen auch in anderen Online-Branchenbüchern an. Google vergleicht die Einträge zum Beispiel mit den Einträgen in den Gelben Seiten, bei Go Yellow oder Meine.Stadt.de., um sicher zu sein, dass es sich um ein bestehendes und bereits bekanntes Unternehmen handelt.
- Sorgen Sie dafür, dass alle externen Einträge genau wie der Google-Brancheneintrag die gleichen Adressdaten (und zwar in derselben Schreibweise) wie im Impressum Ihrer Webseite erhalten.
- Optimieren Sie Ihre Webseiten mit den vorgestellten SEO-Möglichkeiten. Eine optimierte Webseite hilft auch bei der Steigerung Ihres lokalen Rankings.
- Erstellen Sie eine spezielle, lokal ausgerichtete Unterseite innerhalb Ihrer Webpräsenz. Diese Seite wird intern und extern passend ver-

linkt. Dabei sollten Sie den Ankertext mit einem passenden Keyword (z.B. dem Namen Ihrer Stadt) versehen.

- Wie bereits erwähnt wurde, wird es zukünftig eine stärkere Verschmelzung von Google+ und den lokalen Brancheneinträgen geben. Zum einen wird Google+ genutzt, um die Bewertungen zu analysieren und die Echtheit der Einträge zu überprüfen; zum anderen versucht Google auch die Besitzer der lokalen Einträge zu analysieren. Ein eigenes Autoren-Profil bei Google+, das mit Ihrer Webseite verbunden ist, hilft Google das Thema und die Branche besser zuzuordnen – und hilft Ihnen bei Ihrem lokalen Ranking.
- Sammeln Sie Bewertungen zu Ihrem Unternehmen. Die Bewertungen steigern Ihr Google-Ranking bei den lokalen Suchanfragen. Die Suchmaschine Google möchte ja Webseiten empfehlen, die bei den Suchenden eine positive Erinnerung hervorrufen. Um diese Seiten herauszufiltern, hilft es der Suchmaschine, auf die Erfahrungen anderer zu bauen. Zusätzlich wirken die positiven Bewertungen auch klickaktivierend, was wiederum Auswirkungen auf die Google-Bewertung hat.

6.4 Kundenbewertungen sammeln

Bewertungen zu Ihrer Webseite müssen jedoch entweder direkt mit einem personalisierten Google-Login auf Google Places bzw. auf Google+ Local abgegeben werden oder auf einem Partnerportal, wie z.B. *qype.com*, *golocal.de*, *prinz.de*, *booking.com* usw. Mithilfe einer Konkurrenzanalyse erfahren Sie mehr über die für Ihre Branche wichtigsten Bewertungsportale.

Bewertungen sind ein wichtiger Bestandteil der Optimierung, weil sie Vertrauen schaffen – sowohl bei Google als auch bei neuen Kunden.

Neben den Bewertungsportalen und den Einträgen im Google Branchencenter sollten Sie daher auch Bewertungen für Ihre Webseite sammeln. Zitate mit Kundenbewertung stärken das Vertrauen in Ihr Unternehmen und verbessern so die Konversionen auf Ihrer Webseite.

Tipp

Bauen Sie die Bewertungen nicht zu schnell auf. Es ist schon passiert, dass Google echte Bewertungen von Kunden nach einiger Zeit wieder entfernt hat, nachdem diese Unternehmen Ihre Bewertungen innerhalb eines sehr kurzen Zeitraums aufgebaut haben. Mithilfe einer speziellen Bewertungsanfrage bei Kunden kamen nämlich sehr schnell neue Bewertungen hinzu, obwohl diese Website vorher über Jahre keine Bewertungen erhalten hatte. Achten Sie darauf, und verteilen Sie Ihre Aktionen auf kleinere Gruppen!

Auch eine Absprache zwischen verschiedenen Unternehmen, sich gegenseitig zu bewerten, kann sehr einfach von Google erkannt und sanktioniert werden. Versuchen Sie immer, Kundenbewertungen auf natürliche Weise aufzubauen!

Schaffen Sie eine „Bewertungskultur" in Ihrem Unternehmen. Sprechen Sie mit Ihren Mitarbeitern, und erklären Sie die Vorteile der Kundenbewertungen für die verschiedenen Bereiche. Schulen Sie Ihre Mitarbeiter, damit diese Ihre Kunden ansprechen und leichter neue Bewertungen von Kunden erhalten.

6.4.1 10 Tipps zur Planung und zur Sammlung von Kundenbewertungen

Tipp1: Bewertungsportale auswählen

Sorgen Sie dafür, dass Ihr Unternehmen auf den wichtigsten Bewertungsportalen vertreten ist. Analysieren Sie dazu die Bewertungen Ihrer Konkurrenten sowie die Bewertungsportale, die von diesen genutzt werden. Klicken Sie innerhalb der Google-Suchergebnisse auf die Bewertungen der Konkurrenz, und Sie gelangen zur Google+ Local-Seite. Dort finden Sie auch die Namen der externen Bewertungsportale, wie z.B. qype.com.

Tipp 2: Links zu Bewertungsportalen erstellen

Erstellen Sie als Service für Ihre Kunden direkt die Links zu Ihren Bewertungsportalen, die Sie dann auf Webseiten, in E-Mails oder in verschlüsselter Form als QR-Code nutzen können. Kopieren Sie dazu einfach die URL in der Browserzeile, um z.B. zu Ihrer Google Places-Website mit der Bewertungsmöglichkeit zu gelangen. Der Link sieht dann z.B. folgendermaßen aus: *https://plus.google.com/116897188785264327178/about?hl=de*.

Sie können längere Links auch mithilfe eines URL-Shorteners, z.B. *http://goo.gl/*, kürzen. Der gekürzte Link aus dem obigen Beispiel lautet dann nur noch *http://goo.gl/b1vo9*. Dieser gekürzte Link ist z.B. mit weniger Platzaufwand in eine E-Mail einzubauen und sieht so etwas eleganter aus. Außerdem kann man die Nutzung der Links bei den meisten URL-Shortenern in einer Statistik analysieren.

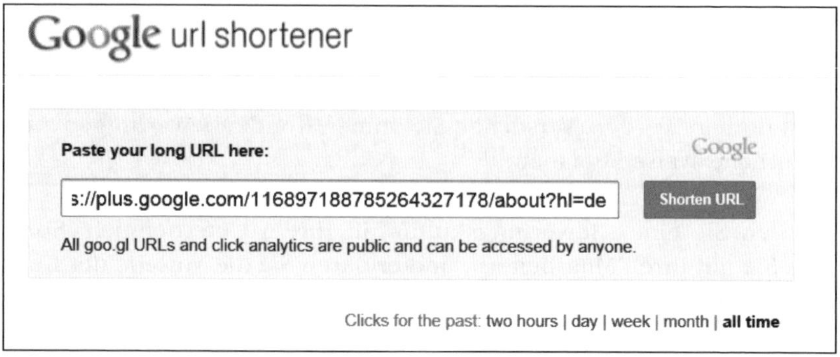

Abbildung 6.8: *Ein URL-Shortener im Einsatz*

Tipp 3: Stellen Sie Bewertungsanfragen per E-Mail

Schreiben Sie Ihren zufriedenen Kunden eine personalisierte E-Mail, und bitten Sie um eine Bewertung. Erklären Sie in diesem Zusammenhang die Wichtigkeit von Bewertungen für Ihr zukünftiges Online-Geschäft. Am besten bieten Sie zwei oder auch andere Bewertungsportale an, sodass der Kunde ein für ihn passendes Tool auswählen kann. Bedenken Sie jedoch, dass zu viele Angebote den Kunden überfordern.

Tipp 4: Fassen Sie per E-Mail regelmäßig nach

Schreiben Sie nach einigen Wochen die Kunden, die noch nicht geantwortet haben, wieder per E-Mail an, und rufen Sie sich so in Erinnerung. Bitte denken Sie daran, dass Sie diese Art des Nachfassens nur zwei- bis dreimal wiederholen, denn sonst sind Ihre Kunden genervt – und Sie haben das Gegenteil dessen erreicht, was Sie wollten.

Tipp 5: Fragen Sie auch auf Ihrer Firmen-Website nach Bewertungen

Bauen Sie an passenden Stellen innerhalb Ihrer Website einen auffälligen Button ein, der Ihre Besucher auf die Möglichkeit einer Bewertung zum Beispiel mit folgendem Satz hinweist: „Zufrieden mit Qualität und Service? Dann bewerten Sie uns doch auf *XYZ-Bewertung.de.*"

Tipp 6: Nutzen Sie auch Flyer

Legen Sie Ihren Warensendungen oder auch Rechnungen ein Informationsblatt (Flyer) bei. Weisen Sie auch dort unter dem Stichwort „Bewerten Sie uns..." auf verschiedene Bewertungsportale und die Möglichkeit einer entsprechenden Kundenbewertung hin. Dabei ist immer wichtig, dass Sie dem Kunden neben der Vorgehensweise der Bewertung auch den Sinn und Zweck erklären.

Tipp 7: Kleine Geschenke erhalten die ...

Über kleine Aufmerksamkeiten freut sich jeder Kunde. Nutzen Sie auch diese Möglichkeit, um mithilfe kleiner Geschenke neue Bewertungen zu erhalten. Ein Weg wäre z.B., dass Sie kleine Vorteile (Rabatte, Gutscheine oder auch Produkte) als Belohnung für eine Bewertung ausloben.

Testen Sie doch auch einmal den umgekehrten Weg: Verteilen Sie zuerst die Belohnung, um dann nach einer Bewertung zu fragen! Kunden, die überraschend beschenkt werden, haben immer das Gefühl, dass sie noch etwas schuldig sind. Daher kommen die Bewertungen dann von ganz alleine.

Tipp 8: Hinweis auf Google+ Local

Weisen Sie auf Ihrer Website, in Ihrem Blog oder auch in der Signatur Ihrer E-Mails auf die Präsenz Ihres Unternehmens bei Google Places bzw. Google+ Local hin. Auf der Places-Seite werben Sie dann wieder aktiv um entsprechende Kundenbewertungen. Auf diese Weise erhält der Kunde neben interessanten Zusatzinformationen zu Ihrem Unternehmen die Möglichkeit, Sie direkt bei Google+ Local zu bewerten.

Tipp 9: Bewertungen via Social Media nutzen

Nutzen Sie auch Ihre anderen Social-Media-Kanäle, um dort Ihre „Freunde" oder „Fans" aktiv um Bewertungen zu bitten.

Tipp 10: QR-Code als Bindeglied von Off- und Online

Nutzen Sie die sogenannten QR-Codes, um Besitzer von Smartphones oder Tablet PCs direkt auf die Bewertungsseiten zu schicken. Dabei sollten Sie darauf achten, dass das Bewertungsportal intuitiv und leicht per Smartphone zu bedienen ist. – Testen Sie doch einfach einmal die verschiedenen Bewertungsportale mit Ihrem Smartphone.

Haben Sie ein Ladengeschäft? Dann lassen Sie sich doch einen Aufkleber mit „Waren Sie zufrieden? Dann bewerten Sie uns doch auf *XYZ-Bewertung.de.*" in Kombination mit einem QR-Code anfertigen. Kleben Sie die Aufkleber dann in Augenhöhe direkt an Ihre Eingangstür oder auf andere auffällige Stellen, wo viele Kunden vorbeikommen – dies kann in einem Modegeschäft auch die Umkleidekabine sein.

So erstellen Sie ganz einfach einen QR-Code

Um einen QR-Code zu erstellen, gibt es verschiedene Online-Portale. Vielleicht nutzen Sie aber auch den Browser *Google Chrome*? Für diesen Browser gibt es z.B. es eine App namens *The QR Code Generator* (*http://www.the-qrcode-generator.com/*). Mit diesem Tool können Sie ganz einfach Bilder von QR-Codes in verschiedener Größe erstellen, die Sie dann auf Ihrer Website oder in einem Printmedium einsetzen können.

Abbildung 6.9: *QR-Codes können Sie ganz einfach selbst erstellen.*

6.5 Fehler, die Sie vermeiden sollten

Vor allem das lokale Marketing ist ein Zusammenspiel von Online- und Offline-Maßnahmen. Betrachten Sie Ihr Marketing immer in diesem Zusammenhang, und vermeiden Sie die folgenden Fehler, damit Sie mit Ihrem lokalen Marketing keine bösen Überraschungen erleben.

6.5.1 Fehler Nr. 1: Eine Google Places-Seite ohne Inhaber-Bestätigung

Lokale Unternehmen, die ihren Google Places-Eintrag nicht bestätigt und somit auch nicht selbst gepflegt haben, machen einen großen Fehler. Die Google Places-Einträge werden sehr prominent angezeigt und von vielen potenziellen Kunden gelesen. Falls Informationen veraltet sind oder nicht stimmen, verlieren Sie ganz einfach zu viele Kunden.

Haben Sie schon einmal selbst nach Ihrem lokalen Geschäft gegoogelt? Dies ist auch dann interessant, wenn Sie noch keine Webseite besitzen. In Tests mit Firmeninhabern haben wir sehr interessante Ergebnisse erlebt. Die Inhaber hatten noch nie nach Ihrem eigenen Geschäft gegoogelt, und beim ersten Versuch wurden direkt einige Fehler sichtbar. So waren zum Beispiel Angaben zum Geschäftsinhaber veraltet, die Telefonnummer stimmte nicht, und es gab negative Bewertungen, die bereits jahrelang im Netz standen und die – im Gegensatz zu den Kunden – noch kein Unternehmensverantwortlicher gelesen hatte.

6.5.2 Fehler Nr. 2: Schlechter Kundenservice

Online-Marketing ohne guten Service ist herausgeworfenes Geld. Die teuer erkauften Kunden kommen nicht wieder und beurteilen das Unternehmen auch noch negativ. Kompetenz, Schnelligkeit und Freundlichkeit sollte jedes Unternehmen zumindest mitbringen. Stimmen diese Faktoren nicht, so werden die Kunden Sie schnell wieder verlassen und zusätzlich auch noch negativ beurteilen. Ein guter Kundenservice ist neben guten Produkten das beste Marketing.

6.5.3 Fehler Nr. 3: Nichtbeachtung der Online-Reputation

Der dritte Fehler ist eng mit dem Thema Kundenservice verbunden. Beobachten Sie laufend das Internet und vor allem die Kundenreaktionen zu Ihrem Unternehmen. Sie können dazu einen regelmäßigen Blick in Ihre Bewertungsportale werfen und zusätzlich einen *Google Alert* zu Ihrem Unternehmen und Ihren Marken erstellen.

Wer die Kundenmeinungen zu seinem Unternehmen nicht im Blick hat, der kann auch nicht oder nur zu spät auf die Kundenaussagen reagieren. Eine schlechte Online-Reputation beschädigt das Unternehmen und schreckt neue Kunden ab – selbst dann, wenn die überwiegende Mehrzahl der Kunden zufrieden ist.

6.6 Was ist zu tun?

- Tragen Sie Ihr Unternehmen ins Google Branchencenter (Google Places bzw. Google+ Local) ein.
- Optimieren Sie Ihren lokalen Brancheneintrag.
- Sammeln Sie Bewertungen, und bauen Sie eine Bewertungskultur im Unternehmen auf.
- Optimieren Sie das Zusammenspiel zwischen Online- und Offline-Marketing.
- Beobachten Sie Ihre Online-Reputation.

Kapitel 7

Kontrolle der Marketing-Aktivitäten

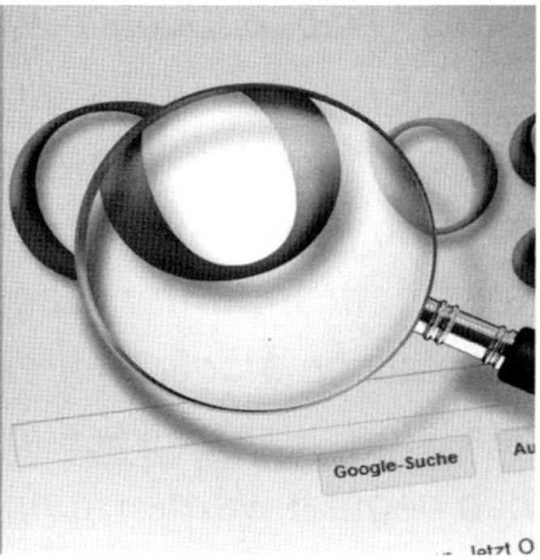

Neben der Vorgabe von Zielen ist die Kontrolle ein ganz wichtiger Baustein des Marketings. Ohne Kontrolle sind wir blind und wissen nicht, ob unsere Marketing-Ideen und -Aktivitäten funktionieren oder nicht. Gerade beim Online-Marketing ist es sehr einfach, ein Controlling durchzuführen. Alle Aktivitäten und Bewegungen auf der Webseite können (falls gewünscht sogar live!) gemessen werden. Darüber hinaus werden noch zusätzliche Daten geliefert, die wir bei Offline-Aktivitäten nur schwer oder gar nicht erhalten. Wir wissen online, woher (Standort und verweisende Webseite) eine Anfrage kam, zu welchen Zeiten (Wochen- und Tageszeiten) und sogar mit welchen Suchbegriffen ein Besucher von einer Suchmaschine zu unserer Webseite gelangte.

Um diese Informationen zu erhalten, muss ein Web-Analyse-Tool installiert werden bzw. müssen die Server-Logfiles ausgewertet werden.

Wir möchten Ihnen hier die Möglichkeiten vorstellen, die Google AdWords sowie das Google-eigene Webanalyse-Tool Google Analytics *bieten. Die Berichte zu den Werbeanzeigen sind direkt in der AdWords-Plattform integriert, während Google Analytics zusätzlich mit einem Code auf Ihrer Webseite aktiviert werden muss. Neben Google Analytics gibt es natürlich auch noch andere Analyse-Tools, die teilweise kostenlos oder auch kostenpflichtig sind. Google Analytics bietet aber im Zusammenspiel mit Google AdWords mehr Möglichkeiten zur Analyse bzw. zum Testen bestimmter Landing-Pages. Zukünftig werden auch zusätzliche Möglichkeiten über Analytics angeboten, weil Nutzerdaten aus Analytics in AdWords für Re-Marketing-Kampagnen genutzt werden können.*

Bitte beachten Sie Folgendes: Viele Unternehmer und Marketingverantwortliche werden von der Menge an Daten und den verschiedenen Analysemöglichkeiten erschlagen. Sie sollten daher die zur Verfügung stehenden Daten sehr gezielt nutzen, um Ihre Fragen zu beantworten und nach Optimierungsmöglichkeiten zu suchen. Am Anfang einer Datenanalyse steht also die Frage, auf die eine Antwort gefunden werden soll. Dann können die Daten gezielt zusammengestellt werden. Als Fragen kommen z.B. in Betracht:

- *Welche Keywords werden gesucht, für welche Themen interessiert sich meine Zielgruppe?*
- *Welche Anzeigen werden angeklickt?*
- *Welche Keywords bringen letztlich Kunden?*
- *Zu welchen Zeiten erreiche ich meine Zielgruppe am besten?*
- *Gibt es Regionen mit stärkerem Kaufinteresse?*
- *Welche Endgeräte werden genutzt?*

7.1 AdWords-Berichte

Als Ergänzung zu den AdWords-Tipps in *Kapitel 4, „SEA“*, erfahren Sie nun, welche Möglichkeiten des Controllings im Google AdWords-Konto vorhanden sind. Im Hauptregister KAMPAGNEN finden Sie neben den Verwaltungsmöglichkeiten auch immer direkt die Statistiken zu den einzelnen Ebenen, und zwar zu den

- Kampagnen,

- Anzeigengruppen,
- Anzeigen,
- Keywords,

und – falls sie in den Kampagnen-Einstellungen freigeschaltet sind – zum

- Display Netzwerk.

Wichtig

Sie sehen aktuell nur immer die Daten für den Zeitraum, der im oberen Bereich auf der rechten Seite des AdWords-Kontos eingestellt ist. Kontrollieren Sie daher bitte zunächst immer, für welchen Zeitraum die angezeigte Statistik gilt. Und bevor Sie vom Stuhl fallen und sich nicht erklären können, warum Sie im aktuellen Monat bereits 5.000 € verbraucht haben, sollten Sie zunächst überprüfen, ob Sie nicht zufällig das ganze Jahr als Zeitspanne eingestellt haben! ☺

7.1.1 Individuelle Berichte erstellen

Die einzelnen Berichte für die unterschiedlichen Ebenen können Sie sich sehr individuell zusammenstellen lassen, wobei die Leistung Ihrer AdWords-Werbung, ausgedrückt durch Impressionen (Impr.), Klicks, Klickraten (CTR) und Konversionen (Conversions), jeweils die wichtigsten Faktoren darstellen. Auf jeder Kontoebene (Kampagnen, Anzeigengruppen etc.) finden Sie eine Dropdown-Liste mit der Bezeichnung SPALTEN. Wenn Sie auf diese Dropdown-Liste klicken, so können Sie Spalten anpassen. Per Klick auf diesen Unterpunkt können Sie die gewünschten Informationsspalten entsprechend auswählen und sie per Klick auf den Link HINZUFÜGEN in den Bericht übernehmen. Je nachdem, auf welcher Ebene Sie sich gerade befinden, sehen Sie andere Infospalten, die Sie auswählen können. Alle Informationen sind in verschiedene Themen gruppiert. Klicken Sie zunächst auf den gewünschten Unterpunkt, um die einzelnen Infospalten zu sehen. Da mit der Zeit immer neue Spalten hinzugekommen sind, kann man davon ausgehen, dass das Angebot zusätzlicher Informationen auch in Zukunft noch weiter wachsen wird. Darum ist es umso wichtiger, dass Sie nur die Information auswählen, die Sie auch gerade für Ihre Datenanalyse benötigen. Damit Sie sich verschiedene Berichte zu den einzelnen Ebenen zusammenstellen können und die verschiedenen Spalten nicht jedes Mal neu auswählen müssen, können Sie neu zusammengestellte Berichte auch als Vorlage speichern. Diese Templates finden Sie dann beim nächsten Mal in der Dropdown-Liste SPALTEN. Diese Vorgehensweise erleichtert die monatliche Berichterstellung erheblich.

Alle Berichte können Sie bei Bedarf in verschiedenen Formaten herunterladen – dies funktioniert über das Piktogramm mit dem Pfeil und dem kleinen Balken, das Sie rechts neben dem Reiter SPALTEN sehen.

Als Berichtsformat für Vorgesetzte oder externe Kunden bietet sich dabei das PDF-Format an. Ansonsten sind die Berichte als Excel-Vorlage schon sinnvoller, weil Sie auf diese Weise die Berichte im Tabellenkalkulationsprogramm öffnen und weiter bearbeiten können. In Excel können Sie z.B. nach Daten sortieren und gruppieren. Außerdem können Sie Spalten verknüpfen oder Berechnungen durchführen.

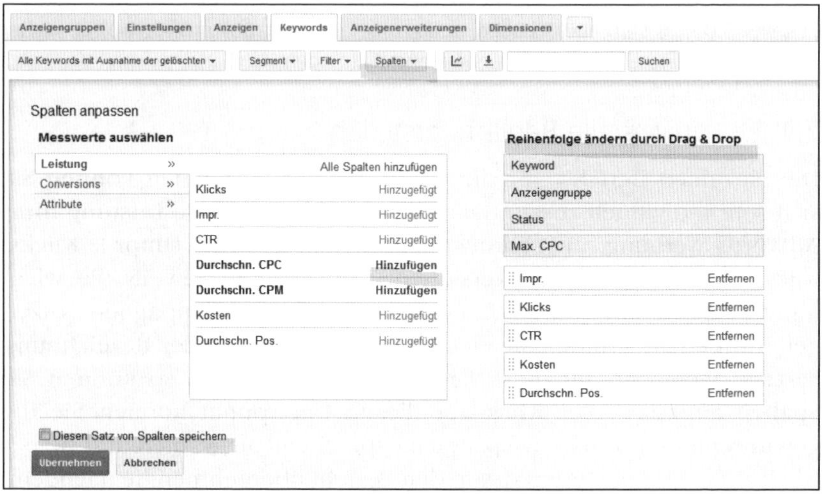

Abbildung 7.1: *Spalten für einen Bericht festlegen*

7.1.2 Segmentieren

Vor dem Download können Sie Ihren Bericht auch noch segmentieren. Dies bedeutet, dass der Bericht anhand bestimmter Daten gruppiert wird. So können Sie z.B. Ihren Monatsbericht nach Wochen segmentieren. Interessant ist auch die Aufteilung nach der Anzeigenposition, wobei die Position oberhalb der organischen Suchergebnisse getrennt von den anderen Anzeigenpositionen dargestellt wird. So können Sie die Wirkung Ihrer Kampagnen, Keywords-Anzeigen etc. in den unterschiedlichen Positionen vergleichen.

Die Segmentierung können Sie auch direkt im AdWords-Konto mithilfe des Reiters SEGMENT vornehmen, der sich links neben dem Reiter SPALTEN befindet.

7.1.3 Filter

Bei der Betrachtung Ihrer Daten im AdWords-Konto gibt es verschiedene Möglichkeiten, um einen schnelleren Überblick zu erhalten. Am einfachsten ist die Sortierung, die Sie per Klick auf die Spaltenbezeichnung erreichen. Möchten Sie z. B. alle Keywords nach der Klickrate (CTR) sortieren, so klicken Sie einfach auf Keyword-Ebene im dargestellten Bericht auf die Spalte CTR. Diese wird dann automatisch entweder aufsteigend oder absteigend nach Klickrate sortiert dargestellt.

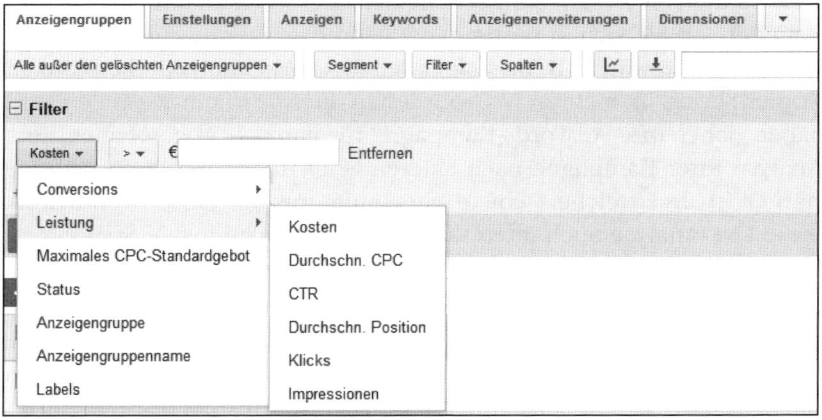

Abbildung 7.2: *AdWords-Daten filtern*

Falls Sie sich jedoch eine Auswahl an Keywords unter ganz bestimmten Gesichtspunkten anschauen möchten, so sollten Sie die Filterfunktion nutzen. Den Reiter FILTER finden Sie direkt links neben dem Reiter SPALTEN. Mithilfe der Filter können Sie sich die Berichte je nach Wunsch zusammenstellen lassen, und vor allem bei großen Datenmengen können Sie so die Berichte auf ein überschaubares Maß zusammenstutzen. Wenn Sie z.B. aus allen Keywords nur die Keywords mit einer Klickrate unter einem Prozent, einem durchschnittlichen Ranking unterhalb von Position 5 und mit mindestens 200 Impressionen im gewählten Zeitraum sehen möchten, so können Sie dies alles über einen kombinierten Filter einstellen. In dem vorgestellten Beispiel erhalten Sie Daten zu Keywords, die öfter (z.B. über 200 mal im Monat) gesucht werden, die aber selten angeklickt werden, weil sie wahrscheinlich unterhalb der Ranking-Position 5 nicht so gut wahrgenommen werden. Sie erkennen an diesem Beispiel, dass Sie die Filter ganz bewusst einsetzen sollten, um Antworten auf Optimierungsfragen zu erhalten.

Sie können die gefilterten AdWords-Statistiken natürlich auch noch zusätzlich in der gefilterten Version herunterladen.

7.1.4 Dimensionen

Im Unterregister DIMENSIONEN finden Sie noch weitere Analysedaten zu Google AdWords. Dieser Bereich ist quasi ein kleines Webanalyse-Tool nur für die AdWords-Daten. Hier können Sie sich z.B. anzeigen lassen, aus welchen Ländern die Impressionen und Klicks gekommen sind. Dies können Sie bis auf Städteebene herunterbrechen, um dann zu entschieden, ob Sie sich in bestimmten Städten stärker engagieren sollen. Diese Analyse wäre z.B. bei folgendem Szenario sinnvoll. Sie besitzen Kopier-Shops in mehreren Großstädten in Nordrhein-Westfalen und haben daher Ihre AdWords-Kampagne für ganz NRW geschaltet. Eine Analyse Ihrer Kampagne nach Städten zeigt Ihnen, wo die Nachfrage stärker ist und welche Gebiete eher uninteressant sind. Eventuell ist diese Live-Analyse auch interessant, um zusätzliche lokale Standort zu identifizieren, an denen Sie noch nicht vor Ort vertreten sind.

Das Unterregister DIMENSIONEN bietet weiterhin interessante Daten zum Such- und Klickverhalten nach Tageszeiten. Außerdem erhalten Sie hier auch spezielle Informationen, wenn Sie Click-to-Call-Anzeigen schalten. Ein Bericht zeigt Ihnen z.B. weitere Anrufdetails, wie Anrufdauer und Ortsvorwahl. Schauen Sie sich die Möglichkeiten der DIMENSIONEN einmal an. Hier finden Sie viele Informationen zu verschiedenen Fragestellungen.

Um bestimmte Trends zu erkennen, sollten Sie möglichst große Zeiträume untersuchen. Dies bedeutet, dass die Berichte zu den Dimensionen vor allem dann interessant sind, wenn Ihre Kampagnen schon ein paar Monate laufen.

Tipp

Die Erkenntnisse aus diesen AdWords-Berichten können Sie auch als Entscheidungsgrundlage für Ihre SEO-Strategie nutzen.

Kampagnen | Anzeigengruppen | Einstellungen | Anzeigen | Keywords | Dimensionen | Display-Netzwerk

Anzeigen: **Nutzerstandorte** | Filter | Spalten

Land/Gebiet	Impr.	Klicks	CTR
Deutschland	1.422	32	2,25 %
Niederlande	17	3	17,65 %
Österreich	10	0	0,00 %

Abbildung 7.3: *Weitere Webanalyse-Daten unter* DIMENSIONEN

7.2 Einrichten von Google Analytics

Am einfachsten beginnen Sie mit der Verknüpfung von *Google AdWords* und *Google Analytics* aus dem AdWords-Konto heraus. Sie finden unter TOOLS UND ANALYSEN den Unterpunkt GOOGLE ANALYTICS.

Wenn Sie auf den Unterpunkt klicken, gibt es drei Möglichkeiten:

- Es besteht bereits eine Verknüpfung, und Sie werden direkt zu Ihrem Google Analytics-Konto weitergeleitet.
- Es besteht noch keine Verknüpfung, aber unter Ihrem Login haben Sie Admin-Rechte in einem Analytics-Konto. Dann muss nur einmalig die Verknüpfung erstellt werden.
- Sie müssen Google Analytics neu einrichten.

Hinweis

Damit die Nutzung von Google AdWords und Google Analytics im Zusammenspiel reibungslos funktioniert, sollten Sie immer darauf achten, dass Sie in beiden Google-Anwendungen Administratorrechte besitzen.

Starten Sie Ihre Verknüpfung aus Google AdWords über den Unterpunkt in TOOLS UND ANALYSEN. Falls Sie noch kein Analytics-Konto besitzen, so werden Sie in drei Schritten durch den Anmeldeprozess geführt.

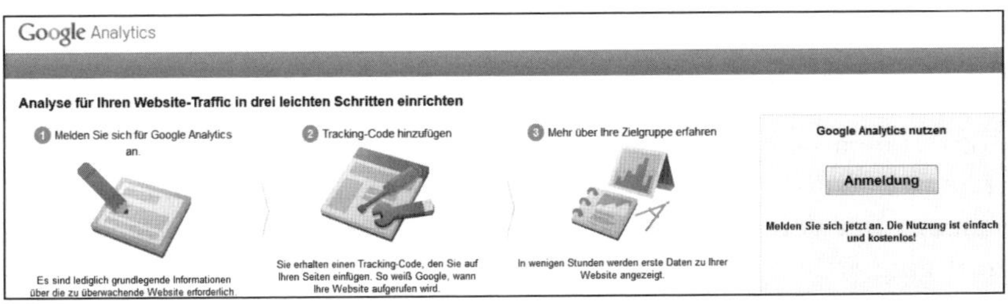

Abbildung 7.4: *Verknüpfung von Google Analytics im AdWords-Konto*

Um das Webanalyse-Tool Google Analytics auf Ihrer Webseite einsetzen zu können, wird während des Anmeldeprozesses ein Code erstellt. Diesen Code muss dann in jede Unterseite Ihrer Webpräsenz eingebaut werden, die Sie analysieren möchten. Hier kommt also wieder Ihr Webadministrator ins Spiel. Sie sollten ihm den Code weiterleiten. Achten Sie jedoch darauf, dass Sie den neuen, den sogenannten *asynchronen Analytics-Code* nutzen. Dieser wird am Ende des Header-Bereichs in Ihre Webseiten eingebaut und hat gegenüber dem alten Code folgende Vorteile:

- keine Beeinträchtigung von Ladezeiten
- weniger Trackingfehler
- bessere Datenerfassung

Dieser Analytics-Code sieht folgendermaßen aus:

```
script type="text/javascript">

  var _gaq = _gaq || [];
  _gaq.push(['_setAccount', 'UA-XXXXX-Y']);
  _gaq.push(['_trackPageview']);

  (function() {
    var ga = document.createElement('script'); ga.type = 'text/
      javascript'; ga.async = true;
    ga.src = ('https:' == document.location.protocol ? 'https://ssl' :
      'http://www') + '.google-analytics.com/ga.js';
    (document.getElementsByTagName('head')[0] ||
      document.getElementsByTagName('body')[0]).appendChild(ga);
  })();

</script>
```

Der Analytics-Code kennzeichnet jede Domain mit einer individuellen ID, die mit UA beginnt. Die folgende eindeutige Zahlenkombination wurde in unserem Beispiel (UA-XXXXX-Y) entsprechend unkenntlich gemacht.

7.2.1 Google Analytics datenschutzkonform einsetzen

Zum Thema Google Analytics gab es in Deutschland lange Zeit eine Datenschutzdiskussion, die jedoch zum jetzigen Zeitpunkt geklärt scheint. Bei dem Streit zwischen Google und deutschen Datenschützern ging es immer darum, inwieweit die IP-Adressen, die Nutzer von Google Analytics an Google Inc. nach Amerika liefern, personenbezogene Daten sind. Darum ist einer der wichtigsten Punkte des datenschutzkonformen Web-Trackings die Anonymisierung der IP-Adressen. Dazu muss in dem oben dargestellten und so auch von Google bereitgestellten Code noch folgende Zeile ergänzt werden:

```
_gaq.push(['_gat._anonymizeIp']);
```

Diese Codezeile wird am besten hinter folgender Zeile eingebaut:

```
_gaq.push(['_setAccount', 'UA-XXXXX-Y']);
```

Die neue Codezeile bewirkt, dass eine getrackte IP-Adresse, die z.B. folgendermaßen aussieht:

```
200.4.123.197
```

durch die Anonymisierung in folgendem Format erfasst und an Google zur Verarbeitung weitergegeben wird:

```
200.4.123.xxx
```

Da eine IP-Adresse ähnlich wie eine Postleitzahl für die Lokalisierung der Internetanfrage zuständig ist, bewirkt das Abschneiden der letzten drei Ziffern, dass man die Region des Webseitenbesuchers nicht mehr so genau bestimmen kann und daher ein Personenbezug auf keinen Fall mehr möglich ist – falls er je möglich war. Das Geo-Targeting funktioniert auf diese Weise jedoch immer noch. Sie erkennen in der Analyse auch trotz Anonymisierung immer noch, ob der Besucher z.B. aus Köln oder Düsseldorf kam.

Hinweis

Aufgrund des rasch steigenden Bedarfs werden demnächst größere IP-Adressen (IPv6) eingeführt. Das Prinzip der Verschleierung bleibt jedoch gleich.

Neben diesem Codeschnipsel müssen noch weitere Bedingungen erfüllt werden, sodass aus heutiger Sicht Google Analytics in Deutschland datenschutzkonform eingesetzt werden kann, wenn folgende fünf Bedingungen erfüllt sind:

1. Einbau des Anonymisierungscodes, wie im vorherigen Abschnitt beschrieben
2. Ein Hinweis auf die neuen Datenschutzbestimmungen mit Verweis auf den anonymisierten Tracking-Code

3. Eine Möglichkeit, dem Tracking zu widersprechen. Dazu bauen Sie am besten einen Link zu einem Deaktivierungs-Add-on für Browser in Ihren Datenschutzhinweis ein.
4. Abschluss eines Vertrages zur Auftragsdatenverarbeitung mit Google. Hier finden Sie die Vertragsvorlage im Internet:
   http://static.googleusercontent.com/external_content/untrusted_dlcp/www.google.de/de/de/intl/de/analytics/tos.pdf
   Den unterschriebenen Vertrag müssen Sie mit frankiertem Rückumschlag an Google schicken. Dies ist die einzige Investition in Google Analytics.
5. Falls Sie Analytics bereits früher ohne IP-Anonymisierung eingesetzt haben, so müssen Sie das alte Konto löschen und mit einem neuen starten.

Weitere Informationen und Hinweise finden Sie im Internet unter:
http://www.datenschutzbeauftragter-info.de/fachbeitraege/google-analytics-datenschutzkonform-einsetzen/

7.2.2 AdWords-Daten in Google Analytics?

Manchmal erscheinen die AdWords-Daten nicht in Google Analytics, was meistens daran liegt, dass die beiden Konten nicht richtig verbunden sind. Um dies zu überprüfen, klicken Sie in Google Analytics auf das Register VERWALTUNG in der rechten oberen Ecke (siehe Abbildung 7.5). Danach klicken Sie auf den Link mit dem Namen des Kontos, das Sie überprüfen möchten.

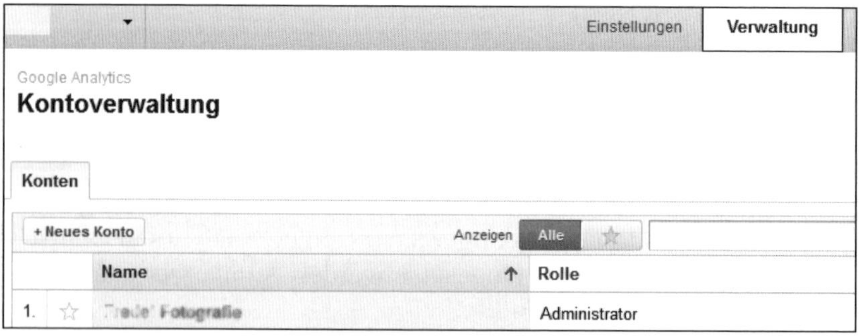

Abbildung 7.5: *Kontoverwaltung in Google Analytics*

Wählen Sie den Reiter DATENQUELLEN aus (siehe Abbildung 7.6), und klicken Sie auf KONTO VERKNÜPFEN. Es öffnet sich ein neues Fenster.

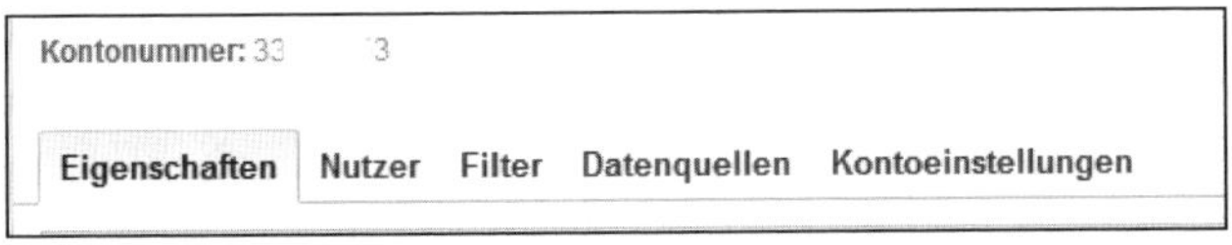

Abbildung 7.6: *Datenquellen auswählen*

Markieren Sie in dem neuen Fenster die Option LINKS AUTOMATISCH MIT TAGS MARKIEREN (siehe Abbildung 7.7). Dadurch wird beim Klick auf eine AdWords-Anzeige zukünftig der GCLID-Parameter (GCLID – Google Click Identifier) zur URL hinzugefügt und kann in Analytics identifiziert werden.

Nach dem Klick auf die Schaltfläche WEITER erhalten Sie die Meldung, dass AdWords- und Analytics-Konten miteinander verknüpft wurden.

Abbildung 7.7: *Links der AdWords-Werbung mit Tags kennzeichnen*

7.3 Ziele einrichten

Eine Alternative zur Nutzung des Conversion-Codes in Google AdWords stellt die Einrichtung von Zielen in Google Analytics dar. Als Ziele können Sie bestimmte Unterseiten Ihrer Webpräsenz definieren, die von Ihren Webseitenbesuchern erreicht werden müssen. Ein klassisches Beispiel wäre die sogenannte „Danke-Seite“, die erscheint, nachdem ein Kunde online im Webshop eingekauft hat.

Der Vorteil der Zieleinrichtung in Google Analytics besteht in der flexibleren Nutzung. Die Analytics-Ziele können Sie auch für die Messung von organischen Anfragen oder zur Überprüfung anderer Marketing-Aktionen nutzen. Die Analytics-Ziele sind also nicht auf die Messung der AdWords-Kampagnen beschränkt. Andererseits können Sie die definierten Ziele in Ihr AdWords-Konto importieren, nachdem

Google Analytics die ersten erfolgreichen Zielabschlüsse registriert hat. Diese Importmöglichkeit finden Sie in Ihrem AdWords-Konto unter Tools und Analysen → Conversions neben der grünen Schaltfläche +Neue Conversion. Falls Conversions zum Import bereitstehen, ist der Button Aus Google Analytics importieren nicht mehr ausgegraut, sondern klickbar. Nach dem Klick können Sie noch entscheiden, welche der festgelegten Ziele Sie in Google AdWords importieren möchten.

7.3.1 Zieleinrichtung

Ihre Ziele in Google Analytics richten Sie folgendermaßen ein: Klicken Sie in der rechten oberen Ecke auf Verwaltung, und wählen Sie im nächsten Fenster Ihr Analytics-Profil aus. Danach klicken Sie auf den Link Ziele in der mittleren Reihe. Sie können in Analytics insgesamt 20 Ziele festlegen. Diese Ziele sind in vier Gruppen zu jeweils fünf Zielen unterteilt.

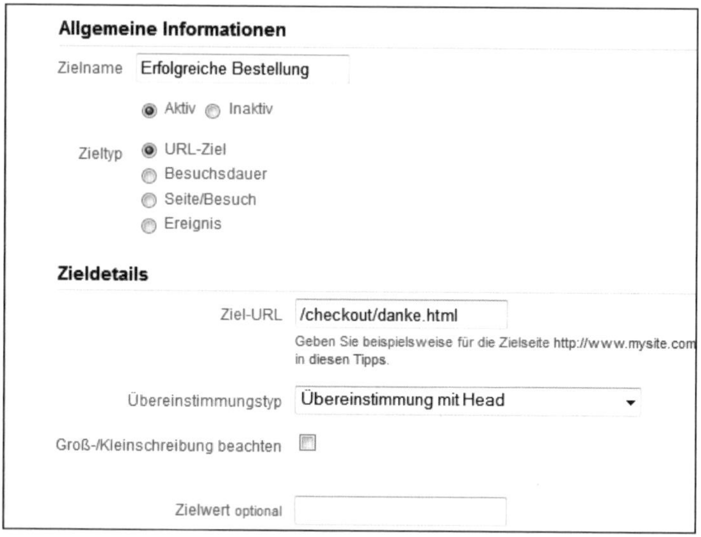

Abbildung 7.8: *Zieleinrichtung in Google Analytics*

Durch einen Klick auf den Link +Ziel starten Sie die Einrichtung eines neuen Ziels. Die gängigste Zielfestlegung funktioniert über eine URL, die vom Besucher erreicht werden muss. (Es kann aber auch eine gewisse Besuchsdauer, die Anzahl der besuchten Webseiten oder ein definiertes Ereignis als Ziel festgelegt werden.) Geben Sie Ihrem Ziel einen eindeutigen Namen, wählen Sie die Option URL-Ziel (siehe

Abbildung 7.8), und geben Sie den Teilbereich Ihrer Domain an, den Ihr potenzieller Kunde aufrufen muss, um das Ziel zu erreichen.

7.3.2 Der Zieltrichter – der Pfad durch Ihre Website

Nachdem Sie ein Ziel eingerichtet haben, können Sie auch noch einen Zieltrichter hinzufügen. Der Zieltrichter beschreibt einen Pfad durch Ihre Website, den Ihre Kunden beschreiten müssen. Ausgehend vom Ziel definieren Sie die vorgelagerten Webseiten, die ein Kunde aufgerufen haben muss, um letztlich das Ziel zu erreichen. Zum Beispiel können Sie den Pfad von einer Produktseite über den Warenkorb zur Eingabe von Rechnungsangaben bis hin zum Abschicken der Bestellung definieren. Mithilfe des Trichters können Sie später in der Auswertung erkennen, an welchen Stellen Ihre potenziellen Kunden ausgestiegen sind. Diese Ausstiege sollten Sie dann näher analysieren, um die einzelnen Webseiten so zu optimieren, dass zukünftig mehr Webseitenbesucher das Ziel (z.B. den Kaufabschluss) erreichen. Eine Optimierung könnte beispielsweise darin bestehen, dass die Call-to-Action deutlicher formuliert wird oder ein Button in den sichtbaren Bereich der Webseite verlagert wird. Weitere Optimierungsvorschläge finden Sie in *Kapitel 8, „Landing-Page-Optimierung“*.

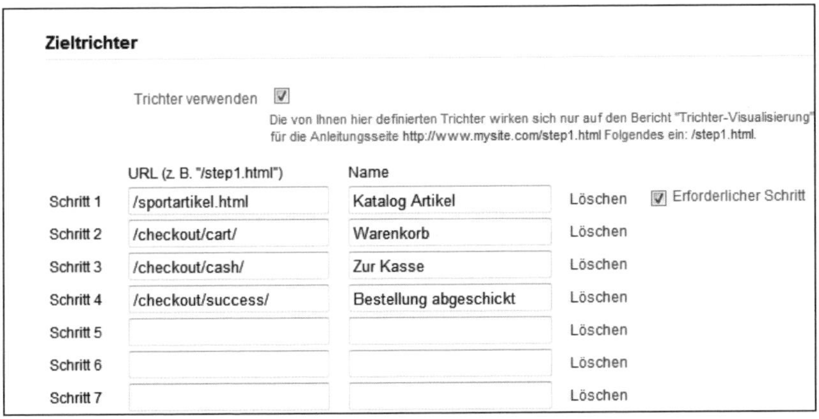

Abbildung 7.9: *Den Zieltrichter in Google Analytics einrichten*

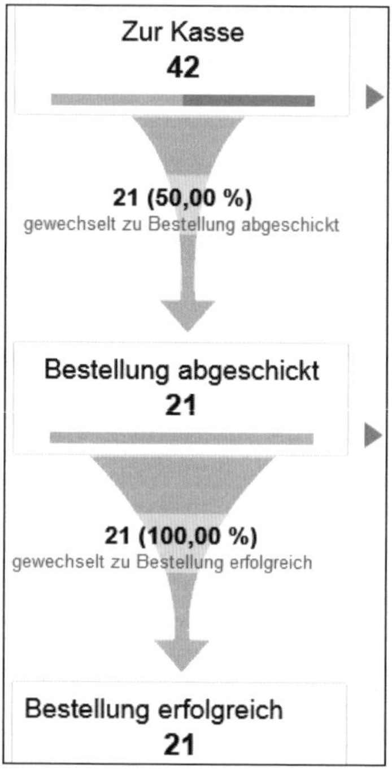

Abbildung 7.10: *Visualisierung des Zieltrichters*

Nachdem Sie einen Zieltrichter eingerichtet haben, können Sie ihn beispielsweise in Google Analytics visualisieren. In unserem Beispiel aus Abbildung 7.10 sehen Sie einen solchen Bericht, wobei ein kleiner Weg von der Kasse bis zur erfolgreichen Bestellung dokumentiert wird. Rechts neben den roten Dreiecken findet man im Originalbericht dann die Auflistung der Ausstiege aus dem Bestellprozess. Ein Ausstieg kann zu einer anderen Unterseite erfolgen oder auch ein kompletter Ausstieg aus der Seite sein.

7.4 Die Daten in Google Analytics

Nach dem ersten Log-In in das Google Analytics-Konto fühlen sich viele Nutzer von den Daten „erschlagen". Es gibt so viele Informationen und so viele verschiedene Möglichkeiten, Daten darzustellen und zu kombinieren, dass die Entscheidung, welche Kennzahlen beobachtet werden sollen, zu einer unüberwindlichen Aufgabe werden kann.

Am Beispiel von Google Analytics erkennen Sie wieder einmal mehr die Vorliebe von Google, möglichst viele Daten zu sammeln und aufzubereiten. Jede Entscheidung von Google wird auf Grundlage von Daten getroffen. Dies ist ein Prinzip von Google. Und mithilfe von Analytics erhalten Sie die Möglichkeit, Ihre Daten zu analysieren. Da Datenanalyse aber kein Selbstzweck ist, sollten Sie sich zunächst nur die Kennzahlen ansehen, die für Sie auch interessant und nützlich sind.

Gehen Sie auch bei Google Analytics immer von Ihrem Informationsbedarf aus. Nutzen Sie das Webanalyse-Tool, um zu entscheiden, wo Sie im SEO und SEA entsprechenden Optimierungsbedarf haben, denn im Gegensatz zu den AdWords-Berichten erhalten Sie in Google Analytics (wie auch in allen anderen Webanalyse-Tools) Informationen zu allen Webseitenbesuchern. Diese kommen aus AdWords, den organischen Google-Klicks, durch Besucher von anderen Suchmaschinen, aus direktem Traffic oder durch Linkverweise von anderen Webseiten.

7.4.1 Einen Zeitraum in Google Analytics wählen

Analog zu Google AdWords sollten Sie zunächst in der rechten oberen Ecke Ihres Analytics-Kontos den Zeitraum einstellen, den Sie analysieren möchten. Grundsätzlich ist hier immer ein Zeitraum eingestellt, der die letzten 30 Tage umfassst.

Sie können aber auch den letzten Monat, die letzte Woche oder andere, vordefinierte Zeiträume bestimmen. In den meisten Fällen werden Sie den Zeitraum durch die Wahl von Start- und Enddatum selber bestimmen, also die benutzerdefinierte Variante wählen. Damit Sie Trends besser erkennen, ist der Vergleich von Zeiträumen wichtig. Dies können Sie in Analytics (neuerdings gibt es auch in AdWords diese Vergleichsfunktion) einstellen, indem Sie die Checkbox vor VERGLEICHEN MIT aktivieren und den gewünschten Vergleichszeitraum, z.B. VORHERIGEN MONAT auswählen. Klicken Sie danach auf ANWENDEN, und Sie erhalten für alle Daten, die Sie danach in Analytics aufrufen, einen Vergleich der beiden Zeiträume. Sie heben den Vergleich auf, indem Sie die Checkbox wieder deaktivieren und auf ANWENDEN klicken.

Abbildung 7.11: *Zeitraum in Analytics einstellen und Zeiträume vergleichen*

7.4.2 Wichtige Daten in Google Analytics

Bei fast allen Berichten im Analytics-Konto werden Sie über den Begriff *Absprungrate* (engl. *Bounce-Rate*) stolpern. Diese Rate besagt, wie viel Prozent der Besucher nach einem einzelnen Seitenaufruf die Website wieder verlassen haben. Im Schnitt sollte die Bounce-Rate unter 50 % liegen!

Im Unterschied dazu besagt die *Ausstiegsrate*, wie viel Prozent der Besucher einer Webseite eine einzelne Unterseite verlassen haben, nachdem sie vorher bereits andere Seiten der Domäne besucht haben. Die Ausstiegsrate ist je nach Unterseite anders zu beurteilen. Optimalerweise haben Sie einen hohen Ausstieg auf der Seite, die Sie als Ziel definiert haben. Eine „Danke-Seite" am Ende eines Einkaufs oder nach dem Absenden eines Anfrageformulars kann eine hohe Ausstiegsrate haben, während dies auf einer Warenkorbseite ein schlechtes Zeichen ist.

Wie bereits erwähnt wurde, gibt es eine Menge an Berichten, die Sie in Ihrem Google Analytics-Konto aufrufen können. Wir möchten Ihnen daher einen kurzen Überblick verschaffen, sodass Sie die wichtigsten Daten für Ihre Analyse finden. Wenn Sie im Analytics-Konto auf das Hauptregister STANDARDBERICHTE klicken, so erkennen Sie in der linken Navigation verschiedene Haupt- mit jeweiligen Unterkategorien. Diese enthalten alle wichtigen Berichte, die Sie normalerweise benötigen.

Abbildung 7.12: *Auswahl der Standardberichte*

7.4.3 Drei Berichte für einen schnellen Überblick

Die folgenden drei Berichte geben Ihnen einen schnellen Überblick über Ihre Zielgruppe und darüber, wie Ihre Webseite genutzt wird und wo noch Optimierungsbedarf besteht.

Besucher

Unseren kleinen Analyse-Rundgang starten wir mit den Berichten zu Ihren Webseitenbesuchern. Rufen Sie diesen Bericht über das Navigationsmenü auf. Klicken Sie zunächst auf BESUCHER und dann auf den Unterpunkt ÜBERSICHT. Schauen Sie sich im Besucherbericht vor allem folgende vier Kennzahlen an:

- Eindeutige Besucher
- Seiten/Besuch
- Durchschnittl. Besuchsdauer
- Absprungrate

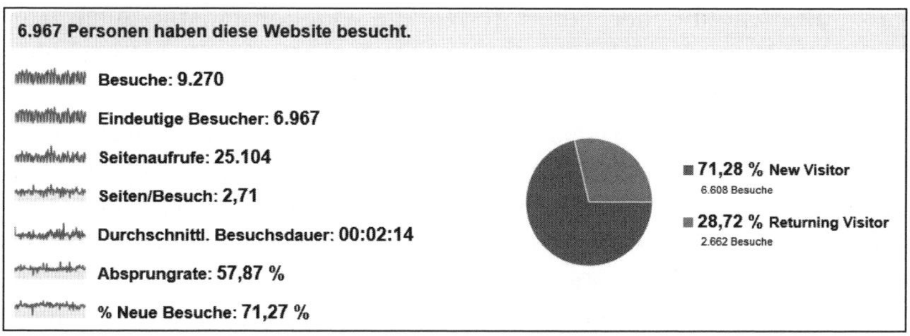

Abbildung 7.13: *Ein Besucherbericht in Analytics*

Es ist wichtig, dass Sie wissen, viele Seiten Ihre Besucher im Schnitt anschauen und wie schnell sie abspringen, bevor bestimmte Ziele erreicht sind. Der Überblick eignet sich auch hervorragend zum Vergleich mit anderen Zeiträumen. So können bestimmte Werbemaßnahmen oder Budgetveränderungen schnell im groben Überblick bewertet werden.

Quellen

Die Besucherquellen sind ein Klassiker der Webanalyse. Sie rufen diesen Bericht im Navigationsmenü über BESUCHERQUELLEN → QUELLEN → ALLE ZUGRIFFE auf.

Für jeden Webseitenbesitzer ist es wichtig zu erfahren, woher die Besucher kommen. Falls es z.B. eine bestimmte Quelle gibt, die den überwiegenden Teil des Besucher-Traffics liefert, so sollten Sie versuchen, andere Quellen noch zu stärken, um nicht in eine zu große Abhängigkeit zu geraten. Kommen fast alle Besucher über Google AdWords, gibt es eine finanzielle Abhängigkeit, sodass Sie bei geringerem Werbebudget auch Einbrüche beim Traffic spüren. Kommen jedoch fast alle Besucher über die guten organischen Platzierungen, so sind Sie den Google-Updates ausgeliefert. Ein Panda oder Pinguin kann Sie dann auch finanziell sehr stark treffen. In diesem Falle könnten der Aufbau einer Social-Media-Strategie und zusätzliche Link-Partner einen Teil des Traffics liefern und die Abhängigkeit mildern. Wenn der Anteil einzelner Quellen am gesamten Webseiten-Traffic ausgeglichener ist, verteilen Sie auch die Risiken besser.

Bei bestimmten Link-Partnerschaften oder bezahlten Einträgen in spezielle Branchenbücher liefert Ihnen die Quellenstatistik auch Hinweise darauf, ob sich die Partnerschaft auch in Besucherzahlen bemerkbar macht.

Bei der Analyse der verweisenden Quellen sollten Sie nicht nur auf die reine Anzahl achten, sondern auch darauf, wie das Interesse der einzelnen Gruppen war, d.h., wie viele Seiten im Durchschnitt angeschaut wurden und wie lange die Besuchszeit war. Verzeichnen Sie in einem Monat starke Anstiege oder auch Rückgänge der Besucherzahlen, lohnt sich auch immer eine nähere Analyse. So zeigt sich z.B. nach einer stärkeren Einschränkung beim Werbebudget neben dem Rückgang des bezahlten Traffics etwas zeitlich versetzt auch eine Abnahme des organischen Traffics. Man kann das unter anderem damit erklären, dass häufig zu Produkten und Themen recherchiert wird. Über die

AdWords-Anzeigen kommt ein erster Kontakt zustande. Die Webseite wird dann später wieder über den Firmennamen oder den Markennamen in Google nachgefragt. Bleibt die Werbung aus, gibt es weniger Kundenkontakte, sodass auch die Recherche nach Firmen und Markennamen via Google in der Folge zurückgeht.

Hinweis

Bitte beachten Sie, dass bei allen Tabellen die Anzahl der angezeigten Zeilen zunächst auf 10 beschränkt ist. Unterhalb der Tabelle können Sie die Anzahl auf bis zu 500 Zeilen hochsetzen und zu verschiedenen Tabellenabschnitten weiterblättern.

	Quelle/Medium	Besuche ↓	Seiten/Besuch	Durchschnittl. Besuchsdauer
1.	google / cpc	**8.464**	5,59	00:03:45
2.	google / organic	**5.870**	5,41	00:03:20
3.	(direct) / (none)	**1.943**	3,94	00:02:52
4.	bing / organic	**212**	6,95	00:05:03

Abbildung 7.14: *Ein Bericht zu den Besucherquellen in Analytics*

Landing-Pages

Landing-Pages, also Ihre Zielseiten, sind ganz wichtige Punkte, auf die Sie Ihr Augenmerk richten sollten. Sie rufen den Bericht zu Ihren Zielseiten im Navigationsmenü über CONTENT → WEBSITE-CONTENT → ZIELSEITEN auf.

Diese Zielseiten sind die ersten Kontaktpunkte zwischen Ihrem Unternehmen und Ihren potenziellen Kunden. Erstellen Sie daher regelmäßig einen Bericht zu Ihren Zielseiten. Achten Sie dabei genau auf das User-Verhalten. Hohe Absprungraten auf den Zielseiten sind immer ein Alarmsignal. Falls Sie dies feststellen, sollten Sie an der jeweiligen Zielseite arbeiten. Reichern Sie die Website mit passenden Informationen an, die zu Ihrem Keyword bzw. zu Ihrer AdWords-Anzeige passen. Arbeiten Sie mit hochwertigen Bildern auf der Seite, und stellen Sie eventuell ein erklärendes Video ein. Die Zielseite soll stets genau die Informationen liefern, die der Webseitenbesucher erwartet.

7.4.4 Filter nutzen

Hinweis

Sie können alle Berichte in Google Analytics mithilfe einer Filterfunktion bearbeiten, sodass Sie große Datenmengen schnell auf ein überschaubares Maß reduzieren können.

So individualisieren Sie Ihre Berichte mit der Filterfunktion:

- Bei den Google Analytics-Berichten finden Sie im Header-Bereich ein Formularfeld mit einem Lupensymbol. Geben Sie dort Begriffe oder einfach nur Buchstaben ein, so werden per Klick auf die Lupe die passenden Berichtszeilen herausgefiltert.

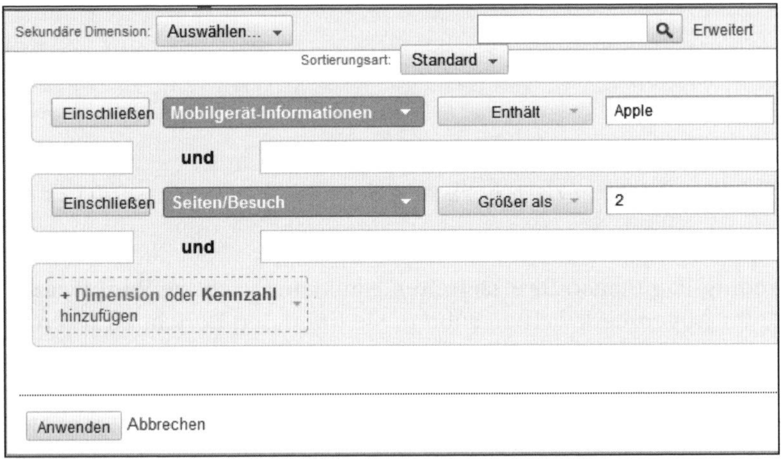

Abbildung 7.15: *Filterfunktionen in den Google Analytics-Berichten*

- Außerdem können Sie die erweiterte Filterfunktion nutzen, indem Sie zunächst rechts neben der Lupe auf den Link Erweitert klicken. Wählen Sie danach aus dem Dropdown-Menü das gewünschte Filterelement aus. In einem zweiten Dropdown-Menü können Sie die gewählte Option noch näher qualifizieren, indem Sie sagen, ob ein Begriff „enthalten" oder „genau entsprechend" sein soll usw. Zum Schluss tragen Sie in das Formularfeld den gewünschten Filterwert ein. Die Filter werden vor allem durch die Kombination verschiedener Bedingungen interessant. Diese Kombination kennen Sie bereits von den AdWords-Filtern. Der fertige Filter wird per Klick auf die Schaltfläche Anwenden ausgeführt, sodass nur noch die ausgewählten Daten angezeigt werden und die Information übersichtlicher gestaltet wird.

7.4.5 Weitere interessante Informationen in Google Analytics

Wie gesagt, gibt es so viele interessante Berichte in Google Analytics, dass man sie in einem eigenen Buch vorstellen müsste. Außerdem arbeitet Google laufend daran, noch zusätzliche Berichte einzustellen. Der Informationsgehalt des Analytics-Kontos ändert sich also laufend. Wir möchten Ihnen hier daher in Kurzform einige Anregungen geben, welche interessanten Informationen sich in Google Analytics verbergen.

Besucherfluss

Sie finden das dynamische Schaubild aus Abbildung 7.16 unter BESUCHER → BESUCHERFLUSS. Nutzen Sie dieses Flussdiagramm, um den Besucherstrom auf Ihrer Webseite zu unterschiedlichen Themen zu beobachten. Wichtig ist dabei, dass Sie schauen, an welchen Stellen die Besucher aussteigen bzw. welche Verbindungen zu wenig genutzt werden. An diesen Stellen müssen Sie entsprechend auf den einzelnen Unterseiten wieder Optimierungsarbeit leisten.

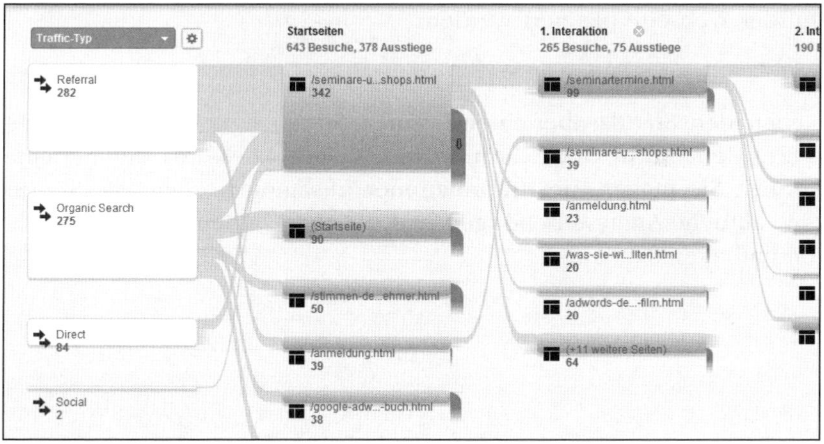

Abbildung 7.16: *Schaubild zum Besucherfluss*

Keyword-Positionen

Diesen Bericht finden Sie unter Werbung → AdWords → Keyword-Positionen. Mit ihm können Sie das User-Verhalten zum jeweiligen Keyword in Bezug auf Ranking-Positionen analysieren.

Seiten-Timings

Die Ladezeiten der einzelnen Webseiten finden Sie im Bericht *Seiten-Timings*. Sie gelangen zu diesem Bericht über Content → Website-Geschwindigkeit → Seiten-Timings. Da Ladezeiten ein wichtiger Qualitäts- und Ranking-Faktor sind, liefert dieser Bericht entsprechende Optimierungsansätze. Falls nämlich bestimmte Seiten signifikant langsamer sind, so sollten Sie in jedem Fall durch Programmierarbeit versuchen, die Geschwindigkeit der jeweiligen Webseite zu verbessern.

In-Page-Analyse

Zum Menüpunkt Content gehört auch die In-Page-Analyse. Dieser Bericht lädt eine Ansicht einzelner Unterseiten Ihrer Webpräsenz in das Analytics-Konto. Über die Webseite werden kleine Sprechblasen gelegt, die das prozentuale Klickverhalten der Webseitenbesucher verdeutlichen. Nutzen Sie diesen Bericht als Grundlage zur Optimierung der jeweiligen Seite. Wichtige Links, die öfter geklickt werden sollen, müssen entsprechend deutlicher oder an einer prominenteren Position auf der Webseite platziert werden.

7.4.6 Benutzerdefinierte Berichte

Neben den Standardberichten können Sie auch noch benutzerdefinierte Berichte in Google Analytics erstellen. Diese Art der Berichte können Sie nutzen, um Informationen zusammenstellen, die Sie für eine aktuelle Analyse benötigen und die nicht in den Standardberichten enthalten sind.

Erklärung zu Dimensionen und Messwerten

Zu einem benutzerdefinierten Bericht gehören mindestens eine Dimension und ein Messwert. *Dimensionen* beschreiben bestimmte Daten näher, z.B. neue Besucher oder wiederkehrende Besucher.

Die *Messwerte* sind numerische Messungen, wie z.B. die Anzahl der Besucher oder die Prozentzahl der Absprünge.

Bitte beachten Sie, dass einige Messwerte und Dimensionen in einem benutzerdefinierten Bericht nicht kombiniert werden können.

Hier finden Sie eine Übersicht der gültigen Kombinationen:

http://support.google.com/analytics/bin/answer.py?hl=de&answer=1033062

Einen benutzerdefinierten Bericht erstellen

Um einen benutzerdefinierten Bericht zu erstellen, klicken Sie zunächst auf das Hauptregister Benutzerdefinierte Berichte. Klicken Sie als Nächstes auf die Schaltfläche Neuer benutzerdefinierter Bericht. Geben Sie dem neuen Bericht bei den allgemeinen Informationen einen eindeutigen Namen, den Sie später auch wieder zuordnen können. Auch der Berichttab erhält einen passenden Namen. Wir möchten als kleines Beispiel einen Bericht erstellen, der zu jeder Unterseite die Anzahl der Seitenaufrufe, die Besuchsdauer und die prozentuale Absprungrate anzeigt. Darum können wir dem Berichttab den Namen Seitenanalyse geben.

Einen benutzerdefinierten Bericht können Sie als Flache Tabelle oder als Explorer erstellen. Während der Explorer einer Hierarchie von Datentabellen entspricht, die durch anklickbare Zeilen verknüpft sind, ist die flache Tabelle eine einzelne Datentabelle.

Für unser Beispiel wählen wir den voreingestellten Explorer-Typ. Als Nächstes geben wir die gewünschten Messwertgruppen ein.

Wir wählen die Gruppen Seitenaufrufe, Besuchsdauer und Absprungrate (siehe Abbildung 7.17).

Hinweis

Durch Markierung der Checkbox können Sie sich die möglichen Messwerte als alphabetische Liste darstellen lassen. Dies erleichtert die Suche. Zusätzliche Informationen zu einem Messwert erhalten Sie, wenn Sie mit der Maus über das Fragezeichen fahren.

Als Dimension wählen wir Seite. So erhalten wir den Pfad der einzelnen Seiten. Wenn Sie jeweils individuelle, aussagekräftige Seitentitel (mit dem title-Tag) vergeben haben, so können Sie auch Seitentitel als Dimension wählen. Die Seitentitel lassen sich meistens einfacher zum jeweiligen Inhalt zuordnen, und so ist die einzelne Webseite leichter zu identifizieren.

Falls Sie nur bestimmte Seiten auswerten möchten, können Sie auch noch einen Filter hinzufügen. Am Ende speichern Sie den benutzerdefinierten Bericht ab.

Abbildung 7.17: *Messwerte und Dimensionen hinzufügen*

Das Ergebnis (siehe Abbildung 7.18) zeigt eine Liste Ihrer Webseiten, die Sie nach den einzelnen Messwerten sortieren können. Auf diese Weise können Sie sich z.B. Webseiten mit geringer Besuchsdauer oder hoher Absprungrate näher anschauen und sie bei Bedarf optimieren.

Tipp

Manche Standardberichte können individuell verändert werden. Berichte, die verändert werden können, enthalten in der ersten Zeile unterhalb des Titels eine Schaltfläche, die Anpassen heißt. Sie sparen sich Arbeit, wenn Sie zunächst einmal schauen, ob Sie für Ihren Analysebedarf vielleicht nur einen Standardbericht anpassen müssen. Der angepasste Standardbericht wird dann ebenfalls in der Gruppe der benutzerdefinierten Berichte gespeichert.

Primäre Dimension: Seite

Zeilen darstellen | Sekundäre Dimension ▾ | Sortierungsart: Standard ▾ | Erweitert

	Seite	Seitenaufrufe ↓	Besuchsdauer	Absprungrate
1.	/ausbildung-	620	26:40:22	32,48 %
2.	/ausbildungslehrgan	328	03:47:05	47,92 %
3.	/gefahrena	301	04:34:15	72,63 %
4.	/ce-kenn	270	07:05:25	75,94 %
5.	/eg-konformit	263	02:54:07	75,86 %
6.	/eg-richtlin	237	02:36:38	79,05 %
7.	/ausbildungsinha	204	01:39:59	77,27 %
8.	/expertenwi	202	00:50:53	22,22 %
9.	/zertifiziert	181	01:10:30	42,11 %
10.	/betriebsanleitur	160	00:51:38	73,56 %

Abbildung 7.18: *Beispiel für einen benutzerdefinierten Bericht*

Live-Daten

Google Analytics kann auch Live-Daten zu Ihrem Konto anzeigen. Dies ist vor allem für Webshop-Besitzer mit hohen Datenaufkommen interessant. Die Live-Daten finden Sie im Hauptregister STARTSEITE. Gehen Sie zum Menüpunkt ECHTZEIT, und klicken Sie dort auf ÜBERSICHT. Analytics zeigt Ihnen dann an, wie viele Nutzer gerade live auf Ihrer Webseite (aufgeschlüsselt nach einzelnen Unterseiten) sind, woher die Nutzer kommen und mit welchen Keywords Ihre Webseite bei den Suchmaschinen gesucht wurde.

Analytics Radar

Mit Google Analytics können Sie jedoch nicht nur Berichte abrufen und Daten in Echtzeit anschauen, Sie können auch ein „Radarsystem" aufbauen, damit Sie über ungewöhnliche Veränderungen und Ereignisse schnell informiert werden. Diese Radar-Ereignisse befinden sich (genau wie die ECHTZEIT-Ergebnisse) im Hauptregister STARTSEITE. In der Übersicht des Unterpunktes RADAR-EREIGNISSE listet Google Analytics zum einen AUTOMATISCHE BENACHRICHTIGUNGEN auf. Bei erheblichen Änderungen des natürlichen Traffic-Musters auf Ihrer Website erstellt Google Analytics diese Berichte, die Sie sich in einer Tabelle (siehe Abbildung 7.19) anschauen können. Änderungen zu Ihren Gunsten werden dabei in Grün und negative Veränderungen in Rot dargestellt, sodass Sie im schnellen Überblick sehen, wo Probleme bestehen und eine nähere Analyse erforderlich ist.

Zusätzlich können Sie auch noch benutzerdefinierte Benachrichtigungen erstellen. So können Sie selber bestimmen, welche Ereignisse

Google Analytics beobachten soll. Falls ein bestimmtes Ereignis eintrifft (z.B. die Besucherzahl auf Ihrer Webseite stark einbricht), können Sie sich auch gleichzeitig per E-Mail informieren lassen. Auf diese Weise erfahren Sie sehr schnell von Problemen Ihres Online-Marketings und können diese näher analysieren. Vielleicht wird ja Ihre AdWords-Werbung aktuell nicht geschaltet, oder ein Google-Update hat einen vorher gut platzierten Suchbegriff mit einem Penalty belegt und im Ranking zurückgestuft. Sie können natürlich auch positive Veränderungen beobachten, um als Erster über den Erfolg einer Werbekampagne informiert zu werden.

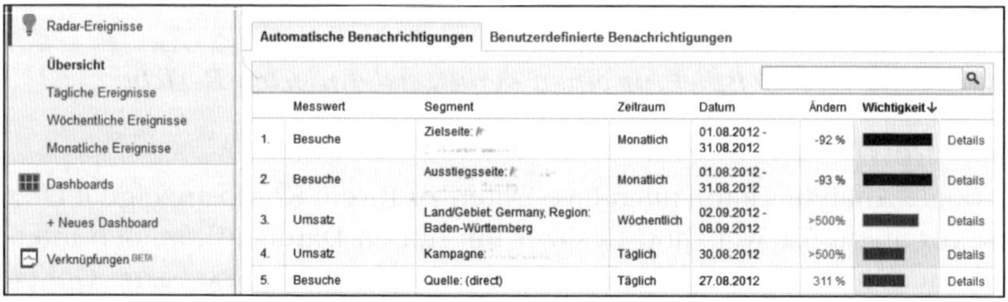

Abbildung 7.19: *Google Analytics-Radar-Bericht mit aktuellen Änderungen*

7.5 Was ist zu tun?

- Erstellen Sie regelmäßig (am besten monatlich) Ihre wichtigsten AdWords-Berichte zu Impressionen, Klicks, Klickraten und Conversions.
- Wählen Sie mithilfe der Spalten nur die Informationen aus, die Sie brauchen, damit die Berichte nicht zu groß werden.
- Erstellen Sie eventuell mehrere Berichte, die unterschiedliche Aspekte beleuchten, und speichern Sie die Vorlagen ab.
- Nutzen Sie Segmente und Dimensionen, um Ihre Daten zu gruppieren.
- Setzen Sie bei großen Datenmengen Filter ein, um die gewünschten Informationen übersichtlich zu gestalten.
- Nutzen Sie neben den AdWords-Berichten mindestens ein weiteres Webanalyse-Tool.
- Richten Sie Google Analytics datenschutzkonform ein.
- Verknüpfen Sie Google AdWords und Google Analytics.
- Formulieren Sie zunächst Ihren Informationsbedarf, und wählen Sie dann den entsprechenden Bericht in Analytics.

- Erstellen Sie benutzerdefinierte Berichte für Ihre individuellen Bedürfnisse – aber achten Sie darauf, ob Sie Standardberichte für Ihre Zwecke anpassen können.
- Filtern Sie auch Ihre Analytics-Berichte, um die Daten übersichtlich zu gestalten.
- Nutzen Sie automatisierte E-Mail-Nachrichten für ungewöhnliche Ereignisse in Bezug auf die Nutzung Ihrer Website.

Kapitel 8

Landing-Page-Optimierung

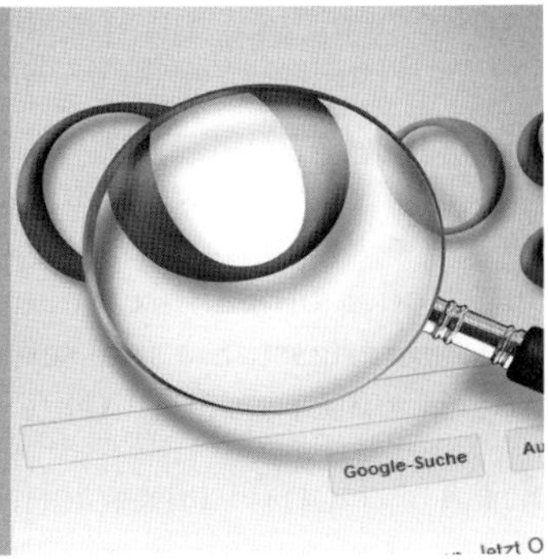

Das vorliegende Buch hat den Untertitel „Mit SEO und SEA werden Sie gefunden". Das Suchmaschinenmarketing und das lokale Internetmarketing hören an der Stelle auf, an der die neuen Besucher Ihre Webseite erreichen. Ihr Online-Marketing hört an dieser Stelle jedoch nicht auf, sondern fängt dann erst an. Die Besucher Ihrer Webseite müssen in Kunden verwandelt werden. Dazu sollten Sie stets an Ihrer Webseite und vor allem an der jeweiligen Landing-Page arbeiten, um diese zu optimieren. In diesem Kapitel haben wir noch einige Tipps für gute Landing-Pages, Online-Formulare und die Verwendung von Buttons zusammengestellt.

8.1 Tipps für die optimale Landing-Page

Eine optimale Landing-Page steigert nicht nur den Qualitätsfaktor bei Google und hilft Ihnen bei der Suchmaschinenoptimierung, sondern ist der wichtigste Faktor, damit Sie online Kunden gewinnen. Die Konversionsrate wird dadurch gepusht, dass der User die gewünschte Information erhält und auf bequeme und direkte Weise eine Konversion (eine Bestellung, eine Kontaktanfrage etc.) durchführen kann. Eine Landing-Page ist zunächst einmal jede Webseite, auf der ein Besucher landet. Sie sollten sich aber vor allem die Seiten mit Ihren wichtigsten SEO-Keywords sowie Ihre speziellen AdWords-Landing-Pages vornehmen, weil Sie vor allem über diese Seiten Ihre Produkte bzw. Dienstleistungen verkaufen.

Um Ihre Ziele zu erreichen, müssen Sie den Webseitenbesucher in kurzer Zeit überzeugen. Ein Internetnutzer entscheidet innerhalb von wenigen Sekunden, ob er auf Ihrer Webseite das findet, wonach er sucht oder ob er Ihre Seite ohne Abschluss einer Konversion gleich wieder verlässt. Sie müssen ihn also auf den ersten Blick von Ihrem Angebot überzeugen. Achten Sie daher auf folgende Punkte:

8.1.1 Tipp 1: Übersichtliche Struktur

Eine klare und übersichtliche Struktur hilft dem Internetnutzer, sich auf Ihrer Seite zurechtzufinden. Sorgen Sie dafür, dass die Navigation einfach bedient werden kann und alle wichtigen Informationen und Links einfach zu finden sind. Falls Sie anhand der Webanalysen erkennen, dass bestimmte Links oder Ihr Ziel (der Verkaufsabschluss) nicht gut gefunden werden, müssen Sie handeln und die Webseite entsprechend verändern.

8.1.2 Tipp 2: Headline-Überschrift

Mithilfe der Headline soll ein Besucher emotional eingefangen werden. Ihm muss sofort klar sein, um was es auf der Seite geht und ob das Angebot seinen Bedürfnissen entspricht.

8.1.3 Tipp 3: Kurzer und prägnanter Text

Da Texte im Internet oft eher gescannt als gelesen werden, sollten Ihre Texte nicht zu lang sein und in kurze Abschnitte unterteilt werden. Heben Sie Ihre Vorteile oder wichtigste Botschaften als kleine Aufzählungsliste hervor. Für tiefergehende Informationen können Sie auch auf ausführlichere Texte verlinken

8.1.4 Tipp 4: Bilder und Videos

Da Sie keinen direkten Kontakt haben, müssen Sie mithilfe von grafischen Elementen, Bildern und Bewegtbildern die Internetnutzer emotional ansprechen. Bilder werden einfacher verarbeitet als Text. Das funktioniert am z.B. über Personen und Gesichter, die freundlich und authentisch sind (aber auch über Produktbilder). Legen Sie bei den Bildern Wert auf gute Qualität, denn sie sind ein wichtiges Element Ihrer Landing-Page.

8.1.5 Tipp 5: Call-to-Action

Jede Landing-Page sollte ein klares Ziel haben und eine prominent hervorgehobene *Call-to-Action* beinhalten. Um es dem User so angenehm wie möglich zu machen, sollten Konversionsmöglichkeiten wie zum Beispiel ein Kontaktformular direkt auf der Seite integriert werden oder mit einem Link erreichbar sein.

8.1.6 Tipp 6: Vertrauensbildung

Vertrauen (*Trust*) ist eines der wichtigsten Elemente im Online-Marketing. Im Gegensatz zum Face-to-Face-Verkauf in einem Geschäft kennt der Kunde seinen Geschäftspartner im Internet oft nicht. Die Verwendung von Zertifikaten, Qualitätssiegeln oder auch Kundenmeinungen trägt zur Vertrauensbildung bei. Zertifikate etc. sollten daher ebenfalls prominent auf einer Landing-Page platziert werden.

Für Webshops gibt es spezielle Gütesiegel, wie z.B. das *Trusted Shops*-Siegel (*http://www.trustedshops.de/*). Solche Siegel erhöhen die Glaubwürdigkeit und stärken das Vertrauen der Webseitenbesucher, was dann wieder zu höheren Conversions führt.

Abbildung 8.1: *Gütesiegel für Webshops*

8.2 Kontakt- und Bestellformulare

Viele kommerzielle Webseiten nutzen Online-Formulare, um eine Konversion durchzuführen. Online-Formulare werden unter anderem benötigt, um Bestellungen im Webshop abzuschließen oder auch, um eine Kontaktanfrage zu stellen.

Die Webformulare sind ein entscheidender Schritt im Online-Marketing, aber das Ausfüllen eines Online-Formulars stellt den größten Engpass im Conversion-Trichter dar. Daher sollten Sie dafür sorgen, dass potenzielle Kunden diese Formulare gerne ausfüllen und dass die Formulare keine Hürden enthalten. Die folgenden Tipps helfen Ihnen bei der Optimierung Ihrer Online-Formulare.

8.2.1 Tipp 1: Weniger ist mehr

Erstellen Sie Formulare, die möglichst wenige Informationen abfragen. Optimalerweise enthält ein Online-Formular nur drei bis fünf Formularfelder, die ausgefüllt werden müssen. Fragen Sie zusätzlich nach optionalen Informationen an, die zwar erwünscht sind, aber nicht zwingend angegeben werden müssen. Markieren Sie dabei deutlich, welche Angaben zwingend notwendig sind. Müssen Ihre potenziellen Kunden weniger ausfüllen, dann sind sie eher bereit, die Formulare abzuschicken. Wenn Sie jedoch direkt zu Beginn einer Kundenbeziehung zu viel wissen wollen, dann schreckt dies die meisten potenziellen Kunden ab. Die zusätzlichen Informationen, die Sie für ein vollständiges Kundenbild benötigen, können Sie auch im weiteren Verlauf der Kundenbeziehung immer noch erfragen.

8.2.2 Tipp 2: Reduzieren Sie die Zwischenräume

Achten Sie auch darauf, dass die Online-Formulare rein optisch nicht zu mächtig wirken. Reduzieren Sie also den Platz zwischen den einzelnen Formularfeldern. Dies ist letztlich nur ein psychologischer Effekt, der jedoch die Formulare kleiner erscheinen lässt und so weniger Arbeit beim Ausfüllen signalisiert.

8.2.3 Tipp 3: Nutzen Sie doppelspaltige Formulare

Als zweite Möglichkeit, um die Formulare optisch zu reduzieren, sollten Sie versuchen, möglichst zwei Formularfelder nebeneinander unterzubringen. So wirkt Ihr Online-Formular klein und kompakt.

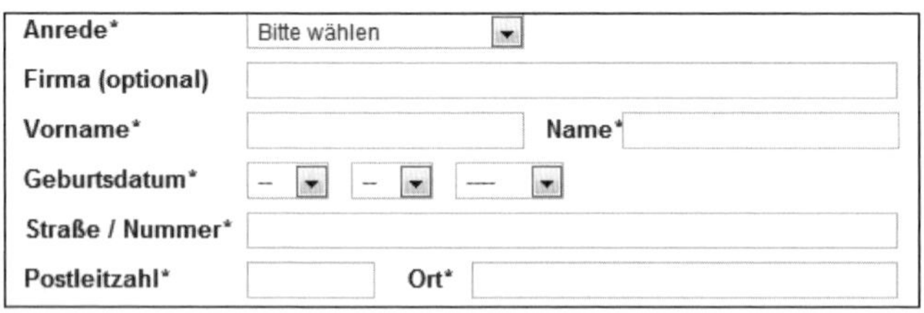

Abbildung 8.2: *Doppelspaltige Formulare*

8.2.4 Tipp 4: Formulare auf zwei bis vier Seiten verteilen

Eine weitere gute Möglichkeit, um potenzielle Kunden nicht durch ein zu großes Online-Formular abzuschrecken, besteht in der Möglichkeit, die abgefragten Informationen in kleine „Happen" aufzuteilen. Teilen Sie Ihr großes Online-Formular in zwei bis vier kleine Formulare auf, die jeweils nur wenige Informationen abfragen. Verbinden Sie die einzelnen Formularteile mit weiterführenden Links. Durch die Aufteilung wirkt ein großes Formular kleiner. Wenn der User erst einmal mit dem Ausfüllen angefangen hat, ist er eher dazu geneigt, auch noch den zweiten und dritten Schritt zu vollenden. Wichtig ist jedoch, dass nicht allzu viele Schritte (maximal vier) folgen und dass Sie die Anzahl der Schritte im Online-Formular auch deutlich kommunizieren.

8.2.5 Tipp 5: Formulare im sichtbaren Bereich platzieren

Platzieren Sie Ihre Formulare immer im sichtbaren Bereich (*Above the fold*). Dieser sichtbare Bereich einer Webseite schwankt natürlich abhängig vom Ausgabemedium. Es ist daher sinnvoll, die Formulare auf der rechten oder linken Seite Ihrer Landing-Page möglichst direkt unter dem Header-Bereich zu platzieren. In den meisten Fällen ist die rechte Seite besser geeignet als die linke, weil die Blicke der Webseitenbesucher meistens nach rechts gelenkt werden.

8.2.6 Tipp 6: Vertrauen schaffen

Schaffen Sie Vertrauen und Transparenz, indem Sie den Datenschutz sehr ernst nehmen und die entsprechenden Hinweise auch direkt in Nähe des Absende-Buttons platzieren.

Erklären Sie, warum Sie die abgefragten Daten benötigen und was damit passiert. Nutzen Sie dazu folgende oder ähnliche Formulierungen:

- Wir nehmen den Schutz Ihrer persönlichen Daten sehr ernst.
- Wir werden Ihre Daten nicht für andere als die angegebenen Zwecke verwenden.
- In keinem Fall werden die erhobenen Daten an Dritte weitergegeben.
- Wir respektieren Ihre Privatsphäre.

8.2.7 Tipp 7: Klickaktivierende Buttons

Die Buttons, also die Schaltflächen zum Absenden Ihres Formulars, sollten sehr auffällig gestaltet und mit einer Click-to-Call-Aufforderung beschriftet sein (siehe auch den folgenden Abschnitt zum Thema Buttons).

Tipp

Treten Sie einmal einen Schritt von Ihrer normalen Bildschirmposition zurück, und schauen Sie, ob der Absende-Button auf Ihrer Landing-Page gut aus der Umgebung hervorsticht.

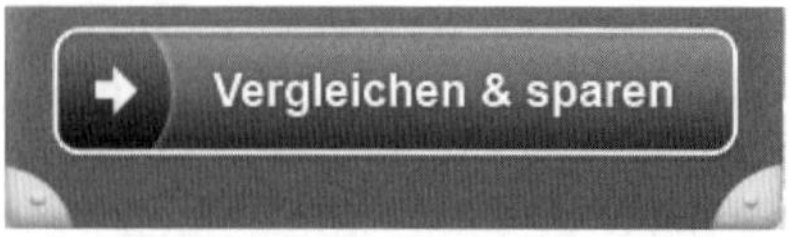

Abbildung 8.3: *Ein klickaktivierender Button*

8.2.8 Tipp 8: Nutzen Sie kein CAPTCHA als Sicherheitsabfrage!

CAPTCHA (Completely Automated Public Turing test to tell Computers and Humans Apart) heißen die „komischen Buchstabenbilder", die man entschlüsseln muss, um sich auf einer Webseite als Mensch auszuweisen. Ein CAPTCHA soll das automatisierte Ausfüllen der Online-Formulare durch sogenannte Robots verhindern. Diese kleinen Bilderrätsel halten aber auch Ihre potenziellen Kunden davon ab, mit Ihnen einen Geschäftskontakt aufzubauen.

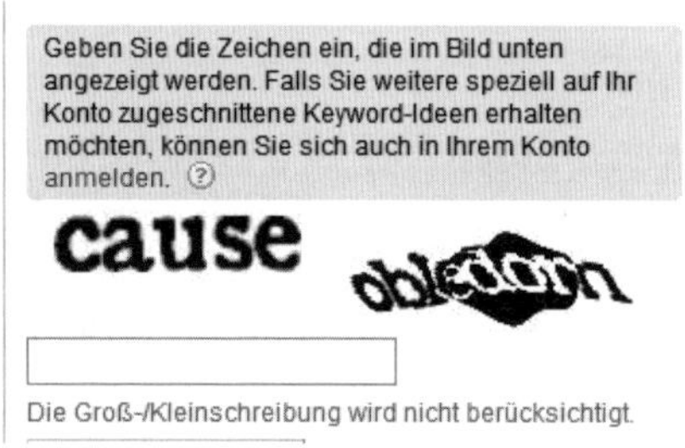

Abbildung 8.4: *CAPTCHAs sind keine gute Idee.*

8.3 Buttons für Ihre Landing-Page-Formulare

Der Call-to-Action-Button ist ein wichtiges Instrument im Online-Marketing-Prozess. Der Button leitet die Konversion ein. Es gibt nicht den perfekten Button. Dieser muss immer an die jeweiligen Ziele, die Zielgruppen und Webseiten angepasst sein.

Wichtig ist jedoch, dass Sie regelmäßig Tests (z.B. A/B-Tests) durchführen, um den Button zu finden, der den größten Erfolg für die gewünschte Handlung (Download, Kauf, Anmeldung etc.) verspricht.

Die folgenden Tipps sollen Ihnen Denkanstöße zur Gestaltung Ihrer Call-to-Actions-Button liefern.

8.3.1 Tipp 1: Position

Buttons sollten prominent positioniert sein, d. h., sie sollten immer im Blickfeld des Webseitenbesuchers erscheinen. Der natürliche Blickverlauf auf einer Webseite startet links oben und wandert dann meistens nach rechts. Eine Positionierung an der rechten Seite neben dem Angebot ist somit günstig. Außerdem sollte der Button immer oberhalb der sichtbaren Bildschirmgrenze positioniert werden.

8.3.2 Tipp 2: Farbe und Schriftgröße

Call-to-Action-Buttons sollten gut lesbar und farblich auffallend gestaltet sein, damit der Blick auf den Button gezogen wird. Viele Kaufvorgänge werden abgebrochen, weil die Klickmöglichkeit nicht deutlich erkennbar ist. Oft haben Sie nur wenige Sekunden, um Ihre potenziellen Kunden zu einem Klick zu bewegen. Die Farbe muss zu Ihrer Webseite passen. Zu grelle Farben und Rot-Töne können abschreckend wirken. Da sich der Geschmack jedoch öfter ändert, führt kein Weg an einem individuellen Test vorbei.

8.3.3 Tipp 3: Präsenz auf der Landing-Page

Nicht nur die Größe des einzelnen Buttons ist wichtig, sondern auch die Gestaltung der Umgebung. Sie haben einen Vorteil, wenn Ihre Ziele öfter auf der Webseite erreicht werden können. Bieten Sie also zusätzliche Klick-Alternativen an, für den Fall, dass der Besucher nicht zum Klick auf das Hauptziel zu bewegen ist.

8.3.4 Tipp 4: Kontrast

Der Button sollte im Kontrast zur Umgebung stehen. Dies ist wichtiger als eine gewisse Farbharmonie, die meistens von Designern gefordert wird. „Lieber auffällig als schön" sollte die Devise sein.

8.3.5 Tipp 5: Klickaktivierender Text

Nicht nur Form und Farbe, sondern auch die Beschriftung des Buttons ist wichtig. Nennen Sie Vorteile und die Folgen des Klicks. Der Nutzer weiß nicht, was passiert, wenn er auf einen Button namens HIER KLICKEN klickt. Ein KOSTENLOSER DOWNLOAD sagt da schon viel mehr aus. Machen Sie – wann immer es geht – deutlich, welcher Nutzen sich hinter der Klick-Aktion verbirgt.

8.3.6 Tipp 6: Mouse-over-Verhalten

Das Klickverhalten auf einer Webseite entscheidet sich oft in Sekundenbruchteilen. Nutzen Sie daher jede Möglichkeit, die sich Ihnen bietet, um die Klick-Aktivität durch Attraktivität zu verstärken. Ein Mouseover-Effekt kann dem Nutzer zeigen, dass er den richtigen Action-Button erreicht hat und mit einem Klick die nächste Aktion einleitet. Nutzen Sie die Programmiermöglichkeiten von Mouse-over-Effekten, die das Aussehen der Mauszeiger und der Button-Bilder verändern (leichte Farbänderungen und zusätzliche Text- oder Bildelemente).

Sie sehen, dass es viele Ansatzpunkte gibt, um die Effektivität der Call-to-Action-Button zu steigern. Nutzen Sie die Tipps, und testen Sie verschiedene Buttons.

8.4 Was ist zu tun?

- Wenden Sie die Tipps zur Optimierung Ihrer Landing-Page für Ihre wichtigsten Keywords und die Zielseiten der AdWords-Werbung an.
- Optimieren und testen Sie Ihre Landing-Pages, um die beste Lösung zu finden.
- Optimieren Sie mithilfe der Tipps Ihre Online-Formulare.
- Optimieren Sie Ihre Call-to-Action-Buttons.
- Testen Sie verschiedene Button-Lösungen.

Kapitel 9

Fazit und Ausblick

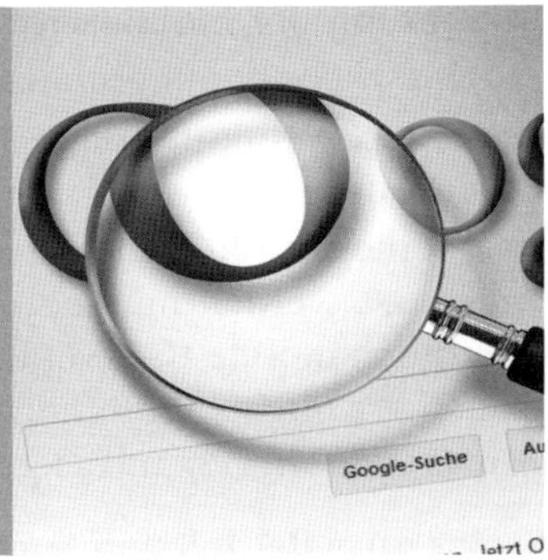

Wie geht es weiter? Das vorliegende Buch stellt anschaulich den Übergang vom Offline- zum Online-Marketing bzw. die Verbindungen dieser Marketingformen dar. Wir haben gesehen, dass die Grundlagen des Marketings auch in der Online-Welt nicht vergessen werden dürfen. Mit SEO und SEA haben Sie zwei wichtige Möglichkeiten kennengelernt, die Ihnen helfen, die Sichtbarkeit Ihrer Webseite im Internet zu stärken.

Das Online-Marketing und somit auch das Suchmaschinenmarketing sind jedoch Bestandteile eines sehr dynamischen Marktes, der ständig in Bewegung ist. Als Marketingverantwortlicher müssen Sie immer damit rechnen, dass neue Ideen für das Online-Marketing entwickelt werden und dass bestimmte Strategien – z.B. im SEO – nicht mehr funktionieren werden. Sie müssen daher stets auf dem Laufenden sein, um neue Trends und Möglichkeiten im Online-Marketing zu erkennen. Außerdem müssen Sie auf Veränderungen reagieren und neue Online-Marketingstrategien entwickeln. Im Folgenden stellen wir einige Entwicklungen im Bereich des Suchmaschinenmarketings vor, auf die Sie sich bereits jetzt einstellen sollten.

9.1 Zukünftige Veränderungen

9.1.1 Wie wird sich SEM verändern?

Die zukünftigen Veränderungen im Internetmarketing werden mit den drei Schlagworten *Mobil*, *Local*, *Social* beschrieben.

Steigerung der mobilen Nutzung

Das Internet wird in Zukunft verstärkt über mobile Endgeräte genutzt werden, wie zum Beispiel Smartphones oder Tablet-PCs. Diese Geräte stellen aber auch neue Anforderungen an die Unternehmenswebseiten, die sowohl technisch als auch inhaltlich an die mobile Nutzung angepasst werden müssen. Auch das Suchmaschinenmarketing wird sich durch mobile User verändern, weil diese z.B. viel kürzere und allgemeinere Suchbegriffe nutzen und dabei häufiger auf die Vorschläge von *Google Suggest* zurückgreifen werden.

Steigerung der lokalen Suche

Ein weiterer wichtiger Trend, der stark an die mobile Nutzung gekoppelt ist, zeigt sich in der Steigerung des lokalen Suchverhaltens. Wenn ein Nutzer das Internet quasi immer in der Hosentasche dabei hat, so wird er viel öfter noch lokalen Geschäften oder „Points of Interest" via Internet suchen. Auch dieser Entwicklung und der damit verbundenen stärkeren Verschmelzung von Off- und Online müssen Sie sich als Webseitenbesitzer stellen.

Steigerung des sozialen Engagements

Der dritte wichtige Einflussfaktor auf das Internet der Zukunft stellen die sozialen Netzwerke dar. Sie nehmen immer stärkeren Einfluss auf die Art der Internetnutzung. Marken, Produkte und lokale Geschäfte, die von „Freunden" aus dem sozialen Netzwerk empfohlen werden, werden häufiger angeklickt, und die Hemmschwelle für einen Online-Kauf sinkt. Auch die virale Verbreitung von Webseiteninhalten wird durch soziale Netzwerke gefördert. Aus dieser Erkenntnis ergeben sich dann neue Internetstrategien, die vor allem auf soziale Netzwerke setzen.

9.1.2 Wie wird sich AdWords verändern?

Da wir *Google AdWords* schon seit der Einführung in Deutschland begleiten und nutzen, haben wir die vielen Veränderungen in der Vergangenheit selbst miterlebt. Wir sind daher überzeugt, dass auch der aktuelle Stand nicht lange unverändert bleiben wird. Zukünftige Änderungen werden von Google grundsätzlich nicht mit langen Vorlaufzeiten angekündigt, aber folgende Entwicklungen sind jetzt schon absehbar:

- Die AdWords-Anzeigen werden zukünftig – ähnlich wie man dies bereits in den organischen Ergebnissen sieht – stärker mithilfe von Bildern und eventuell auch durch Videos aufgewertet.

- Ein E-Mail-Kontakt oder der Aufruf eines Kontaktformulars wird direkt aus der AdWords-Anzeige heraus möglich sein.
- Google bietet zukünftig verstärkt eigene Vergleichsportale (z.B. Hotel- oder Flug-Suche) mit integrierter AdWords-Werbung an.
- Dynamische Image-Anzeigen im Display-Netzwerk werden automatisiert auf das Werbeumfeld und die Interessen der Betrachter abgestimmt.
- Das Thema *Targeting* wird eine stärkere Rolle spielen. Neben dem Re-Targeting von Besuchern, die bereits die eigene Webseite besucht haben, wird als neue Möglichkeit das Re-Targeting über Suchanfragen hinzukommen. Für Google-Nutzer, die nach bestimmten Begriffen gesucht haben, werden dann auf Content-Webseiten die passenden Werbeeinblendungen ausgespielt.
- Google wird für AdWords-User eigene Bezahlmöglichkeiten und einen speziellen Logistikdienst aufbauen, sodass alle Schritte des E-Commerce auch von mittelständischen Unternehmen einfach angeboten werden können.
- Google wird ein Trusted-Webshop-Siegel entwickeln, das ein eigenes Bewertungssystem mit Rückvergütungsabsicherung für bestellte Waren enthält. Auf diese Weise wird die Hemmschwelle beim Online-Shopping weiter gesenkt, und auch unbekanntere Unternehmen können größere Online-Umsätze erzielen.

Bitte beachten Sie auch, dass die mobile Werbung zukünftig sicher noch zusätzliche Features erhalten wird, um Bestellmöglichkeiten und die Kontaktaufnahme via Smartphone noch einfacher zu gestalten.

9.1.3 Wie wird sich SEO verändern?

Die aktuellen Updates, wie das Panda- und vor allem das Pinguin-Update haben bereits jetzt erste Veränderungen der SEO-Strategien ausgelöst. Beachten Sie folgende Veränderungen im Bereich SEO:

- Der Technikanteil der SEO-Strategien wird sich reduzieren. Dafür steht das Marketing auch beim SEO mehr im Vordergrund.
- Interessante und relevante Webseiteninhalte mit qualitativ hochwertigen Informationen müssen erstellt werden, um Google-Abstrafungen (wie durch das Panda-Update) zu vermeiden.
- Beim Link-Building kommt es immer mehr auf echte Partner an. Der Tausch oder Kauf der Backlinks von fremden Webseiten wird verschwinden.

- Die *Keyword Density* ist nicht mehr wichtig. Dafür müssen mehr Synonyme in die Webseiten eingebaut werden, und es muss mehr auf den Nutzen des Textes geachtet werden.
- Zukünftig müssen verstärkt interessante Webinhalte aufgebaut werden, die dann eine stärkere Verlinkung der jeweiligen Webseite nach sich ziehen.
- Die Anzahl der Backlinks mit Keywords im Ankertext sollte auf ca. 15 % reduziert werden, um Google-Abstrafungen (wie durch das Penguin-Update) zu vermeiden.
- Der Kauf von Keyword-Domains wird immer unwichtiger.

9.2 Verschmelzung von Suche und Empfehlungsmarketing

In den Google-Suchergebnissen erkennt man bereits jetzt, dass Empfehlungen von Webseiten sichtbar sind. Zum einen präsentiert Google in den AdWords-Ergebnissen analog zu den Amazon-Bewertungen gelbe Sterne, die eine Kundenzufriedenheit ausdrücken. Bei der lokalen Suche erhalten die Google+ Local-Einträge ebenfalls zusätzliche Bewertungen (Google-Bewertungen), wobei deren Anzahl direkt in den Suchergebnissen sichtbar ist. Außerdem werden für angemeldete Google+-Nutzer die Empfehlungen zu einzelnen Webseiten inklusive der Namen der „Google-Plus-Freunde" angezeigt.

Diese Beispiele zeigen, dass die Google-Suchergebnisse zu Informationen, interessanten Webseiten oder Produkten zukünftig mit den entsprechenden Bewertungen aus dem sozialen Netzwerk aufgewertet werden. Die Koppelung von Bewertungen an die Suchergebnisse löst zwei wichtige Probleme auf einen Schlag: Über die Suchfunktion findet der Google-Nutzer zunächst passende Webseiten zu seinem Informationsbedarf. Mithilfe der Bewertungen oder Empfehlungen erhält er dann zusätzliche Entscheidungshilfen, die eine Auswahl der passenden Webseite unterstützen. Die Informationsrecherche wird so noch einmal beschleunigt, und die Sicherheit, eine vertrauenswürdige Webseite gefunden zu haben, erleichtert die Anfrage bzw. den Online-Kauf.

Die Verknüpfung der Empfehlungen in den Suchergebnissen wird Google mithilfe des sozialen Netzwerks Google+ daher weiterentwickeln.

Dass die Verbindung von Suche und den Empfehlungen aus sozialen Netzwerken zukünftig eine interessante Mischung ergibt, zeigt sich auch bei einem Blick auf das größte soziale Netzwerk, nämlich Facebook. Dieses Unternehmen arbeitet aktuell mit großem Eifer an der Entwicklung einer Suchmaschine! Facebook betritt den Google-Weg quasi aus der anderen Richtung. Facebook hat das soziale Netz und entwickelt eine Suchmaschine für das Internet, während Google bereits gut in der Suche ist, aber noch zu wenig Aktivität im sozialen Netzwerk besitzt. Im Vergleich wird jedoch der Google-Weg leichter sein und daher eher zur Verschmelzung der Suche mit einem Online-Empfehlungsmarketing führen.

9.3 Google+ und SEO

Wie wir bereits gesehen haben, ist die Erwähnung in den sozialen Netzwerken ein wichtiger Baustein der Off-Page-Suchmaschinenoptimierung. Sie sollten beim Thema SEO daher immer auch das soziale Netzwerk Google+ im Blick haben. Eine Unternehmenswebseite im sozialen Netzwerk Google+ und auf lokaler Ebene ein gut gepflegter *Google Places*- bzw. *Google+ Local*-Eintrag werden sich zu einem wichtigen Google-Ranking-Faktor entwickeln. Google+-Bewertungen sind daher so wertvoll, weil Google anders, als es bei den anderen sozialen Netzwerken der Fall ist, die volle Kontrolle in Bezug auf die User-Profile besitzt.

Beispiel: Eine Mutter, die in Bayern wohnt, ist bei der Abgabe einer Bewertung für ein Restaurant in München für Google natürlich glaubwürdiger als ein Marketing-Experte aus Köln, der zudem bislang noch keine anderen Aktivitäten im Raum München zu verzeichnen hat. Dies ist zwar ein sehr spezielles Beispiel, und es ist auch noch nicht dokumentiert, dass Google so vorgeht – aber so oder so ähnlich könnte Google in Zukunft User-Bewertungen überprüfen, wenn das Google-Netzwerk genügend User-Profile besitzt.

In einem zweiten Schritt könnte Google dann über große Vergleichsdaten typische Bewertungs- und Empfehlungsprofile erstellen, sodass „gefakte Bewertungen", wie sie z.B. oft bei Urlaubsportalen vorkommen, leichter erkannt und somit verhindert werden können. Dies wertet dann die Empfehlungen im Google-Netzwerk natürlich auf und bietet für die Google-User bessere Entscheidungshilfen.

Mithilfe von Erfahrungsberichten und Bewertungssystemen wird das Kundenvertrauen im Bereich der sozialen Netzwerke gestärkt, was sich letztlich auf das Surf- und Kaufverhalten der Webseitenbesucher auswirkt. Für Sie als Webseitenbesitzer bedeutet dies, dass Sie alles daransetzen müssen, dass man Sie im Internet gut finden kann und dass Sie darüber hinaus auch gut bewertet und weiterempfohlen werden. Auf Dauer werden sich so gute Dienstleistung und hohe Qualität durchsetzen. Und das ist gut für die weitere Entwicklung des E-Commerce und des Online-Marketings!

Stichwortverzeichnis

B

C

L

M

HTML & CSS

Jon Duckett
ISBN 978-3-8273-3214-1
39.95 EUR [D], 41.10 EUR [A], 53.20 sFr*
512 Seiten
http://www.awl.de/3214

Willkommen bei „Schöner HTML & CSS lernen". Ob Sie Webprogrammierung und -design von Grund auf verstehen oder eine bestehende Website in den Griff bekommen möchten: dieses Buch hilft Ihnen wie kein anderes, tolle und benutzerfreundliche Online-Inhalte zu schaffen. Werfen Sie einen Blick hinein: HTML- und CSS-Codes müssen nichts Einschüchterndes haben. Statt dessen wird auf jeder Buchseite ein neues Thema auf einfache und visuelle Weise vermittelt – mit knappen Erklärungen und griffigen Beispielen. Dank vieler Tipps aus der Praxis bauen Sie bald eigene Websites, die so beeindruckend wie leicht zu bedienen sind. Und das Beste: Sie benötigen kein Vorwissen!

TIPP

*unverbindliche Preisempfehlung

[The Sign of Excellence]
ADDISON-WESLEY

ALWAYS LEARNING
PEARSON